华为ICT技术丛书　智能基座系列

云计算
导论和应用实践

Introduction to Cloud Computing and
Application Practices

马俊　程刚　马玉成　杨民强◎编著

人民邮电出版社
北京

图书在版编目（CIP）数据

云计算导论和应用实践 / 马俊等编著. -- 北京：
人民邮电出版社，2025. -- （华为 ICT 技术丛书）.
ISBN 978-7-115-65716-9

Ⅰ. TP393.027

中国国家版本馆 CIP 数据核字第 20247NE622 号

内 容 提 要

本书采用理实结合的方式，深入浅出地介绍云计算相关知识。

本书共 7 章，包括云计算概述、openEuler 基础、云使能技术、分布式存储 Ceph、云操作系统 OpenStack、容器技术、云原生技术。本书从云计算的基础知识讲起，逐步介绍主流的云计算平台、华为 openEuler 等的云计算实现、如何在云计算平台上开发程序和部署软件，以及基于鲲鹏的容器使用和 Kubernetes 调度技术、软件打包和高可用应用部署技术，最后简要介绍云原生技术，在内容上由浅入深，让读者循序渐进地掌握云计算基础知识和操作技能。此外，本书还以配套资源的方式设置了一些应用实践，帮助读者加深理解云计算的具体应用，做到学以致用。

本书适合作为云计算领域从业人员的入门读物，也适合作为高等院校云计算及其交叉融合专业的教材，还适合作为华为云产品使用人员的参考用书。

◆ 编　著　马　俊　程　刚　马玉成　杨民强
　　责任编辑　张晓芬
　　责任印制　马振武

◆ 人民邮电出版社出版发行　　北京市丰台区成寿寺路 11 号
　　邮编　100164　　电子邮件　315@ptpress.com.cn
　　网址　https://www.ptpress.com.cn
　　固安县铭成印刷有限公司印刷

◆ 开本：710×1000　1/16
　　印张：22.5　　　　　　　　　　2025 年 8 月第 1 版
　　字数：413 千字　　　　　　　　2025 年 8 月河北第 1 次印刷

定价：129.80 元

读者服务热线：(010)53913866　印装质量热线：(010)81055316
反盗版热线：(010)81055315

推荐序

这是一个计算无所不在、数据驱动发展的新时代。云计算是计算机体系结构继20世纪80年代大型计算机到客户端-服务器的大转变之后的又一次巨变，是ABC时代——人工智能（artificial intelligence，AI）、大数据（big data）、云计算（cloud computing）——分布式计算、并行计算、效用计算、网络存储、虚拟化、负载均衡等传统计算机技术和网络技术发展融合的产物。云计算也是一种新的"算力"资源，是一种"机器管理机器"的软、硬件资源管理的新理念、新模式和新技术。

2006年8月9日，谷歌公司的时任首席执行官（CEO）Eric Schmidt在搜索引擎大会上首次提出云计算的概念。随后，谷歌和亚马逊等互联网公司迅速推出了云计算服务模式。时至今天，尽管云计算的普及和应用还有很长的路要走，社会认可、人们的使用习惯、技术能力，甚至社会管理制度等都应做出相应的改变，但毋庸置疑的是，基于互联网的云计算应用将会渗透到我们每个人的生活中，而且随着人工智能的融入和加持，将对我们的学习、工作和生活带来深远的影响。

云计算已经从概念走向现实，从研究走向实践。IT领域各种各样的云计算平台层出不穷，现实生活中基于云计算的应用也在不断推出。马俊博士教学团队编写的《云计算导论和应用实践》正是在这样的环境下诞生的。读完本书初稿，我感受到他们深厚的计算机科学理论基础与联系实际编程实现的扎实功底。他们写的内容深入浅出，既专业又通俗。他们对技术发展史的研究情有独钟，见解深刻，并能以发展的眼光引导读者认识云计算及现代科技的发展趋势。在积极评价云计算对社会与产业发展贡献的同时，他们也根据历史经验分析了云计算在技术发展过程中可能产生的负面影响，指出技术时代的变迁总是会引起现有产业格局的重大调整，要抓住机遇并认真对待挑战。

本书充满了作者的精彩见解。他们过去 30 多年在高校从事计算机教学的工作经历和十几年指导全国高校计算机能力挑战赛等专业学科竞赛的实践经验，反映到本书中，便是对重要知识点和主要技术应用的准确把握。刚开始学习云计算的读者很容易迷失在宏观的概念或特定的工具中，往往不得其门而入。本书作者并没有将内容的重点放在对技术的深入解读上，而是着眼于从技术应用中体现云计算的科学理念，聚焦于启迪创新思维、指导创新行动；既不停留在远景，也不局限于某一技术和工具的细节，而是在云计算的本质问题、基本原则、基本结构以及基本的云计算技能、应用实践方法等诸多方面下功夫，期冀能够帮助读者对云计算的技术体系有全局视界和深入认识。

由于云计算的应用必然会渗透到 IT 领域的方方面面，因此本书不仅是云计算相关专业学生的良师益友，对关注信息化应用的其他行业的科技人员和管理人员来说也必定开卷有益。

这本我非常期待的书终于要出版了，我很高兴有机会为它写推荐序。

2025 年 5 月

自序

　　本书基于我们团队的教学实践积累和探索，主要介绍云计算的基本理论和当下使用的主流技术。确切来讲，云计算是一个完全独立的学科，云计算通过网络将计算、存储等底层基础设施以服务的方式提供给用户使用，大数据通过各种分布式框架来解决单机无法解决的计算和存储难题，为应用程序的运行提供各种处理框架。在这些应用框架下，用户可以在不了解底层的情况下编写自己的应用程序，从而实现分布式计算。但是，这两个学科又紧密联系，大数据由于要处理海量的数据而需要海量的存储和海量的计算能力，一般的 IT 框架已难以胜任，由此催生了设备集群，进而演变为云计算平台。大数据为云计算提供了用武之地，云计算为大数据提供了技术基础。它们的共同点是采用了分布式或集群的解决方案，很多是基于 Linux 操作系统和各种开源软件的。

　　最近几年，云计算技术发展迅速，各项技术也逐渐成熟并落地应用。一方面，各企事业单位的数据中心围绕私有云建设，将更多的业务部署上云，以提供标准、弹性、可伸缩、可扩展的服务。当下主要使用以 KVM 虚拟化为核心技术的传统云计算，随着以容器化技术为核心技术的新一代云计算技术的成熟和各项业务对快速上云的诉求，新一代云计算技术将快速发展，并在高性能计算等领域占据主导地位。另一方面，公有云市场占有率在逐步提高，诸多用户更喜欢和依赖公有云服务提供商提供的服务，公有云以其丰富的云计算和大数据服务产品为用户提供了便利。

　　本书理论和实践并重，希望将读者对计算机的使用和认识从单机提升到服务器集群和分布式处理的层面，帮助读者掌握云计算的基本知识。

本书适合作为高等学校云计算相关专业的教材，也适合作为华为鲲鹏产品使用人员的参考读物。

马俊

2025 年 5 月

前 言
Preface

20 世纪 60 年代，因市场需求和 IBM 技术供应错配，IBM 公司开始在其 CP-40 大型机系统中尝试虚拟化的实现，后来在 System/360-67 中继续研发，并衍生出 VM/CMS 及后来的 z/VM 等产品线。但是，没有互联网，这种远程提供的"算力"无法惠及大众。随着 x86 服务器技术的成熟，2001 年 VMware 发布了第一个针对 x86 服务器的虚拟化产品，紧接着英国剑桥大学的一位讲师发布了同样针对 x86 服务器虚拟化的开源虚拟化项目 Xen，惠普发布了针对 HP-UX 的 Integrity 虚拟机，而微软也终于在 2008 年发布的 Windows Server 2008 R2 中加入了 Hyper-V 虚拟化技术。

20 世纪 90 年代，互联网技术快速发展使得我们有能力将多余的"算力"通过网络送到任何地方，这样，虚拟化+互联网正式催生出云计算时代。"云计算"一词最早出现在 2006 年。谷歌公司的时任首席执行官（CEO）Eric Schmidt 在一次会议上提出了"云计算"概念，随后亚马逊和谷歌等互联网公司很快推出了云计算服务模式。现在被广为接受的是美国国家标准与技术研究院（NIST）的定义：云计算是一种按使用量付费的模式，提供可用、便捷、按需的网络访问，进入可配置的计算资源共享池（包括网络、服务器、存储、应用软件、服务），这些资源只需投入很少的管理工作或与服务供应商进行很少的交互，就可以被快速配置和获取。

现代云计算技术使大量的硬件资源通过虚拟化技术结合成一个有机整体，并通过网络传输、负载均衡、弹性伸缩、防火墙等技术形成一个抽象概念上的"云系统"。

这个系统的特征是在物理上分散、在逻辑上集中，即所谓的分布式集中。作为互联网服务的一种延伸，云计算服务或许可被称为 Internet 2.0。云计算服务很自然地带有一些互联网服务的特征，但它也有自己的特点（如按需使用、多租户支持、弹性伸缩等），并以此形成了新的商业模式。

从技术应用的角度来看，云计算是一种新的"算力"资源的使用和管理思路。在云计算之前，企业应对大用户、大数据难题时的唯一选择是购买更多更高性能的服务器。而云计算创新性地用"分布式集中"的方式，将分散的廉价计算资源组合在一起，发挥"群体"的功能，以此来解决大用户和大数据的需求，进而形成了新的"机器管理机器"的思路，在技术实现上有了完整的系统化思维和技术架构。

从技术发展的趋势看，我们已经步入了云计算时代。无论传统产业的转型或者新兴产业的发展，还是国外技术封锁和国内技术的突破，都需要大量适合时代要求的云计算技术人才。目前，我国云计算人才缺口持续加大，高端复合型人才更是严重不足。针对这一问题，我们撰写了本书，希望给大家提供简要的概念梳理和云计算应用指导，帮助大家进入快速发展的云计算奇妙世界。

在新知识和新技术迅猛发展的今天，注重实践是我国新工科教学改革的一个主要方向。在此大背景下，本书采用了大量的实践操作，能满足新工科人才培养的需求，体现出思路创新、结构创新和内容创新。

本书共 7 章，每章围绕一个主题，介绍基础知识和理论，并以配套资源的形式提供相应的实践内容。大家可通过扫描下方的二维码，关注并回复数字 65716 进行获取。

第 1 章首先介绍指令、程序和进程的定义，进而尝试探讨计算的本质；然后给出云计算的基本概念和发展历史、云计算的部署和服务模式，最后通过一个"三云联动"应用实践（配套资源，余同）让读者快速体会云时代云应用的快速部署。

第 2 章主要介绍华为公司主推的 openEuler 操作系统，旨在更好地助力构建鲲鹏生态，更好地引领读者学习和使用我们自己的操作系统。本章以在鲲鹏云计算机实践——基于 WordPress 搭建个人网站而结束。

第 3 章主要介绍云计算的基础理论，包括虚拟化技术、云服务管理、云安全等云计算依赖的底层技术，并在虚拟化部分设置了 3 个应用实践：计算虚拟化实践、网络虚拟化实践和存储虚拟化实践，最后对 OpenStack 进行简要概述，OpenStack 的详细介绍放在第 5 章。

第 4 章主要介绍云计算时代的存储技术。随着云计算时代的到来，存储技术的变化很大，可以预见未来的存储主要依赖于 NAS 和 Ceph 等分布式的云存储方式。本章的应用实践是 Ceph 的部署和测试。

第 5 章介绍云操作系统 OpenStack，介绍 OpenStack 的主要组件和基本功能。本章的应用实践是一个 OpenStack 部署和简单操作实践。

第 6 章主要介绍容器技术。在一台服务器上同时运行一百个虚拟机，肯定会被认为是痴人说梦。而在一台服务器上同时运行一千个 Docker 容器已经成为现实。在计算机技术高速发展的今天，Docker 这种操作系统虚拟化技术正在将昔日的天方夜谭变成现实，容器技术无疑在未来的云计算方向会大放异彩。本章的应用实践是一个关于 Kubernetes 安装部署实验。

第 7 章介绍云原生技术。云原生作为一种技术和设计理念，在云计算时代的软件工程领域中占据重要地位。可以预见，未来的软件设计和编写程序基本是围绕云展开的，云原生会越来越重要。本章设置了一个基于轻量级云计算调度管理平台 Nomad 的应用实践。

因为技术的快速发展和实践操作的可变性，本书每章的实践内容以单独电子文件的方式提供，方便读者复用和复现实践内容，也方便读者调整参数，进行针对性的实验和练习。

本书在编写过程中，参考和引用了大量国内外的著作、论文和研究报告。由于篇幅有限，本书仅仅列举了主要的参考文献。我们向所有被参考和引用相关文献的作者表示由衷感谢，他们的辛勤劳动成果为本书提供了丰富的资料。如果有的资料没有查到出处或因疏忽而未列出，还请见谅，并请告知我们，以便重印或再版时补上。

衷心感谢人民邮电出版社的所有工作人员。从本书的策划开始，张晓芬编辑积极联系和沟通，才有了本书的顺利出版。还要感谢华为公司提供的"智能基座"产学研项目，书中的很多实验是在华为提供的云计算平台上进行的。

由于云计算技术的飞速发展，本书出版后，其中的部分内容不一定是最新和最前沿的技术。同时，由于我们的水平有限，书中也难免有不妥之处，在此恳请各位专家和读者批评指正。读者可扫描并关注下方二维码，回复 65716 获取本书配套资源。

"信通社区"公众号

编者

2025 年 5 月

目　录

第 1 章

云计算概述

1.1　计算的本质

如果想要学习云计算，先要做的应该是理解透彻计算的本质。那么什么是计算呢？我们在网上搜索一下，得到的对计算的最短解释是"计算是依据一定的法则对有关符号串的变换过程。"但是，这个解释并不能让我们豁然开朗，还是让人感到一头雾水，对计算的本质依然不明所以。虽然我们从小就在学习计算，如 1 + 1 = 2，而且大家认为这就是计算，但如果有人继续问为什么 1 + 1 = 2，而不是 1 + 1 = 1（逻辑加）或者其他的数，那么被问者可能不明所以，反而会认为提问者故意碴儿为难他。

我们追溯一下计算机的发展历史。1819 年，英国数学家查尔斯·巴贝奇（Charles

Babbage）设计了差分机，并于 1822 年制造出可动模型。这台机器能提高乘法速度和改进对数表等数字表的精度。1843 年，阿达·洛夫莱斯（Ada Lovelace）提出了计算的流程、规则，并用一系列运算步骤来计算伯努利数，向人们展示了计算其实是一系列符合特定规则集合的状态改变的过程。到了 1936 年，图灵构想了一台理论计算机——图灵机，图灵机是将人类计算行为抽象化的一种计算模型，它甚至能定义可计算性等级。之后在 1945 年，冯·诺伊曼在《EDVAC 报告书的第一份草案》（"First draft of a report on the EDVAC"）中提出了程序存储模型计算机，它就是沿用至今的冯·诺伊曼体系结构。计算机，顾名思义就是能够"计算"的机器。计算机是我们这个时代的主角，下面我们先看看现代计算机的基本组成和工作原理。

按照冯·诺伊曼的体系结构，现代计算机由控制器、运算器、存储器、输入设备、输出设备五大部分组成。程序和数据以二进制值的形式不加区别地存储在存储器中，存储位置由存储地址确定。控制器根据存储在存储器中的指令序列进行工作，并由一个程序计数器控制指令有序地执行。控制器具有判断和选择指令流的能力，能根据当前的计算结果和环境感知选择不同的指令流。运算器根据控制器指向的指令进行算数运算和逻辑运算，并将运算结果反馈给控制器。输入和输出设备执行的是数据的内外交互操作，即指令执行过程中读入外部的数据，并将计算结果数据输出。经过了几十年的发展，我们有了大量硬件和软件，发展出很多计算理论和计算方法，但此体系结构并没有大的变化，并由此相继开创了计算机时代、互联网时代和现在的万物互联时代。

虽然已经知道了计算机的组成原理，设计出功能强大的操作系统，拥有不断完善的各种应用软件和平台，但对"计算"的本质似乎还不够明确。经过多年的观察和思考，在考查了指令、程序和进程的关系后，我们逐渐演绎出一套关于"计算的本质"的解释，即系统状态空间连续变换的符号化描述和推演过程。下面简述一下我们的思考过程。

在最初的生活实践中，人们用图画和符号表示一种即时状态，即通过符号和音频来传播和记录现实世界的各种状态。假设有一个原始部落，该部落分为了两个小组去狩猎。狩猎结束后，这两个小组各猎到了一只羊，那么这个部落有两只羊可以分享，$1+1=2$ 的计算模式就初步出现了。虽然当时用于记忆和计算的符号可能还没有完全产生，但计算过程实际上在大脑中已经形成了：默认将部落所有狩猎小组和猎物抽象为一个系统，出发前系统状态中猎物状态数为 0，第一个狩猎小组回来后，猎物状态数变为 1；第二个小组回来后，猎物状态数变为 2。大脑对这一系统状态的变化映射和记忆就是计算过程。计算的最初用途就是图像和记忆映射现实世界的变化规律。后来随着语言符号的出现，人们便将原来的图像化联想记忆模式换成了抽象的符号表示和记忆，这种符号化的表示更利于传播和记忆保存。

直到现在，自然科学的物理和化学还保留着研究和认识现实世界各种系统状态变化的因果联系，即从一种状态转换到另外一种状态有哪些约束规则和变化过程，而数学逐渐脱离了这种模拟现实世界的变化，转向形式化、理论化的规则变化研究中去了。

下面以图 1-1 所示的小松鼠推箱子游戏为例，介绍相关概念。在该游戏中，玩家指挥小松鼠从初始状态，如图 1-1（a）所示，将 4 个箱子推到 4 个圆点处，即终止状态。图 1-1 显示了几个过程状态的情况，接下来我们结合游戏过程来简化抽象的图灵机理论，并给出关于指令、程序和进程的一般化定义。

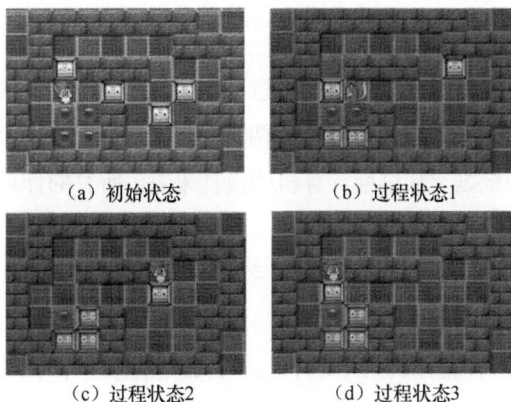

(a) 初始状态　　　　　　　(b) 过程状态1

(c) 过程状态2　　　　　　　(d) 过程状态3

图 1-1　小松鼠推箱子游戏

1.1.1　指令的定义

设一个系统 S 有限状态集合 $\{S_1, S_2, \cdots, S_n\}$，从状态 S_i（$i=1,2,\cdots,n$）变换到其相邻状态 S_{i+1} 的一个基本变换规则称为一条基本指令。指令的执行必定伴随着系统状态的改变和能量的变化，多条有序的基本指令可以组成一条具有特定语义和功能的复杂指令。

原子中的电子能级跃迁、细胞中基本的新陈代谢化学反应、计算机中的加法指令等都可以看成基本指令。一个系统中所有基本指令组成的集合称为该系统的基本指令集。指令的执行代表的是系统的空间状态随时间的变化，而这种系统时空状态的变化可以用能量来度量或驱动。例如，在图 1-1 所示的小松鼠推箱子游戏中，系统中的指令集合可以抽象为 8 条基本指令集合，如图 1-2（a）所示，而完整的解决方案（有序指令集合）就是一个程序，如图 1-2（b）所示。

```
抽象的指令集为：{
Move_Up:         上移一步
Move_Down:       下移一步
Move_Left:       左移一步
Move_Right:      右移一步
Push_Up:         上推一步
Push_Down:       下推一步
Push_Left:       左推一步
Push_Right:      右推一步
}
```

（a）基本指令集合

```
小松鼠推箱子游戏的初始系统可以编程如下：
Move_Right
Push_Right
Push_Right
Move_Down
Move_Down
……

Push_Down
OK
```

（b）程序

图 1-2　系统指令

在实践中，指令的记忆符号可以是任意指定的，只要能达成共识，便于记忆和传递。在计算机中，因为最初采用二极管的两种状态来表示数据 0 和 1，所以那时的计算机只能识别二进制数据。从早期计算机的设计来看，所有的计算指令执行不过是一系列二极管状态的安装和变化而已。

一系列二极管的状态可以表示一个数字（二进制数），也可以表示一个字符，因此现代计算中就有了最早的符号编码集——ASCII 码（现在的任何码表本质上都是一串二进制码）。最初的 ASCII 码采用 7 个二进制数来表示一个字符，如图 1-3 所示。

高四位 / 低四位		ASCII 码控制字符												ASCII 码打印字符														
		0000						0001						0010		0011		01/0		0101		0110		0111		
		0						1						2		3		4		5		6		7		
低四位		十进制	字符	Ctrl	代码	转义字符	字符解释	十进制	字符	Ctrl	代码	转义字符	字符解释	十进制	字符	十进制	字符	十进制	字符	十进制	字符	十进制	字符	十进制	字符	Ctrl
0000	0	0		^@	NUL	\0	空字符	16	►	^P	DLE		数据链路转义	32		48	0	64	@	80	P	96	`	112	p	
0001	1	1	☺	^A	SOH		标题开始	17	◄	^Q	DC1		设备控制1	33	!	49	1	65	A	81	Q	97	a	113	q	
0010	2	2	☻	^B	STX		正文开始	18	↕	^R	DC2		设备控制2	34	"	50	2	66	B	82	R	98	b	114	r	
0011	3	3	♥	^C	ETX		正文结束	19	‼	^S	DC3		设备控制3	35	#	51	3	67	C	83	S	99	c	115	s	
0100	4	4	♦	^D	EOT		传输结束	20	¶	^T	DC4		设备控制4	36	$	52	4	68	D	84	T	100	d	116	t	
0101	5	5	♣	^E	ENQ		查询	21	§	^U	NAK		否定应答	37	%	53	5	69	E	85	U	101	e	117	u	
0110	6	6	♠	^F	ACK		肯定应答	22	▬	^V	SYN		同步空闲	38	&	54	6	70	F	86	V	102	f	118	v	
0111	7	7	●	^G	BEL	\a	响铃	23	↨	^W	ETB		传输块结束	39		55	7	71	G	87	W	103	g	119	w	
1000	8	8	◘	^H	BS	\b	退格	24	↑	^X	CAN		取消	40	(	56	8	72	H	88	X	104	h	120	x	
1001	9	9	○	^I	HT	\t	横向指标	25	↓	^Y	EM		介质结束	41	)	57	9	73	I	89	Y	105	i	121	y	
1010	A	10	◙	^J	LF	\n	换行	26	→	^Z	SUB		替代	42	*	58	:	74	J	90	Z	106	j	122	z	
1011	B	11	♂	^K	VT	\v	纵向制表	27	←	^[	ESC	\e	溢出	43	+	59	;	75	K	91	[	107	k	123	{	
1100	C	12	♀	^L	FF	\f	换页	28	∟	^\	FS		文件分隔符	44	,	60	<	76	L	92	\	108	l	124	|	
1101	D	13	♪	^M	CR	\r	回车	29	↔	^]	GS		组分隔符	45	-	61	=	77	M	93	]	109	m	125	}	
1110	E	14	♫	^N	SOH		移出	30	▲	^^	RS		记录分隔符	46	.	62	>	78	N	94	^	110	n	126	~	
1111	F	15	☼	^O	SI		移入	31	▼	^-	US		单元分隔符	47	/	63	?	79	O	95	_	111	o	127	⌂	^Backspace 代码:DEL

注：表中的ASCII字符可以用"Alt + 小键盘上的数字键"方法输入

图 1-3　ASCII 码

综上所述，早期的程序设计只能采用机器语言来编写，即直接使用二进制数表示机器能够识别和执行的指令和数据，简单来说，就是直接编写 0 和 1 的序列来代表指令和数据，例如，使用 0000 表示加载（load），使用 0001 表示存储（store）。而指令的执行结果就是一系列二极管状态的改变。

早期的计算机都有一个中央处理器（central processing unit，CPU），即控制器和运算器，负责进行控制和计算任务。每个 CPU 都有一套基本的指令集合（简称指令集），它类似于小松鼠推箱子游戏的指令集合。当下 CPU 的指令集主要有两个体系。一个是英特尔（Intel）公司所采用的复杂指令集计算机（complex instruction set computer，CISC）复杂指令集，即现在常说的 x86 架构指令集，它的主要特点是基本指令多、寻址复杂，追求性能最优。另一个是精简指令计算机（reduced instruction set computer，RISC）精简指令集。IBM 公司的 PowerPC 以及思科（Cisco）公司的 CPU 采用的是 RISC 构架指令集，它的主要特点是所有指令的格式都是一致的，所有指令的指令周期也是相同的。并且 RISC 架构采用了流水线技术，追求低功耗。我们现在使用的所有程序最后都要编译成 CPU 中的基本指令集合。虽然现在处理器体系结构更为复杂，已经不是早期的单 CPU 结构了，但其基本控制原理和计算技术依然是相同的。

1.1.2 程序的定义

有了指令的定义，再根据小松鼠推箱子游戏，我们给出程序的定义。

程序是指系统 S 从初始状态 S_b 变换到 S_e 的有序、有限的指令和数据集合。这个指令和数据集合可以用某种符号（代码）或格式存储在某种物质介质或波介质中，我们称之为程序的存储状态。

理解了指令，理解程序也就比较容易了。程序就是有序的、有限的指令集合，也就是按照图 1-2（a）中的基本指令汇编成的有序指令集合，它可以完成从初始状态到终止状态的连续转换。我们以现实世界中的驾驶汽车为例，假设从兰州大学城关校区开车到兰州大学榆中校区，两地之间的道路通畅且没有其他汽车或干扰因素，那么可以抽象一套基本指令集{启动, 加速, 减速, 恒速, 左转, 右转, 定向, 倒退, 停止, 熄火}。之后，我们编写一套固定的指令集合{启动, 加速, 恒速, 右转, 加速, 恒速, 减速, 右转, 恒速, …, 停止, 熄火}，任何人就可以按照这套指令序列将汽车从兰州大学城关校区驾驶到兰州大学榆中校区了。这套指令序列也可以变成计算机程序，进行自动执行。当然，去掉干扰假设，我们照样可以写出一个实现同样功能的程序，只是此时的程序比较复杂，需要做大量的数据感知工作（驾驶员或自动驾驶控制系统完成此工作），然后根据环境动态地执行指令。上述两种情况在本质上是一样的，最终形成的都是一套有序且有限的指令集合。

1.1.3　进程的定义

有了指令（代表系统状态的改变）的定义，以及程序（有序指令集合）的定义，下面我们介绍进程的定义。正如前文所述，图 1-2（b）所示程序代表图 1-1 中从初始状态到终止状态的指令集合，但这只是一种符号化的记录或陈述，并不代表图 1-1 中的状态会自动变换到下一个状态，而是需要按照指令序列来一步一步执行，同时供给小松鼠移动和推箱子的能量，并传递信息或数据给小松鼠。再比如生命体的基本组成单位——细胞，一个活的细胞代表一个进程的执行状态，而一个死亡的细胞代表正常的生命现象终止状态。虽然细胞核中 DNA 程序编码还在，但该细胞不会表现出生命迹象了，这就需要引入程序的两种状态：一种是存储态，另一种是运行态。对于处于运行态的程序，我们引入一个计算机术语——进程。

进程：表示程序的运行状态，是指某系统在能量的供应下，一条条指令的连续处理和执行过程。因为指令的执行需要消耗能量，所以一个进程必须在能量的不断供应下才能够连续执行，直到程序执行的终点，即系统的终止状态 S_e 为止。

进程中最重要的就是能量的供应，因为指令代表系统空间结构的变化，而能量是系统空间状态变化的度量单位，所以能量是指令连续执行的必要条件。但是，这并不是说所有的进程都是消耗能量的，相反，有的指令执行还会释放能量，甚至释放大量能量。结合着对生命现象和核弹爆炸的思考，相信读者会很容易理解这一点。

此外，我们还要理解程序编码（符号化编码）的存储态，这对后面的程序设计和云计算相关内容的理解至关重要。存储态是指程序以依赖介质的特定状态结构的方式呈现在特定的系统空间中。以计算机为例，程序的存储一般是指程序符号化后被记录在磁盘、光盘、闪存中，可以明确地指定空间位置。进程指的是程序的运行态，是一个系统时空连续递变的过程。它在空间中是无法定位的，我们不能说一个进程在里面或在外面，也不能说一个进程在上面或在下面或在东或在西。换句话说，进程是一个时间范畴内的概念，指的是随着指令的执行，系统结构连续变换的一种动态概念。

虽然生命的本质是进程，但我们不能指着一个生物体说这就是进程，也不能指着一个监视器画面说这是进程。进程是维持画面显现或生物体存在的"后台"因素，这和现代科学中量子力学所揭示的现象是一致的，在微观电子层面是没有固定的位置和速度的。例如，我们观察到的固体物质现象在原子和量子层面上其实是电子和原子的持续快速运动（即各种状态的不停快速转换），由于感知能力的限制，作为生命进程的我们看到好像是固态（即状态不变）的物质，这和我们看显示器上的静态画面是一样的道理。

至此，我们可以将"计算"的本质理解为"符号化的变换和推演"：计算可以看成一个进程活动，进程根据不同的输入产生不同的状态变换，导致不同的输出。进程可以放到早期的、笨拙的、耗能巨大的计算机系统上，也可以放在当下微型的、耗能很低的微型芯片中，其本质都是程序（符号化的指令集合）的有序执行。推演是指进程还没有执行到的指令片段，根据当下的状态和可能的输入来预测后续的指令执行序列和可能的结果状态。如果程序和物理世界进程的切合度高，则模型进程的推演就可以预测真实世界的变化。

1.1.4　世界是一个进程

上一小节中我们提到计算的本质就是一个进程活动，是一个有序且有限的指令集合连续运行的过程，能根据外界的输入产生相应的输出。实际上不止计算是进程，从程序员的视角来看，生命现象在本质上也是一个进程现象。一个受精的鸡蛋（下称鸡蛋）在温度和湿度合适的环境中经过一段时间后，会孵化出一只小鸡，一个活泼可爱的生命体。仔细观察和思考这一过程，我们会发现起关键作用的似乎是温度，而温度是一个系统自由能量的一种度量，就像水在固体、液体、气体这 3 种状态之间转换时，需要吸收或释放能量。鸡蛋在变成小鸡的过程中也需要吸收能量，并且这种能量的供应必须有一个量的约束，太多或太少都会导致这一过程失败。我们通过这一现象似乎可以得到一个推论，那就是稳定的、适量的能量供应是鸡蛋变成小鸡的一个必要条件。

是否只要有能量就可以将鸡蛋孵化成小鸡呢？当然不是，能量只是辅助物之一，现代生物科学的研究结果告诉我们，小鸡成长的所有信息都存储在鸡蛋中的遗传物质 DNA 分子链中，只不过是能量让其展现出来罢了。这样，我们可以得到另外一个推论，即这个 DNA 分子链是鸡蛋孵化成小鸡的另一个必要条件。当然，小鸡的孵化还需要氧气、水分等其他条件，相比前两个条件，这些都不是关键因素，因为处于同样条件的石块是不会孵化成小鸡的，这是存在于自然界中的一个普遍现象。所有的卵生动物和植物的成长都会出现这一现象，其实哺乳动物的受精卵也同样有这样一个生长发育过程。

从程序员的视角来观察和研究生命现象，我们发现生命现象本质上就是一个进程，一个不断展开和执行的程序，程序的编码存储在该生命体细胞的染色体上（即 DNA 编码序列），所以生命即进程，甚至我们生存的世界也是一个进程，是一个更加复杂的大进程，我们都是该大进程管理下的一个个小进程：所有的生命体统一生存在一个有很多程序规则的进程空间中。同样地，我们知道每一个计算机游戏都必须安装游戏程序代码（code），还要启动游戏进程后才能展示游戏画面。如果打开一个图文并茂的计算机游戏，比如《命令与征服》（如图 1-4 所示），我们可以看到游戏世界中的各种对象：山、水、树、各种非玩家角色以及精美道具。有些游戏甚至是完全模拟我们的现实世界而设计的。但是，如果我们断掉计算机的电源，则这些游戏世界中的所有内容将会瞬间消失。

图 1-4　《命令与征服》游戏界面

由以上事实我们似乎可以得出一个结论：c(ode) + e(nergy) = w(orld)，这里的 code 表示 DNA 编码序列或计算机游戏的程序代码。它在适量能量（energy）的供应下启动，形成一个系统时空结构不断变迁的过程，从而生成了生命体或游戏世界（world）。换句话说，一套合适的编码加上合适的能量供应就可以生成一个世界。程序设计的本质其实就是设计和编写代码（code）的过程。这也再次验证了前面的定义，即程序有两种存在状态：存储态或运行态。存储态对应程序代码的静态存在状态，如磁盘、光盘、闪存中的非运行程序。运行态表示程序代码已经进入进程状态，开始执行程序中的指令流了，如正在运行的作图软件、文字处理软件或活的生命体本身。程序设计是指经过分析而设计出的指令代码或被送入 CPU，或先送入虚拟机/解释器再转换为 CPU 指令流，这些指令代码在 CPU 中会转换为用电磁波表示的 0、1，然后进行计算或存储，执行指令的能量由其他系统输入。细胞中的 DNA 编码到新陈代谢的化学反应完成的是类似的工作，只不过在细胞中，指令编码、数据编码以及指令执行需要的能量都是内置的，统一由各种功能蛋白中的化学键来完成。

1.2　云计算简介

如果我们理解了计算的本质，再去理解 VMware 公司前 CEO 保罗·马瑞慈说的"对于云计算而言，重要的是你如何进行计算，而非在何处进行计算"就水到渠成了。

追溯到源头，"云"的概念最早被认为是 1961 年计算机科学家 John McCarthy 公开提出的一种思想："如果我倡导的计算机能在未来得到使用，那么有一天，计算也可能像电话一样成为公用设施……计算机应用将成为一种全新的、重要的、产业的基础。"从那时起直到 2006 年"云计算"这个术语正式出现在商业领域中，经历了几十年的时间。这期间计算机相关技术高速发展，一些重要技术进入了较为成熟的大规模应用阶段，这使得云计算这种以前存在于理论上的概念逐步在技术上变成了现实中的基础建设。

1.2.1　什么是云计算

云计算在业界并没有统一的定义，云计算是网格计算、分布式计算、并行计算、效用计算、网络存储、虚拟化和负载均衡等传统计算机和网络技术发展融合的产物，其目的是将用于计算的软件/硬件资源和信息进行整合和集中，并通过网络按需提供给企业和个人使用。

这里简要回顾一下程序计算的发展。早期的程序都是串行执行的，如图 1-5（a）所示，这时 CPU 的利用率不高。后来出现了分时计算技术，CPU 的利用率得到了大幅提高。但是，现在 CPU 的性能已经基本接近极限，无法大幅提高算力水平。传统上，一般的软件是按串行计算方式设计的。一个工作任务如果只采用串行计算，加之任务太复杂，那么处理的时间会较长。如果执行更大规模的工作任务，尤其是当计算机的内存受到限制的时候，用单颗 CPU 是不切实际的。既然单颗 CPU 的计算性能难以提高，那么我们就让多颗 CPU 同时参与到任务的执行中，如图 1-5（b）所示，也就是用并行计算来解决串行计算的限制。

同时发展起来的还有分布式计算和网格计算。分布式计算属于研究分布式系统的计算机科学领域。为了提高资源利用率和算力（计算机设备或计算/数据中心处理信息的能力），分布式系统将自己的所有计算需求分散在属于不同网络的计算机上，这些计算机通过统一的消息机制来相互通信和配合计算。分布在不同网络计算机上的计算程序互相协作，共同完成最终的工作目标：分布式计算，如图1-6所示。

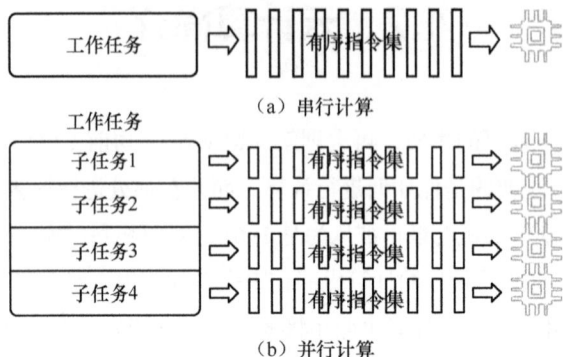

（a）串行计算

（b）并行计算

图 1-5　程序计算的发展

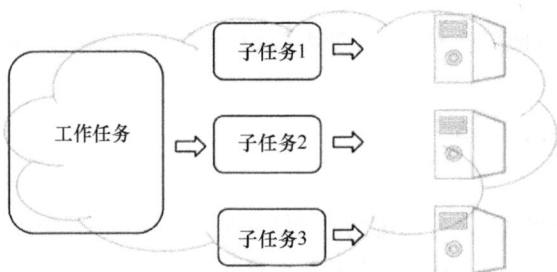

图 1-6　分布式计算

网格计算是指利用广泛且零散的计算资源完成一个共同任务，它也是分布式计算的一种。IBM公司对"网格计算"的定义为：网格计算将本地网络或者互联网上零散的可用计算资源集合起来，使终端用户觉得在使用一台性能强大的虚拟计算机。网格计算的愿景是创建一个虚拟动态的资源集合，使个人和组织机构能够安全协调地使用这些资源。网格计算通常使用集群的方式实现，如图1-7所示。

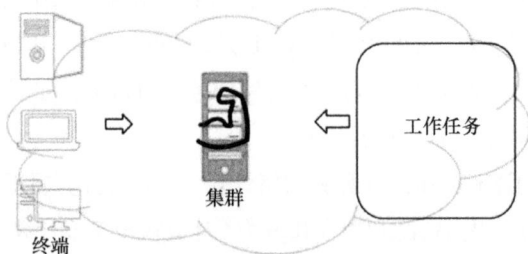

图 1-7　网格计算的实现方式

到了云计算时代，我们已经不需要关心计算的位置和资源在哪里。随着无处不在的网络接入方式和互联网技术的快速发展，云计算带来了更具革命性的变化，这是一种新兴的共享基础架构的方法，将巨大的资源池（包括计算、存储、网络等）连接在一起，以提供各种信息技术服务。狭义的云计算是指信息技术基础设施的交付和使用模式：通过网络以按需、易扩展的方式获得要用的资源（如硬件、平台、软件）。广义的云计算是指服务的交付和使用模式：通过网络以按需、易扩展的方式获得要用的服务，这种服务可以是信息技术、软件和网络相关的服务，也可以是其他服务。云计算示意如图1-8所示。

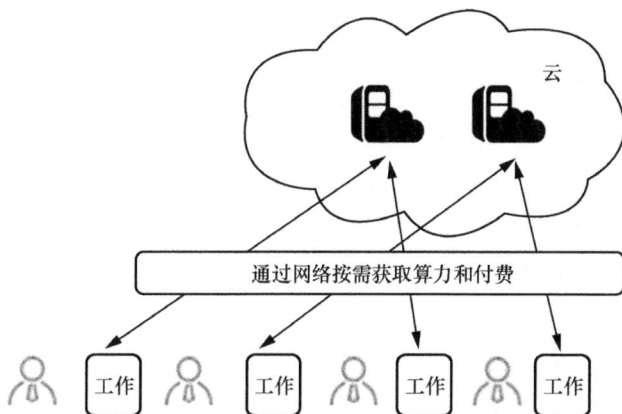

图 1-8　云计算示意

云计算可以简单理解为一种可以调用的虚拟化共享资源池，这些资源池可以根据负载动态进行配置，以达到最优使用的目的。用户和服务提供商事先约定服务等级协议，用户以付费模式使用服务，也就是说，云计算可以看作信息技术资源的一种打包和计费方式，比如按照计算、存储分别计算费用，就像传统的电力等资源的使用一样。

1.2.2　云计算的发展历史

云计算的发展大概可以归纳为以下 3 个阶段。

云计算 1.0 阶段：主要面向数据中心管理员的信息技术基础设施资源虚拟化阶段。此阶段的关键特征体现为通过计算虚拟化技术的引入，将企业信息技术应用与底层的基础设施彻底分离解耦，将多个企业信息技术应用实例及运行环境（客户端操作系统）复用在相同的物理服务器上，并通过虚拟化集群调度软件，将更多的信息技术应用复用在更少的服务器节点上，从而实现资源利用率的提升。这个阶段的技术主要有

Hyper-V、Xen、KVM、VMware ESX 等。

云计算 2.0 阶段：面向基础设施云租户和云用户的资源服务化与管理自动化阶段。该阶段的关键特征体现为通过管理平面的基础设施标准化服务与资源调度自动化软件的引入，以及数据平面的软件定义存储和软件定义网络技术，面向内部和外部的租户将原本需要通过数据中心管理员人工干预的基础设施资源申请、释放与配置过程转变为在必要的限定条件下（比如资源配额、权限审批等）的一键式全自动化资源发放服务过程。这个阶段的主要技术有 OpenStack、VMware、Amazon Web Services（AWS）等。

云计算 3.0 阶段：面向企业信息技术应用开发者及管理维护者的企业应用架构的分布式微服务化和企业数据架构的互联网化重构及大数据智能化阶段。该阶段的关键特征体现为企业自身的信息技术应用架构逐步从纵向扩展应用分层架构走向数据库、中间件平台服务层以及分布式的无状态化架构，从而使企业的信息系统在支撑业务敏捷化、智能化以及资源利用率提升方面迈上一个新的高度和台阶，并为企业创新业务的快速迭代开发铺平了道路。这个阶段的主要技术有 Docker、CoreOS、Cloud Foundry、Kubernetes 等，以及华为公司推出的智能终端操作系统 HarmonyOS。

1.2.3　云计算的优势

传统的信息技术基础架构如图 1-9 所示。可以看出，在这种架构中，只要有新应用系统上线，就要分析该应用系统的资源需求，确定基础架构应具备的计算、存储、网络等硬件设备规格和数量。

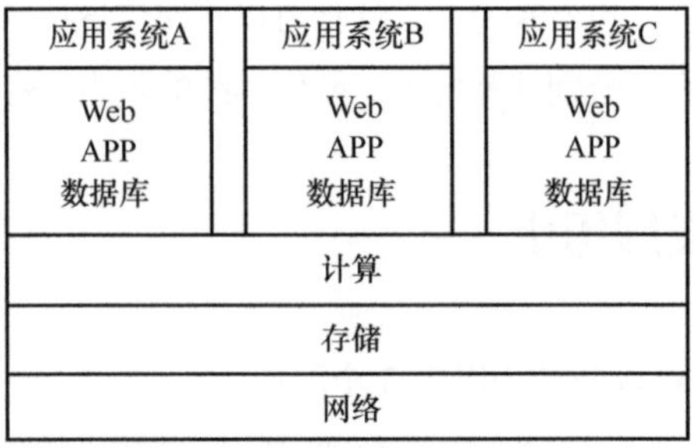

应用系统A	应用系统B	应用系统C
Web APP 数据库	Web APP 数据库	Web APP 数据库
计算		
存储		
网络		

图 1-9　传统的信息技术基础架构

传统的信息技术基础架构主要存在以下问题。

（1）硬件资源高配低用。出于对业务未来发展的考虑，在选择计算、存储、网络等硬件设备配置时通常留有余量，但余量一般使用较少，从而导致高配置的硬件设备利用率不高。

（2）整合困难。用户上线新的应用系统时，会优先考虑将该应用系统部署在既有的基础架构上。但是，不同应用系统所需的运行环境有很大差异，同时考虑可靠性、稳定性、运维管理等问题，可以发现，将新、旧应用系统整合在一套基础架构上的难度非常大。更多用户往往选择新增与应用系统配套的计算、存储、网络等硬件设备，这无形中会造成成本的大幅提高。

综上所述，传统的 IT 基础架构使得整体资源利用率不高，而且占用过多的机房空间，耗费过多能源。随着应用系统的增多，IT 资源的利用率、可扩展性、可管理性等方面都面临很大的挑战。而云基础架构在传统基础架构的基础上，增加了虚拟化层与云层，使得计算、存储、网络以及对应的虚拟化单个产品和技术不再是核心，而是通过资源整合形成有机的、可灵活调度和扩展的资源池，面向云应用实现自动化的部署、监控、管理和运维功能。

在云计算架构中，只要了解自己当下的需求，用户就可以按需自助地从云中购买需要的服务，基本不用考虑冗余和未来可能的扩展需求。传统的企业软件或网络必须在特定地点或设备上才能使用，而在云计算架构中，我们可以通过任何设备使用云计算，只要有"网"就行。而如今网络的接入越来越普及，所以云计算未来可以做到空间全覆盖。

在云计算架构中，资源池化是非常重要的。它既是实现按需自助服务的前提，也是屏蔽资源差异性的主要环节。在云计算中，可以被池化的资源包括计算、存储和网络。计算资源包括 CPU 和内存，如果对 CPU 进行池化，那么用户端看到的 CPU 最小单位可以是一个标准化的核心单位，而不再体现 CPU 的具体公司是 AMD 或者英特尔，以及具体指令集等信息。

我们在自助购买云服务时可以不考虑冗余和扩展，利用云服务提供的弹性扩展机制就可以完成动态扩容。例如，为了应对热点事件的突发大流量，用户可以根据负载动态进行服务器扩容。而当热点事件降温、访问流量下降时，用户又可以动态释放弹性服务器进行减容。这种行为属于典型的快速弹性伸缩。快速弹性伸缩包括多种方式，除了人为手动扩容或减容外，还支持根据预设的策略进行自动扩容或减容，这里的伸缩可以是增加或减少服务器数量，也可以是对单台服务器进行资源的增加或减少。我们熟悉的具备这个特性的最典型的例子就是孙悟空的如意金箍棒。

在云计算中，大部分服务需要付费才能使用，但也有服务是免费的。比如，弹性伸缩可以作为一种服务为用户开通，而且目前这种服务大多是免费的。计量是一种利用技术和其他手段实现单位统一和量值准确可靠测量的技术。换句话说，云计算中的服务都是可计量的，有的是根据时间，有的是根据资源配额，还有的是根据流量。服务可计量可以使云计算准确地根据客户的业务进行自动控制和优化资源配置。

1.3 云计算服务概述

相比于传统服务模式，当下云计算的服务模式主要有基础设施即服务（infrastructure as a service，IaaS）、平台即服务（platform as a service，PaaS）、软件即服务（software as a service，SaaS）3种。图1-10展示了传统服务模式和云计算服务模式的比较。

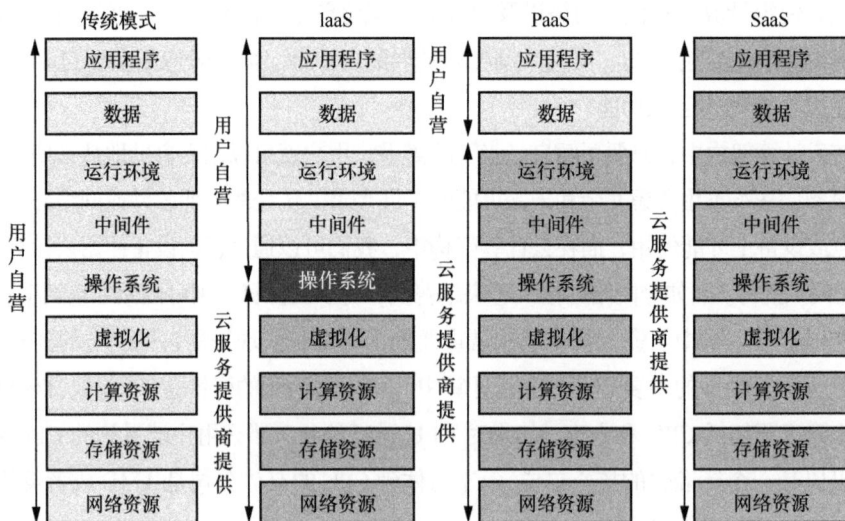

图1-10　传统服务模式和云计算服务模式的比较

IaaS：在 IaaS 模式下，云服务提供商向客户提供虚拟计算机、存储、网络等计算资源，提供访问云基础设施的服务接口。客户可在这些资源上部署或运行操作系统、中间件、数据库和应用软件等。客户通常不能管理或控制云基础设施，但能控制自己部署的操作系统、存储和应用，也能部分地控制使用的网络组件，如主机防火墙。

PaaS：在 PaaS 模式下，云服务提供商向客户提供的是运行在云基础设施之上的软件开发和运行平台，如标准语言与工具、数据访问、通用接口等。客户可利用该平台开发和部署自己的软件。客户通常不能管理或控制支撑平台运行所需的低层资源，如网络、服务器、操作系统、存储等，但可对应用和应用的运行环境进行配置，控制自己部署的应用软件。

SaaS：在 SaaS 模式下，云服务提供商向客户提供的是运行在云基础设施之上的应用软件。客户不需要购买、开发软件，可利用不同设备上的客户端（如浏览器）或程序接口通过网络访问和使用云服务提供商提供的应用软件，如电子邮件系统、协同办公系统等。客户通常不能管理或控制支撑应用软件运行的低层资源，如网络、服务器、操作系统、存储等，但可对应用软件进行有限的配置管理。

1.3.1　IaaS

IaaS 是 "infrastructure as a service" 的首字母缩写，中文表述是基础设施即服务，即把信息技术系统的基础设施像水、电一样，以资源的形式提供给用户，以服务的形式提供基于服务器和存储等硬件资源的可高度扩展和按需变化的信息技术能力。云服务提供商把信息技术系统的基础设施建设好，并对硬件设备进行池化，然后直接对外出租裸服务器、虚拟主机、存储设施或网络设施（如负载均衡器、防火墙），以及公网 IP 地址及 DNS 等基础服务）。IaaS 提供的是最基础的计算和存储能力。以计算能力的提供为例，IaaS 提供的基本单元就是服务器，包含 CPU、内存、存储、操作系统及一些软件，所以 IaaS 云服务的用户一般是掌握一定技术的系统管理员。图 1-11 展示了华为云的 IaaS 服务提供的五大类基础服务。

图 1-11　华为云的 IaaS 服务

华为云提供的服务非常多，主要有以下几种。

（1）专属主机（dedicated host，DeH）：是指用户可独享的专属物理主机资源。用户可以将云服务器创建在所购买的专属主机上，满足对隔离性、安全性、性能的更高要求。同时，用户还可以在迁移原来的业务至专属主机时，继续使用迁移前的服务器端软件许可，即支持用户自带许可（bring your own license，BYOL），达到节省开支、提高对云服务器的自治等目的。

（2）弹性云服务（elastic compute service，ECS）：是基于云服务器实例提供的云计算服务。用户可以根据业务需求自由调整云服务器实例的规模，从而实现计算资源的弹性伸缩。用户也可以根据峰值时间进行调整，提高业务的可靠性和稳定性。

（3）云容器引擎（cloud container engine，CCE）：提供高度可扩展的、高性能的企业级 Kubernetes 集群，支持运行 Docker 容器。借助云容器引擎，用户可以在华为云上轻松部署、管理和扩展容器化应用程序。

（4）云容器实例（cloud container instance，CCI）服务：提供无服务器容器（serverless container）引擎，让用户不用创建和管理服务器集群即可直接运行容器。

（5）无服务器计算（serverless computing）：是一种架构理念，是指不用创建和管理服务器，不用担心服务器的运行状态，只需动态申请应用需要的资源，把服务器留给专门的维护人员管理和维护，进而专注于应用开发，提升应用开发效率，节约企业信息技术成本。

（6）容器无服务运算：传统上在使用 Kubernetes 运行容器时，首先需要创建运行容器的 Kubernetes 服务器集群，然后创建容器负载。而基于容器的无服务运算无须创建和管理 Kubernetes 集群，也就是从用户的角度看不见服务器（serverless），直接通过控制台、kubectl、Kubernetes API 创建和使用容器负载，且只需为容器所使用的资源付费。

（7）云手机（cloud phone）：是一种在云上运行 APP 的仿真手机。云手机服务根据不同场景提供多种规格的云手机，24 小时稳定运行不间断，全面兼容安卓操作系统（简称安卓，Android）原生 APP，可流畅运行大型手机游戏，是移动办公好助手。云手机服务为用户提供高性能、安全、可靠、兼容的 APP 仿真运行环境。

1.3.2　PaaS

PaaS 是"platform as a service"的首字母缩写，中文表述为平台即服务，即把信息技术系统的平台软件层作为服务出租出去。相比于 IaaS 云服务提供商，PaaS 云服务提供商要做的事情变多了：他们需要先准备机房、部署网络、购买设备、安装操作系统、配置数据库和中间件，即把基础设施层和平台软件层都搭建好，然后在平台软件层上划分"小块"（人们习惯称之为容器）并对外出租。

PaaS 位于云计算三层服务的中间层，给终端用户提供基于互联网的应用开发环境，其中包括应用编程接口和运行平台等，并且支持应用从创建到运行整个生命周期所需的各种软硬件资源和工具，通常按照用户或登录情况计费。在 PaaS 层面，云服务提供商提供的是经过封装的信息技术能力，或者说是一些逻辑资源，比如数据库、文件系统和应用运行环境等。

1.3.3　SaaS

SaaS 是"software as a service"的首字母缩写，中文表述为软件即服务。简言之，就是软件部署在云端，让用户通过互联网使用它，即云服务提供商把信息技术系统的应用软件层作为服务出租出去，而用户可以使用任何云终端设备接入计算机网络，通过浏览器或者编程接口使用云端的软件。这进一步降低了租户的技术门槛，应用软件也无须用户自己安装了，直接使用即可。

SaaS 也是非常常见的云计算服务，位于云计算三层服务的顶端。用户通过标准的浏览器来使用互联网上的软件，云服务提供商负责维护和管理软硬件设施，并以免费（云服务提供商可以从网络广告之类的项目中获得收入）或按需租用方式向用户提供服务。这类服务既有面向普通用户的业务，例如日历和电子邮箱；也有直接面向企业团体的业务，用于处理工资单流程、人力资源管理、客户关系管理和业务合作伙伴关系管理等。这些由 SaaS 提供的应用软件减少了用户安装和维护软件的时间和技能等成本，并且可以通过按使用量付费的方式来减少软件许可证费用的支出。SaaS 的本质是将过去的购买软件改为向云服务提供商租用软件。

1.3.4　云计算部署模式

当前被大家广为接受的云计算主要有 3 种部署模式——公共云、私有云和混合云，它们的架构如图 1-12 和图 1-13 所示。

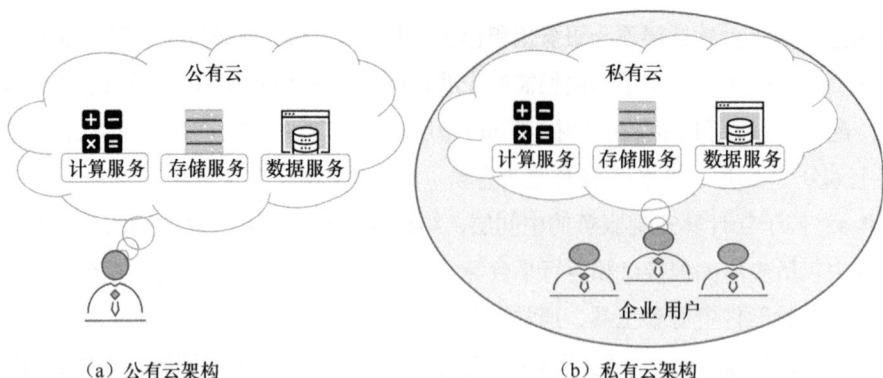

（a）公有云架构　　　　　　　　　　　　　（b）私有云架构

图 1-12　公有云和私有云架构

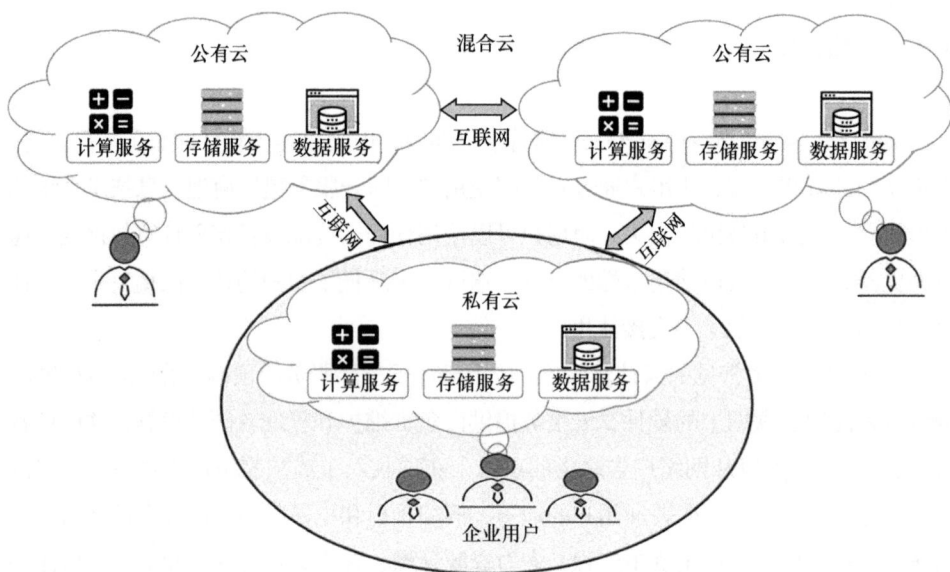

图 1-13　混合云架构

1．公共云

公共云是由第三方云服务提供商拥有的，可提供公开访问的云计算环境。公有云的信息技术资源通常需要付费才能使用，或是通过其他途径商业化。目前，典型的公共云有华为云、阿里云和腾讯云，以及微软公司的 Windows Azure Platform、亚马逊公司的 AWS、Salesforce 等。

对于用户而言，公共云的最大优点是它所应用的程序、服务及相关数据都存储在公共云的提供者处，自己无须做相应的投资和建设。公共云存在的最大问题是数据不存储在用户自己的数据中心而导致的安全性问题。同时，公共云的可用性不受用户控制，因此公共云也存在一定的不确定性问题。

2．私有云

私有云通常由一家企业或机构所拥有。私有云环境的实际管理者可以是内部或外部的人员，只有企业或机构内部的成员可以访问私有云中的资源。

私有云其实就是企业或机构自己使用的云。私有云的部署比较适合有众多分支机构的大型企业。随着这些大型企业数据中心的集中化，私有云将会成为他们部署信息技术系统的主流模式。

相对于公共云，私有云部署在企业或机构自身内部，因此其数据安全性、系统可用性可由用户自己控制。私有云的缺点是投资较大，尤其是一次性的建设投资较大。

3．混合云

混合云由以上两种云组成。许多企业或机构根据业务特点，愿意采用混合云的方式，这既保证了私有云的数据本地化，又可以利用公有云保证弹性资源扩展。

混合云提供的服务既可以供别人使用，也可以供自己使用。相比较而言，混合云的部署方式对云服务提供商的要求较高。

1.4　云计算发展趋势

前面我们分析了云计算的本质和优势，总结了云计算产生的原动力，并结合当下的互联网技术发展趋势总结出"计算模式"的变革已势不可当。如果我们将视野放宽，把当下所处的时代定位于技术与经济发展的历史长河中，就能够更加清晰地理解云计算所带来的变革与机遇。Carlota Pere 在其著作《技术革命与金融资本》中梳理了从18世纪工业革命起到当今信息时代近250年的人类社会发展史，回顾了5次基础性技术革命主导的社会更迭，归纳了在这些更迭中由技术引致的从萌芽到高速发展、从躁动到泡沫破裂、从重建到最终成熟的循环规律。当前，我们正处于由信息技术主导的信息与通信时代，经历了互联网泡沫的破裂和金融危机的爆发，技术与经济正经历着秩序的重建。在这个过程中，虽然不再有虚幻的传奇和狂躁，但技术的沉淀和演进将越走越实，其中蕴藏的机遇和经济价值将越来越广。

1.4.1　大势所趋的转型

变革的背后往往蕴藏着规律，云计算的到来也不例外，它并不是随机、意外发生的，而是当计算技术和社会经济发展到一定程度时必然发生的。我们将计算技术与社会经济的发展做一个类比（如图 1-14 所示），便不难探究出其中的规律。

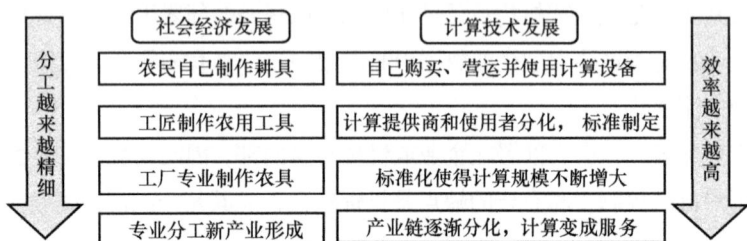

图 1-14　计算技术与社会经济的发展类比

在农耕时代，家家户户过着"采菊东篱下，悠然见南山"般的生活，自己制作工具、耕种和收获，看起来十分惬意，但只是低效地满足了有限的基本生活需求。随着铁制工具的使用和生产技术的进步，农业劳动生产率获得提高，也使农具的生产变得多样而复杂，不能再由一家一户独立进行了。这个背景下出现了人类历史上的"第二次社会大分工"，由工匠进行专业农具生产，由农民专门从事农业活动。随着社会生产率的进一步提高，工具的生产逐渐标准化和规模化，手工作坊的规模越来越大，农业生产的能力也越来越大，简单的交换已无法容纳社会经济发展的需求。在这个背景下，商人出现了，完成了"第三次社会大分工"。随着分工的不断精细化，每个人和社会整体的效率与效益都获得了提高，人类社会逐渐从荒蛮走向文明。

反观近百年来计算技术的发展，我们不难从中发现与社会经济发展相似的规律。在早期的大型机时代，组织或机构自己购买、营运并使用计算设备。随着半导体、网络和软件技术的综合发展，计算技术进入个人计算机时代。互联网上出现了多种多样的服务提供商，崭新的业务模式层出不穷。在这个过程中，服务提供商通过制定标准来巩固自己的专业地位与业务规模。这样的专业化与规模化不断深入，随着技术的成熟，信息技术服务将逐渐变得如同水和电，可以通过无处不在的互联网随处获得，这就是云计算，顺应着历史发展的脉络在我们这个时代诞生。当下的云计算仅是一个开始，随着信息技术生态系统的进一步精细分工，云计算将孕育出新兴的产业链和新的生产关系模式，所有的参与者必须相机而变，找到新的定位。

1.4.2 新兴的产业链

云计算作为一种新兴的信息技术运用模式，带来了信息技术产业调整和升级，同时也催生了一条全新的产业链。这条产业链中主要包含硬件提供商、基础软件提供商、云提供商、云服务提供商、云应用提供商、个人用户、企业和机构用户等不同角色。

云计算产业结构中的角色如图 1-15 所示。在云计算的产业结构中，位于核心的是云提供商。云提供商为云服务提供商搭建公有云环境，为企业和机构用户搭建私有云环境。云提供商从硬件提供商和基础软件提供商那里采购硬件和软件，向上提供构建云计算环境所需的解决方案。云应用提供商从云服务提供商那里获得所需的资源来开发和运营自己的应用，为个人用户、企业和机构用户提供服务。除了从云提供商那里获得私有云、从云应用提供商那里获得随时可用的软件，企业和机构用户还可以直接从云服务提供商那里获得计算和存储资源来运行企业和机构内部的自有应用。由此可见，位于产业链中游的云提供商、云服务提供商和云应用提供商从事着与云计算直接相关的业务活动，我们将他们统称为云计算提供商。

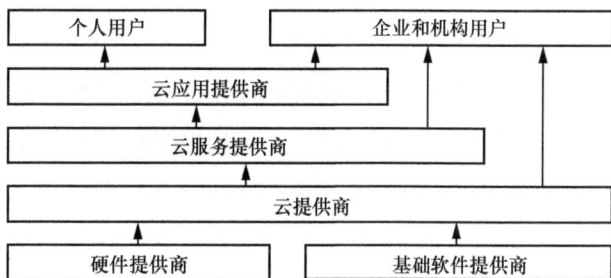

图 1-15 云计算产业结构中的角色

云计算为信息技术产业带来深刻变革，也为创业者带来新的机遇。下面我们自底向上地从这条产业链中的各个角色出发，简要介绍云计算带来的变革和发展趋势。

1. 硬件提供商

云计算对当前硬件提供商的业务产生了很大影响。作为硬件的行业客户，一些企业和机构考虑按照云提供商给出的解决方案增购服务器或者进行技术升级，构建完全由自己控制的私有云环境；也有一些公司将继续以传统的方式使用服务器，并且不改变服务器的购买计划。但是，云计算会使更多的公司，尤其是中小型企业开始重新考虑甚至放弃原有的服务器购买计划，转而通过使用公有云来拓展业务，提高业务的灵活性，降低运营成本。然而，这并不意味着云计算会打压硬件提供商的业务。相反，为了满足用户对公有云的需求，云服务提供商将建设更多的公有云环境，这将创造市场对硬件产品的新需求，并促进硬件产品在技术上的创新。那些更加节能、灵活且能够支持云计算技术要求，尤其是支持虚拟化功能的硬件产品，将在市场中占据更大的份额。

2．基础软件提供商

基础软件包括传统意义上的操作系统和中间件，而云计算对基础软件提供商的影响是巨大的。云计算所带来的变革将影响从操作系统到上层应用，乃至整个软件体系结构的每个层面。在云计算中，互联网就像一个巨大的软件系统资源池，它运行着云中所有的软件，并向用户提供服务。越来越多的应用从桌面操作系统搬到了互联网上，这使得传统操作系统提供商面临着巨大的挑战，承受着巨大压力。一方面，他们必须在新版本的操作系统中引入对云计算核心技术的支持（如虚拟化技术），从而在未来云基础设施领域中占据更多的市场份额。另一方面，如果已有客户要采用这些新技术，这就意味着比较复杂的升级，这在从操作系统桌面应用升级到云应用的过程中体现得最为明显。

与操作系统相同，中间件为上层服务提供了通用的功能模块，并且隐藏了实现细节，使上层软件的开发可以着重于业务逻辑，而非烦琐的底层细节。在云计算环境中，中间件对上层依然需要提供相同的便捷功能，但是对下层需要隐藏的细节就更加复杂了。首先，中间件运行在云之上，而不是传统意义上的单台服务器上，这样它不但需要适应单个云服务提供商的运行环境，而且需要具有跨多个云服务提供商的互操作性。其次，在云上运行的中间件必须支持云计算的核心特征——弹性伸缩，即可以随时随地为任何用户调整资源，以满足他在业务上的需求。由此可见，作为提供操作系统和中间件的基础软件提供商，新技术的研发和新产品的推出速度将决定其能否在云计算中占据领先地位。

3．云提供商

云提供商处于云计算产业的核心位置，向下采购（或者通过咨询服务的方式建议云服务提供商、企业和机构用户采购）硬件提供商及基础软件提供商的硬件与软件产品，向上为云服务提供商提供构建公有云的解决方案，为企业和机构用户提供构建私有云的解决方案。由此可见，云提供商在云计算产业中扮演着"造云者"的角色。可以说，在云计算产业中，其他角色的业务流转都是围绕云提供商展开的。

云提供商需要具有以下 3 个显著特点。

丰富的硬件系统集成经验：云计算无疑会带来现有数据中心的技术升级和扩容，以及新兴大型数据中心的建造。为这些数据中心提供从处理、存储到网络的集成解决方案是一项复杂的系统工程，因此云提供商需要在这方面具有深刻的认识和丰富的经验。

丰富的软件系统集成经验：硬件是云计算的躯体，软件是云计算的灵魂。从操作系统到中间件，从数据库、Web 服务到管理套件，乃至软件的选择、配置与集成方案，它们的种类众多，如何帮助用户做出最合适的选择，这需要云提供商对软件系统集成具有深刻的理解。

丰富的行业背景：这一点主要针对企业和机构的私有云建设。由于用户是身处各行各业的不同企业和机构，其业务也不尽相同，因此如何为用户设计出最适合自己的私有云解决方案，就需要云提供商对该行业具有深刻的理解和丰富的行业经验。

总之，云提供商需要同时具有丰富的硬件、软件和行业经验，才能保证自己在云计算产业中的核心位置。云计算产业中的其他角色围绕着云提供商运营流转。云提供商为产业链中的其他角色提供服务，创造价值。

4．云服务提供商

云计算是互联网时代信息技术发展和信息服务需求共同作用下的产物。传统的软件提供商所提供的产品并不能直接适用于云计算环境。规模较小的独立软件提供商一般没有强大的技术实力去实现云计算技术的创新，而规模庞大的专业软件提供商在实现传统软件产品转型时遇到的技术和业务压力也是空前的，这就给那些眼光卓越的人带来了创业机会。

新兴企业在面对变革时没有沉重的包袱，能够充分而直接地构建适合互联网时代需求的云计算产品。他们与云提供商紧密合作，提供适合市场需求的云计算环境。无疑，云计算打开了一片宽广的市场空间，无论是基础设施云、平台云还是应用云，都有着巨大的潜在需求。因此，对于每一家云服务提供商，它只要能够通过变革和创新来提供便捷的、差异化的云计算服务，就能够在云计算产业中获得成功。

5．云应用提供商

传统的应用提供商一般将应用运行在自己的服务器或者数据中心中租赁的服务

器上，这种方式存在弊端。首先，应用提供商要负担更高的成本，因为需要购买或者租赁物理机器以及相应的软件。其次，应用提供商需要对所有的机器和软件进行维护，保证整个系统从硬件到软件能够正常工作。更重要的是，由于成本控制，应用提供商很难用更为低廉的方式获取更多的资源，这会使得所提供服务的质量在服务高峰期受到很大影响。

在云计算中，云应用提供商提供的服务运行在云中，并且是以服务的方式通过互联网提供的。云计算能够有效地使应用提供商避免上述弊端，为中小型企业和刚刚起步的企业降低成本。具体优势如下。

（1）云应用提供商不需要购买专门的服务器硬件及各种软件，将应用部署在云计算平台中即可，所需的硬件资源和软件服务都由云提供。

（2）由于云计算平台由专人维护，因此云应用提供商省去了维护费用。

（3）云计算中所有的资源都按照具体使用情况付费，从而避免了传统方式中资源空闲所造成的浪费。

（4）云计算平台上的软件都以服务的形式运行，云应用提供商在开发新业务的时候能够以较低的成本充分利用云计算平台提供的各种服务，从而加速业务上的创新。

6．个人用户

云计算时代将产生越来越多的基于互联网的服务，这些服务丰富全面、功能强大、使用方便、付费灵活、安全可靠，个人用户的需求将从主要使用软件变为主要使用服务。在云计算中，服务运行在云端，用户不再需要购买昂贵的高性能计算机来运行种类繁多的软件，也不需要对这些软件进行安装、维护和升级，这样可以有效减少用户端系统的成本与安全漏洞。更重要的是，与传统软件的使用方式相比，云计算能够更好地服务于用户。在传统方式中，一个人所能使用的软件仅有其个人计算机上安装的所有软件。而在云计算中，用户可以通过互联网随时访问不同种类和功能的服务。

云计算将数据存储在云端的方式让很多用户有所顾虑，通常人们认为数据只有保存在自己看得见、摸得着的计算机中才最安全。其实不然，因为个人计算机可能会不小心被损坏或遭受病毒攻击，导致硬盘上的数据无法恢复；数据也有可能被木马程序或者有机会接触到计算机的不法之徒窃取或删除。此外，笔记本计算机还存在丢失的风险。而在云环境里，有专业的团队帮用户管理信息，有先进的数据中心帮助用户备份数据。同时，严格的权限管理策略还可以帮助用户放心地与指定的人共享数据。这就如同把钱存到银行比放在家里更安全一样。

7．企业和机构用户

对于一个企业和机构用户来讲，云计算有很多含义。正如上文所述，企业和机构不必再拥有自己的数据中心，这大大降低了技术部门所需的各种成本。由于云所拥有的众多设备资源往往不是某一个企业或机构所能拥有的，并且这些设备资源由更加专业的团队进行维护，因此企业和机构的各种软件系统可以获得更高的性能和可靠性。另外，企业和机构不需要为每个新业务开发新的系统，云提供了大量的基础服务和丰富的上层应用，企业和机构能够很好地基于这些已有的服务和应用，在更短的时间内推出新业务。

当然，也有很多争论，说云计算并不适合所有的企业和机构，比如对安全性、可靠性要求极高的金融企业，以及涉及国家机密的军事单位等。另外，将现有的系统迁入云也是一个难题。尽管如此，很多普通制造、零售领域的企业都是潜在的、能够受益于云计算的企业。而且，那些对安全性和可靠性要求很高的企业和机构，也可以在云服务提供商的帮助下建立自己的私有云。随着云计算的发展，必将有更多的企业和机构用户从不同方面受益于云计算。

1.4.3　云计算未来的主要发展方向

随着物联网技术的发展，云计算和物联网开始互相融合，各种传感器或边缘计算设备将采集数据直接上云，在云上进行融合和处理，通过大数据和人工智能处理来提取有用的信息，指导人们更好地认知世界和改造世界。云计算和物联网的融合就是万物互联的雏形，虽然还有很多的技术细节需要解决，但万物互联已经是未来主要的发展趋势之一。

大数据运用日趋成熟的云计算技术，从互联网浩瀚的信息海洋中获得有价值的数据进行信息归纳、检索和整合，为互联网信息处理提供软件基础。大数据，简单来说，就是把很多数据放到一起进行分析处理，找到其中的因果关联，实现对事件的预测。这里的数据可以是物联网中传感器的采样数据，也可以是抽样调研取得的部分数据，还可以是人类长期社会活动中产生的各种数据，如超市的消费数据、节假日的交通数据等。

云计算与大数据的关系很密切。云计算是基础，没有云计算，大数据就无法实现存储与计算。大数据是应用，没有大数据，云计算就缺少了部分目标与价值。

人工智能和大数据密切相关。以当下比较流行的商业广告推荐算法为例，它就是通过大数据这个工具对大量数据进行处理，从而得出一些关联性结论，并从这些关联性结论中获得推荐目标，因此，大数据是商业智能的一种工具。这对于系统计算能力的要求是非常高的，传统的方式需要超级计算机进行处理，但这样就导致出现计算能力有时候闲置有时候又不够用的问题。而云计算的弹性扩展和水平扩展的模式很适合计算能力按需调用这种需要，因此，云计算不但为大数据提供了计算能力和资源等物质基础，也是人工智能的能力集成到千万应用中的便捷途径。人工智能不仅丰富了云计算服务的特性，也让云计算服务更加符合业务场景的需求，并进一步解放人力。

云计算目前处于 IaaS 向 PaaS 和 SaaS 发展过程中，而且与人工智能的关系越来越密切，主要体现在以下三方面。

（1）PaaS 与人工智能的结合可实现行业垂直发展。当前云计算平台正在全力打造自己的业务生态，而业务生态其实也是云计算平台的壁垒。要想在云计算领域形成一个庞大的壁垒必然需要借助于人工智能技术。目前云计算平台开放出来的一部分智能功能就可以直接结合到行业应用中，这使得云计算向更多的行业领域垂直发展。

（2）SaaS 与人工智能的结合可拓展云计算的应用边界。当前终端应用的迭代速度越来越快，未来要想实现更快速且稳定的迭代，必然需要人工智能技术的参与。人工智能技术与云计算的结合能够让 SaaS 全面拓展自身的应用边界。

（3）云计算与人工智能的结合可降低开发难度。云计算与人工智能相结合有一个明显的好处，那就是降低开发人员的工作难度。云计算平台的资源整合能力会在人工智能的支持下越来越强大。

综上所述，大数据、人工智能以及云计算是未来社会发展所需的重要技术，三者之间存在着密切的联系。如何将大数据经过云计算赋能人工智能，做好三者的融合和应用，将它们的价值发挥到最大是未来主要的研究问题。云计算背景下的大数据和人工智能融合应用分析，旨在为人工智能的具体发展提供参考，目的是更好地实现云计算、大数据在人工智能发展中的融合与应用，这样，先进技术融合而生的技术价值会更加显著。

此外，边缘计算是云计算的又一个发展方向。边缘计算技术是一种新的技术架构，旨在将数据处理和分析的能力从中心化的数据中心转移到网络的边缘，即靠近数据产生源的地方。这种架构通过减少数据传输距离，显著降低了处理时延，提高了数据处理速度和效率。它不仅加强了数据的安全性和隐私保护，还能在网络连接受限的环境下支持离线操作，为实时应用如自动驾驶、智能制造、远程医疗等提供强大的技术支持。边缘计算的发展，与 5G 网络技术的融合，都预示着云计算对处理海量数据、支撑物联网设备和启用新一代智能应用所具有的巨大潜力，标志着我们迈向更加智能化和互联的未来。

1.5　国内主流的云计算平台

在全球云计算市场，国外主流的云计算平台包括亚马逊公司的 AWS、微软公司的 Azure、IBM 公司的 IBM Cloud 和谷歌公司的 Google Cloud；国内则由阿里云、腾讯云、天翼云和华为云等云计算平台领跑。本节将重点介绍国内的云计算平台。

1.5.1　阿里云

自 2009 年成立以来，阿里云已发展为全球云计算和人工智能技术的主流云计算平台。它的宗旨是通过提供安全、可靠的计算和数据处理服务，使得计算和人工智能技术能够普及至各个领域。阿里云覆盖了制造、金融、政务、交通、医疗、电信、能源等多个行业，为大型企业及互联网公司提供服务。在面临高并发场景，如天猫"双 11"全球狂欢节、中国铁路 12306 春运购（火车）票，阿里云展现出了优异的性能和稳定性。

阿里云在全球范围内部署了高效、节能的绿色数据中心，致力于通过清洁计算技术为互联网世界提供可持续的能源支持，服务覆盖区域涵盖中国、新加坡、美国等国家和地区。它在网络安全方面也有显著成就，如 2014 年成功抵御了史上最大的分布式拒绝服务（distributed denial of service，DDoS）攻击，显示了其强大的网络安全防护能力。在数据处理效率方面，阿里云通过自主研发的开放数据处理服务（open data processing service，ODPS），在 Sort Benchmark 竞赛中刷新了数据排序的世界纪录，展示了其在大数据处理领域的领先技术。

1.5.2　腾讯云

腾讯云作为腾讯公司的云计算产品，专注于为开发者和企业提供全方位的云计算服务。这些服务不仅包括基本的云服务器、云存储、云数据库和弹性 Web 引擎等基础云服务，还包括建立在腾讯庞大数据资源基础上的高级服务，如腾讯云分析（mobile Tencent analytics，MTA）和腾讯移动推送（信鸽）。此外，腾讯云通过 QQ 互联、QQ 空间、微云、微社区等产品，提供了云端连接社交体系的解决方案，这些是腾讯云在云计算市场中的独特优势，使其成为一个能够支持多样化互联网应用场景的高品质技术平台。

腾讯云的市场定位特别强调对年轻用户群体的吸引，其中包括学生和中小企业，这得益于其用户友好的服务政策、实惠的新人和学生福利，以及直观、美观的用户界面设计。这些特点使得腾讯云不仅在国内云计算市场中占有一席之地，而且能为用户提供更优质的服务体验。

1.5.3 天翼云

天翼云由中国电信集团有限公司（简称中国电信）精心打造，旨在建立领先的云计算服务平台。作为中国电信的核心云服务品牌，天翼云自 2016 年起便开始提供包括云主机、内容分发网络（content delivery network，CDN）、云计算机、大数据和人工智能在内的全面产品和解决方案，意图满足不同行业对云计算服务的广泛需求。

天翼云的发展重点不仅在于技术的全面升级和服务质量的提升，还在于通过创新的业务产品加强其在云计算市场的核心竞争力。天翼云 3.0 的推出目的是为各行业客户提供更加高效、可靠的云计算服务，为用户享受信息技术带来的新生活方式。天翼云的愿景是将计算、存储和网络资源普及化，使之成为与水、电等基础设施一样的社会公共资源，从而无缝融入日常生产和生活，实现"云服务到家，云服务随身"的目标。

1.5.4 华为云

华为云是华为技术有限公司（简称华为公司）的云服务品牌，为用户提供稳定可靠、安全可信、可持续发展的云服务。华为云致力于让云无处不在，让智能无所不及，共建智能世界的云底座。

华为云的基础架构建立在华为公司多年在 ICT 领域的技术积累之上，提供从计算、存储、网络到数据库和大数据等全面的基础云服务。这些服务不仅涵盖了云计算的基本要素，还通过持续的技术创新满足了企业数字化转型的多样化需求。华为云提供的计算服务不仅包括传统的虚拟机，还包括裸金属服务器、容器、微服务等先进的计算模型，支持企业构建高效、灵活的应用架构。

在存储领域，华为云通过其高性能、高可靠的存储服务，保障了企业数据的安全与稳定。无论是块存储、对象存储，还是文件存储，华为云都能提供符合业务需求的解决方案，确保数据的快速访问和高效管理。此外，华为云在网络技术上的深厚积累为用户提供了高速、低时延的网络服务，支持企业构建全球化的业务部署。

华为云在服务范围上实现了从 IaaS 到 PaaS 乃至 SaaS 的全面覆盖。这一全栈服务能力使得华为云能够为用户提供一站式的云计算解决方案，无论是企业在寻求基础设施建设，还是在开发高级应用，亦或需要行业特定的软件服务，华为云都能提供满足需求的产品和服务。

在安全方面，华为云采取了全方位的安全策略，从物理安全到网络安全，从数据安全到应用安全，构建了多层次的安全防护体系。通过先进的安全技术和严格的安全管理流程，华为云确保了用户数据的安全性和服务的可靠性。同时，华为云严格遵守全球的数据保护法规，为用户提供合规的云服务。

华为云在行业解决方案方面展现出了强大的实力。凭借华为公司在通信、制造、金融等行业的深入了解和技术积累，华为云为这些行业提供了定制化的云服务和解决方案，帮助企业实现智能升级和业务创新。无论是智慧城市建设、智能制造转型，还是金融科技创新，华为云都能提供强有力的技术支持和服务保障。

总之，华为云以其全栈云服务、创新的技术解决方案、安全可靠的服务体系，以及深入行业的解决方案，为全球企业和开发者提供强大的云计算平台，推动企业数字化转型和智能升级。

1.6 本章小结

本章从介绍计算的本质开始，介绍了指令、程序和进程的概念，说明计算的本质就是一种符号化的空间状态变换过程；随后引入了云计算的概念，介绍了云计算的优势、云计算服务模式，分析了云计算的特征，重点说明了云计算未来发展趋势，并从云计算催生新产业链的角度出发，分析了云计算为这条产业链上每一类参与者带来的深刻变革，以及为创业者带来的新的机遇。之后，本章介绍了阿里云、腾讯云、天翼云、华为云等国内主流云计算平台。

此外，我们在本书配套资源中设置了一个简单的三云联动实验，帮助读者体验云计算服务带来的便利和高效。云计算费用低廉且不需要机房和专门的机器，按需使用，按量付费，类似于公网用电和公网用水，真正实现了约翰·麦卡锡的预言"计算服务将和电话系统等其他系统一样，成为公共基础设施，计算机公共设施可能成为新兴的重要行业的基础。"

习 题

一、单选题

1. 下面不属于云计算特点的是（　　　）。

A. 超大规模 　　　　　　　　　　B. 虚拟化

C. 私有化 　　　　　　　　　　　D. 高可靠性

2. 云计算中，SaaS 是（　　　）的简称。

A. 软件即服务 　　　　　　　　　B. 平台即服务

C. 基础设施即服务 　　　　　　　D. 硬件即服务

3. 云计算是一种按使用量付费的模式，这种模式提供可用的、便捷的、按需的网络访问，其中可以进行配置的是（　　　）。

A. 计算资源共享池 　　　　　　　B. 工作群组

C. 用户端共享资源 　　　　　　　D. 服务提供商共享资源

4. 没有高效的网络，云计算就什么都不是，也不能提供很好的使用体验，因此云计算的主要特征是（　　　）。

A. 按需自助服务 　　　　　　　　B. 无处不在的网络接入

C. 资源池化 　　　　　　　　　　D. 快速弹性伸缩

5. "信息技术资源的一种打包和计费方式，比如按照计算、存储分别计量费用，像传统的电力等公共设施一样。"指的是（　　　）。

A. 云计算 　　　　　　　　　　　B. 网格计算

C. 效用计算 　　　　　　　　　　D. 自主计算

6. 以下（　　　）符合云计算 3.0 时代定义的云计算技术。

A. 软件定义与整合 　　　　　　　B. 计算虚拟化

C. 基础设施云化 　　　　　　　　D. 云原生与重构业务

7. 云计算中，IaaS 是（　　　）的英文简称。

A. 软件即服务 　　　　　　　　　B. 平台即服务

C. 基础设施即服务 　　　　　　　D. 硬件即服务

8. 云计算中，PaaS 是（ ）的英文简称。

A. 软件即服务　　　　　　　　　B. 平台即服务

C. 基础设施即服务　　　　　　　D. 硬件即服务

9. 在程序员的视角下，进程是程序代码的（ ）状态。

A. 存储状态　　　　　　　　　　B. 运行状态

C. 系统状态　　　　　　　　　　D. 显现状态

10. 在程序员的视角下，细胞中 DNA 是代码的哪一种状态？（ ）

A. 存储状态　　　　　　　　　　B. 运行状态

C. 加密状态　　　　　　　　　　D. 压缩状态

二、多选题

1. 云计算的部署模式主要有（ ）。

A. 公有云　　　　　　　　　　　B. 私有云

C. 混合云　　　　　　　　　　　D. 行业云

2. 关于云计算能够提供给用户的资源中，说法正确的是（ ）。

A. 云计算能够提供性能超强的计算环境

B. 云计算能够提供海量存储空间

C. 云计算可以让用户随时随地地应用云计算平台中的各种资源

D. 日常生活中使用的打车软件、外卖软件后台都在使用云计算技术

3. 以下（ ）可以使用云计算环境作为计算平台。

A. 电商购物网站　　　　　　　　B. 电商直播平台

C. 大数据场景　　　　　　　　　D. 5G 设备虚拟网元设备

E. 车联网后端数据计算环境

4. 云计算按照服务类型可包含的选项是（ ）。

A. IaaS　　　　　　　B. PaaS　　　　　　　C. SaaS

D. VaaS　　　　　　　E. QaaS

5. 下面哪些是云计算可以提供给用户的资源？（ ）

A. 计算资源、存储资源　　　　　B. 网络资源

C. 开发者平台　　　　　　　　　D. 软件

6. 华为云目前提供的具体服务有（ ）。

A. 专属主机　　　　　　　　　　B. 云容器引擎

C. 云容器实例 D. 无服务器计算

E. 云手机

7. 程序代码有以下哪些状态？（　　　）

A. 随机态 B. 存储态

C. 运行态 D. 固定态

8. 云计算催生的新兴产业链中包括以下哪些角色？（　　　）

A. 硬件提供商 B. 基础软件提供商

C. 云服务提供商 D. 个人用户

E. 企业和机构用户

9. 云计算未来的主要发展方向包括（　　　）。

A. 大数据 B. 人工智能 C. 物联网

D. 神经网络 E. 边缘计算

三、判断题

1. 云计算是基于互联网相关服务的购买、使用和交付模式。

2. "云"最早被认为是 1961 年计算机科学家 John McCarthy 公开提出来的一种思想。

3. 指令指的是系统空间状态转换规则。

4. 程序指的是有序有限的指令集合。

5. 进程代表的是程序的存储态。

6. 适量的能量供应是维持进程持续存在的必要条件。

四、简答题

1. 什么是云计算？

2. 简述云计算的发展历史。

3. 云计算有哪些优势？

第②章

openEuler 基础

要使用云计算服务，就需要操作许多软件和程序，因此，本章介绍最基本的操作和管理软件——操作系统。

用过手机、平板计算机、计算机等设备的人都知道，在使用这些设备之前，必须先准备两样东西，一样是电源（提供 energy），另一样是安装软件（提供 code）。energy（能量）的管理比较简单，准备好电池或者能接入供电系统，注意接口（输入/输出电压和电流值）即可。但 code（程序代码）的准备和管理就比较麻烦，非专业人员很难安装和使用程序软件。为了简化管理和操作，通常情况下设备会安装一个标准的系统软件，有了该系统软件后，下载、安装和管理其他提供具体服务的程序软件就容易了，这个系统软件就是操作系统。从本质上来讲，在一台正常工作的设备上，操作系统其实就是一个系统进程，为其他进程提供运行环境和支撑。一个好的系统进程能够提供很好的管理和协调服务，可以很好地发挥整台计算机软、硬件资源的优势，让计算机不会因为一个小小的软件错误（software bug，简称 bug）或小问题导致系统进程崩溃，进而导致所有进程的失败。操作系统进程的作用是控制和管理整个设备系统的硬件和软件资源，并能合理地组织及调度计算资源和空间资源的分配，同时给其他进程提供方便的接口以使用设备的各种功能，包括计算、存储资源分配、与各种传感器及其与外围设备（简称外设）的通信等。

操作系统是随着时代的发展和科技的进步不断进化和完善的，现在的操作系统功能已经非常完善，可以根据不同场景需求进行裁减或定制，并且在当下万物互联理念的推动下，通过操作系统中的设备管理就可以将各种设备连接起来，完成设备互通，让人们更方便地使用各种软件，不仅可以在不同的设备间实现快速切换，还可以完成更复杂的工作。在云计算中，人们无论是购买裸机、虚拟机或者容器，都需要熟悉操作系统的知识。操作系统有专门的课程和理论架构，本书中我们根据内容需要，仅简要介绍相关操作命令。

2.1　操作系统的分类和基本功能

当下流行的操作系统有类 UNIX（包括 UNIX 和 Linux 的各种变种）、Windows、macOS、ChromeOS、HarmonyOS 等。近年来逐渐发展起来的国产替代操作系统 openEuler 逐渐在云计算环境中占有了一席之地。openEuler 是基于 Linux 内核的一个开源操作系统，由华为公司推出。在当前的国际大环境和国家战略发展的背景下，信息技术领域的学生和从业人员需要重点学习研究和掌握这些操作系统的基础知识。

图 2-1 展示了操作系统的功能和接口，可以看出，操作系统有五大功能：处理器管理、存储器管理、作业管理、文件管理、设备管理。

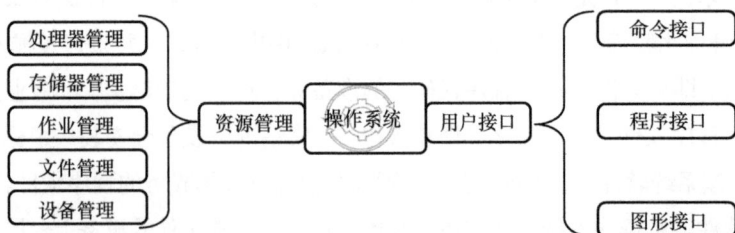

图 2-1　操作系统的功能和接口

（1）处理器管理

处理器管理最基本的功能是处理中断事件。处理器只能发现中断事件并产生中断行为，而不能对中断事件进行处理。配置了操作系统后，处理器就可对各种中断事件进行处理。处理器管理的另一功能是处理器调度。计算机中的处理器可能有一个，也可能有多个，不同类型的操作系统能够针对不同情况采取不同的调度策略。

（2）存储器管理

存储器管理主要是指针对内存储器的管理。它的主要任务是：分配内存空间、保证各作业占用的存储空间不发生矛盾，并使各作业在自己所属存储区中不互相干扰。

（3）作业管理

每个用户请求计算机系统完成的一个独立操作称为作业。作业管理是对用户提交的诸多作业进行管理，其中包括作业的组织、控制和调度等，以尽可能高效地利用整个系统的资源。

（4）文件管理

文件管理是指操作系统对信息资源的管理。在操作系统中，负责存/取管理信息的部分称为文件系统。文件是在逻辑上具有完整意义的一组相关信息的有序集合，每个文件都有一个文件名。文件管理支持文件的存储、检索和修改等操作，具有文件保护功能。操作系统一般都提供功能较强的文件系统，有的还提供数据库系统来实现数据信息的管理工作。

（5）设备管理

设备管理负责管理各类外设，执行包括分配、启动和故障处理等操作。它的主要任务是对于用户使用外设时必须提出要求，待操作系统进行统一分配后方可使用。当用户的程序运行时要使用某外设时，由操作系统负责驱动外部设备，并完成和外部设备的数据交换，同时操作系统还具有处理外部设备中断请求的能力，能及时响应设备提出通信要求。

操作系统的设备管理有以下功能。

缓冲管理：为达到缓解 CPU 和输入/输出（input/output，I/O）设备速度不匹配的矛盾，达到提高 CPU 和 I/O 设备利用率，提高系统吞吐量的目的，许多操作系统通过设置缓冲区的办法来实现。

设备分配：设备分配的基本任务是根据用户进程的 I/O 请求分配设备。如果在 I/O 设备和 CPU 之间还存在设备控制器和通道，则需要为使用设备的进程分配相应的控制器和通道。

设备处理：设备处理程序又称设备驱动程序，其基本任务是实现 CPU 和设备控制器之间的通信。

设备独立性和虚拟设备：用户向系统申请和使用的设备与实际操作的设备无关。
通常情况下操作系统给我们人类进程提供的接口有以下 3 类。

命令接口：通过命令行 shell 给操作系统发各种命令，用于使用资源和调度程序。
该接口主要面向专业用户，和脚本相结合可以完成复杂的管理和运维任务。

程序接口：在用户的应用程序中通过程序 API 访问操作系统的各种功能。

图形接口：通过一个 GUI 和操作系统交互，完成各种资源的管理和程序调度。该
接口面向对不熟悉命令和程序的普通用户，让他们可以使用和管理复杂的计算机系统
和网络系统了。

2.2　openEuler 概述

2.2.1　openEuler 的发展历程

从 1969 年到今天，Linux 已成为 ICT 领域应用最广泛、最基础的承载平台。而
openEuler 的内核源自 Linux，基于 CentOS 7.2 进行二次开发。openEuler 是一款由全
球开源贡献者构建的高效、稳定、安全的开源操作系统。openEuler 支持鲲鹏及其他
多种处理器，能够充分释放计算芯片的潜能，适用于数据库、大数据、云计算、人工
智能等应用场景。openEuler 是一个开源免费的 Linux 发行版本系统，通过开放的社区
形式与全球的开发者共同构建一个开放、多元和架构包容的软件生态体系，同时也是
一个创新的系统，倡导客户在系统上提出创新想法，开拓新思路，实践新方案。

openEuler 历经十余年开发打造，早期主要用于华为公司内部高性能计算项目。2013
—2016 年，华为公司发布 EulerOS 1.x 系列，并在内部 ICT 产品、存储产品、无线控
制器、CloudEdge 等产品中实现规模商用。2019 年 12 月 31 日，华为公司作为创始企
业发起了 openEuler 开源社区，并将 EulerOS 相关能力开放给 openEuler 社区，后续
EulerOS 将基于 openEuler 进行演进。2019 年，华为公司首次宣布计算产业"硬件开
放、软件开源"的核心战略，openEuler 成为软件开源的第一站。同年 12 月，openEuler
操作系统源代码正式上线，标志着开源之路启动。2020 年 3 月，openEuler 开源社区发
布 openEuler 20.03 LTS 版本，9 月发布 openEuler 20.09 创新版。如今，openEuler 吸引
了越来越多的全球开发者参与，社区整体朝向"共建、共享、共治"的目标稳健发展。

在这一背景下，华为公司在 openEuler 21.03 版本中推出内核热替换技术。对内核的热替换之后，系统能够快速恢复，其中包括外设部件互连（peripheral component interconnect，PCI）的设备状态，以及内存中的业务数据等，整个替换时间不超过 2 s。用户业务通过热替换技术在"飞行途中换引擎"的同时，bug 的修复效率也会得到质的提升。

openEuler 通常有两种版本。一种版本是创新和测试版，如 openEuler 20.09，通常半年发布一次。另一种版本是 LTS 版本，是稳定的发行版，如 openEuler 20.03 LTS，通常两年发布一次。本书所涉及的操作均以 openEuler 20.03 LTS 版本为准。

2.2.2　openEuler 的特点

（1）支持多处理架构

自 20.09 版本开始，openEuler 增加了新的架构和芯片支持。除了之前的 x86 和 ARM 架构，华为公司还与中科院软件研究所合作，发布了国内首个 RISC-V Linux 尝鲜版，同时还增加了对海光信息技术有限公司（业内称中科海光）芯片的支持。对于开源开发者，RISC-V Linux 尝鲜版增加了对树莓派（Raspberry Pi）的支持。

openEuler 支持的架构和芯片越来越多，这在一定程度上说明它正在以更开放的姿态和更低的开发门槛迎接开发者加入项目。

（2）性能更强

针对目前核与核之间以及物理 CPU 与物理 CPU 之间越来越不均衡的现状，20.09 版本为了更好地释放这些硬件的算力，对内核进行了协同反馈式的调度，通过内核共享资源和并行优化等技术手段，进一步释放多核之间的算力，使性能提升 20%。

不断更新的 openEuler 版本在为行业提供新的多核算力解决方案的同时，也进一步展示了华为公司在开源操作系统领域的硬实力。

（3）使用更易

在虚拟化方面，华为公司通过 StratoVirt + iSula 构建了一个极致轻量化的安全容器全栈，甚至可以说是下一代的虚拟化技术。通过 RUST 语言和 VMware 的接口，针对数据的迁移，包括镜像的构建，提供了拥有丰富应用的工具。通过这些构建，openEuler 让容器使用起来更加容易简单。

（4）效率更高

为了更好地对操作系统进行基于业务场景的调优，A-Tune 自调优工具针对应用业务场景进行了系统画像，把所支持的应用场景扩大到十大类、共计 20 多款应用，可以调节的对象参数达到 200 多个。A-Tune 能够对运行在操作系统上的业务建立精准模型，动态感知业务特征并推理出具体应用，还能够根据业务负载情况动态调节给出最佳的参数配置组合，使业务运行于系统最佳性能下，大大提升了调优效率。openEuler 应用全景图如图 2-2 所示。

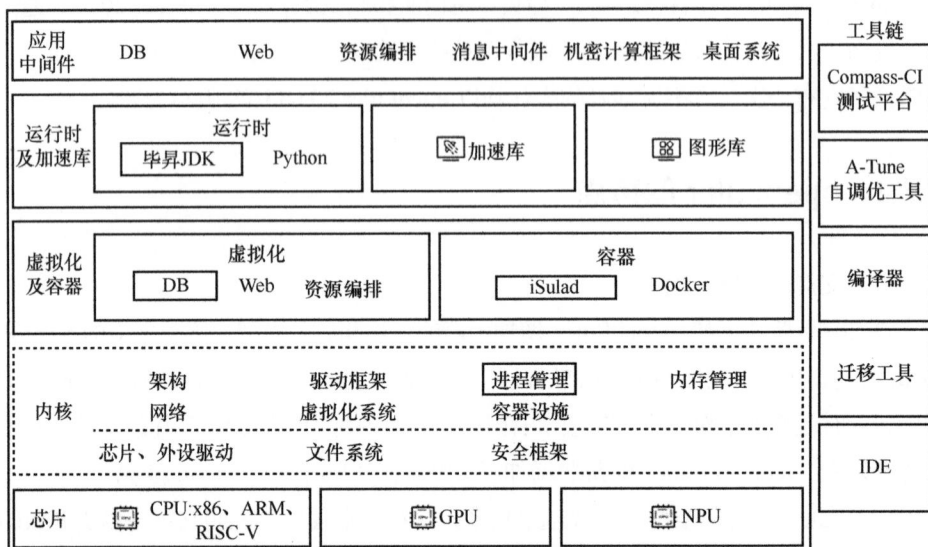

DB——database，数据库；
GPU——graphics processing unit，图形处理单元；
NPU——neural-network processing unit，神经网络处理器；
IDE——integrated development environment，集成开发环境。

图 2-2　openEuler 应用全景图

总的来说，除了增加新的架构和芯片支持外，版本的更新大多是围绕提升易用性展开的，其目的是降低开发者参与 openEuler 开源项目的门槛，同时针对新技术发展趋势，不断拓展内核功能，以支持大模型和基于嵌入式的边缘计算等新需求。

（5）应用丰富

因为 openEuler 基于 CentOS 7.2 二次开发而成，所以原来适用于 CentOS 的大量应用软件、编程语言和数据库等可以直接或经过迁移处理后在 openEuler 上使用。而开源社区的运作理念，就是不断发展和开发基于 openEuler 能够支持运行的应用软件。相信不远的将来，openEuler 上的应用会越来越多，使用场景也越来越丰富。

（6）价值领先

openEuler 的价值体现在以下三方面。

技术价值：openEuler 是覆盖全场景的创新平台。在引领内核创新，夯实云化基座的基础上，华为公司面向计算架构互联总线、存储介质发展新趋势，创新分布式、实时加速引擎和基础服务，并结合边缘和嵌入式技术，打造的全场景协同的面向数字基础设施的开源操作系统。

业务价值：openEuler 实现了从代码开源到产业生态的快速构建，为政府、银行、电信、能源、证券、保险、水利、铁路等千行百业核心业务提供支撑，构筑安全可靠数字基础设施底座，赋能企业数字化转型，构建产业新生态。

生态价值：openEuler 已支持 x86、ARM、RISC-V 等多种处理器架构，并将进一步扩展到 PowerPC、SW64 等芯片架构，持续完善多样化算力生态体验。

2.2.3 发展 openEuler 的意义

openEuler 作为一款我国国产的开源操作系统，具有重大意义，不仅体现在技术层面，更在于它对中国乃至全球开源生态和信息技术自主可控发展的积极影响。根据《openEuler 开源社区运作报告 2025—01》，截至 2025 年 1 月 31 日，openEuler 社区用户量累计超过 391 万，超过 2.1 万名开发者在社区持续贡献。根据《openAtom openEuler 2024 社区年报》，2024 年 openEuler 系累计装机量突破 1000 万套。openEuler 已广泛应用于互联网、金融、运营商等各行业核心应用场景，实现规模商业落地。以下几点可以概括 openEuler 操作系统发展的重要意义。

（1）推动开源生态发展

openEuler 的开源性质意味着它鼓励全球开发者参与到项目中来，共同贡献代码，发现并修复 bug，提供新的功能和优化性能。这种模式促进了全球开发者社区的协作，加速了技术创新和知识共享，有助于构建一个更加活跃和健康的开源生态系统。

（2）增强技术自主可控

对于中国来说，openEuler 的开发和推广是推进国产软件发展、增强技术自主可控能力的重要举措。构建基于国产操作系统的软件栈和解决方案可以减少对国外技术的依赖，提高国内信息技术的安全性和可靠性。这对于保障国家信息安全、推动信息技术产业的健康发展具有重要意义。

（3）促进行业应用创新

openEuler 专注于面向企业级市场和云计算环境的应用，提供了稳定、高效、安全的操作系统平台，这为各行各业的数字化转型和云化部署提供了坚实的基础，促进了行业应用的创新和优化。特别是在云计算、大数据、人工智能等新兴技术领域，

openEuler 可以支持更多创新应用的开发和部署。

（4）服务国家战略需求

随着数字经济的快速发展，信息技术已成为国家竞争力的重要组成部分，数据中心建设和通信网络建设已成为国家的基础建设。开发和推广国产操作系统是服务于国家战略需求、推动高质量发展的必然选择。openEuler 作为国产操作系统的代表，不仅能够促进国内信息技术产业链的完善，还可以提升国家在全球信息技术领域的话语权和影响力。

（5）打造国际合作平台

虽然 openEuler 是一款国产的操作系统，但开源和国际化的特点使它成为全球开发者和企业之间技术合作和交流的平台。通过参与 openEuler 项目，全球合作伙伴可以共同推动操作系统技术的进步，探索更多跨国界的合作机会，共同应对全球信息技术领域的挑战。

总体而言，在探索云计算的宏大主题中，openEuler 的出现和发展不仅标志着我国在自主创新和技术自主可控领域取得了显著的成就，也体现了一种积极推动开源文化、鼓励全球技术共享与合作的理念。作为一款国产的开源操作系统，openEuler 在构建和丰富云计算生态系统方面发挥了重要作用，它不仅为云服务提供了一个高效、稳定、安全的底层平台，更促进了云计算技术的创新和应用领域的扩展。

2.3 openEuler 常用操作命令

2.3.1 查看系统信息类命令

查看系统安装的 openEuler 版本和 Linux 内核版本信息的命令如下，执行结果如图 2-3 和图 2-4 所示。

```
cat /etc/os-release       # 显示操作系统版本
uname -a                  # 显示内核版本
```

```
[root@majunlzu ~]# cat /etc/os-release
NAME="openEuler"
VERSION="20.03 (LTS)"
ID="openEuler"
VERSION_ID="20.03"
PRETTY_NAME="openEuler 20.03 (LTS)"
ANSI_COLOR="0;31"
```

图 2-3　openEuler 版本信息

```
[root@majunlzu ~]# uname -a
Linux majunlzu 4.19.90-2003.4.0.0036.oe1.aarch64 #1 SMP Mon Mar 23 19:06:43 UTC 2020 aarch64
aarch64 aarch64 GNU/Linux
```

图 2-4　Linux 内核版本信息

以下命令可以查看计算机系统的磁盘信息、CPU 信息和内存信息，执行结果如图 2-5～图 2-7 所示。

```
fdisk -l    # 查看磁盘信息
lscpu       # 查看 CPU 信息
free        # 查看内存信息
```

```
[root@majunlzu ~]# fdisk -l

Units: sectors of 1 * 512 = 512 bytes
Sector size (logical/physical): 512 bytes / 512 bytes
I/O size (minimum/optimal): 512 bytes / 512 bytes
Disklabel type: gpt
Disk identifier: E4391D6A-9819-45CA-BDE4-52285BCE52A7


/dev/vda1     2048    2099199   2097152    1G EFI System
/dev/vda2  2099200 104857566 102758367   49G Linux filesystem
[root@majunlzu ~]#
```

图 2-5　磁盘信息

```
[root@majunlzu ~]# lscpu
Architecture:                    aarch64
CPU op-mode(s):                  64-bit
Byte Order:                      Little Endian
CPU(s):                          4
On-line CPU(s) list:             0-3
Thread(s) per core:              1
Core(s) per socket:              4
Socket(s):                       1
NUMA node(s):                    1
Vendor ID:                       HiSilicon
Model:                           0
Model name:                      Kunpeng-920
Stepping:                        0x1
CPU max MHz:                     2400.0000
CPU min MHz:                     2400.0000
BogoMIPS:                        200.00
L1d cache:                       256 KiB
L1i cache:                       256 KiB
L2 cache:                        2 MiB
L3 cache:                        32 MiB
NUMA node0 CPU(s):               0-3
Vulnerability Itlb multihit:     Not affected
Vulnerability L1tf:              Not affected
Vulnerability Mds:               Not affected
Vulnerability Meltdown:          Not affected
Vulnerability Spec store bypass: Not affected
Vulnerability Spectre v1:        Mitigation; __user pointer sanitization
Vulnerability Spectre v2:        Not affected
Vulnerability Tsx async abort:   Not affected
Flags:                           fp asimd evtstrm aes pmull sha1 sha2 crc32 atomics fphp asim
                                 dhp cpuid asimdrdm jscvt fcma dcpop asimddp asimdfhm
[root@majunlzu ~]#
```

图 2-6　CPU 信息

```
[root@majunlzu ~]# free
              total        used        free      shared  buff/cache   available
Mem:        6976512      908096     2864960       40896     3203456     5627840
Swap:             0           0           0
```

图 2-7　内存信息

以下命令可以显示主机名、登录主机的用户、最近的登录时间和地点等信息，执行结果如图 2-8 所示。

```
hostname        # 显示主机名
who             # 查看当前登录主机的用户信息
last            # 最近的登录时间和地点
```

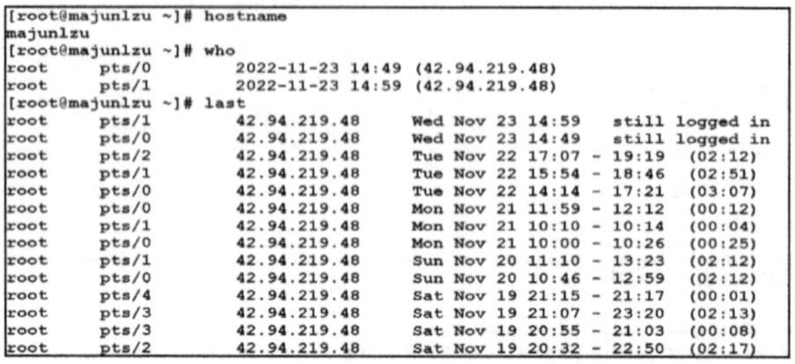

```
[root@majunlzu ~]# hostname
majunlzu
[root@majunlzu ~]# who
root     pts/0        2022-11-23 14:49 (42.94.219.48)
root     pts/1        2022-11-23 14:59 (42.94.219.48)
[root@majunlzu ~]# last
root     pts/1        42.94.219.48     Wed Nov 23 14:59   still logged in
root     pts/0        42.94.219.48     Wed Nov 23 14:49   still logged in
root     pts/2        42.94.219.48     Tue Nov 22 17:07 - 19:19  (02:12)
root     pts/1        42.94.219.48     Tue Nov 22 15:54 - 18:46  (02:51)
root     pts/0        42.94.219.48     Tue Nov 22 14:14 - 17:21  (03:07)
root     pts/0        42.94.219.48     Mon Nov 21 11:59 - 12:12  (00:12)
root     pts/1        42.94.219.48     Mon Nov 21 10:10 - 10:14  (00:04)
root     pts/0        42.94.219.48     Mon Nov 21 10:00 - 10:26  (00:25)
root     pts/1        42.94.219.48     Sun Nov 20 11:10 - 13:23  (02:12)
root     pts/0        42.94.219.48     Sun Nov 20 10:46 - 12:59  (02:12)
root     pts/4        42.94.219.48     Sat Nov 19 21:15 - 21:17  (00:01)
root     pts/3        42.94.219.48     Sat Nov 19 21:07 - 23:20  (02:13)
root     pts/3        42.94.219.48     Sat Nov 19 20:55 - 21:03  (00:08)
root     pts/2        42.94.219.48     Sat Nov 19 20:32 - 22:50  (02:17)
```

图 2-8　主机名、登录主机的用户、最近的登录时间和地点等信息

以下命令可以查看系统资源的实时信息，图 2-9 所示为按进程 ID（PID）排序的执行结果。

```
top  # 动态实时查看进程使用资源信息
top -d 1  # 资源使用信息动态刷新时间 1 s，在 top 进程操作界面可用以下操作
# q 退出
# P: 按照 CPU 使用量排序
# M: 按照内存使用量排序
# N: 按照进程 ID 排序
```

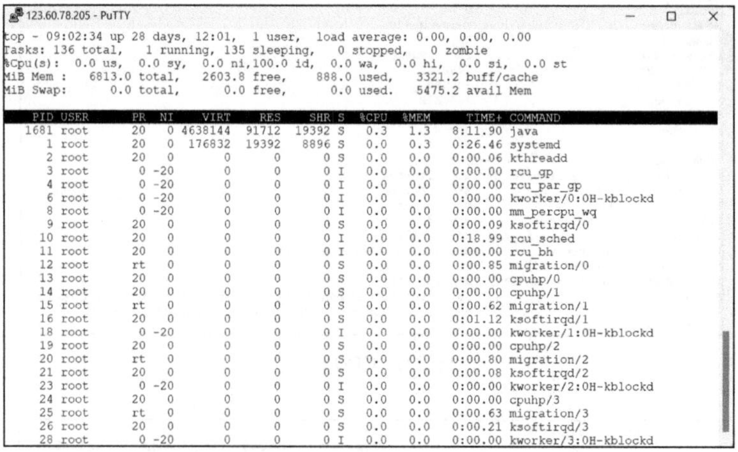

```
123.60.78.205 - PuTTY
top - 09:02:34 up 28 days, 12:01,  1 user,  load average: 0.00, 0.00, 0.00
Tasks: 136 total,   1 running, 135 sleeping,   0 stopped,   0 zombie
%Cpu(s):  0.0 us,  0.0 sy,  0.0 ni,100.0 id,  0.0 wa,  0.0 hi,  0.0 si,  0.0 st
MiB Mem :   6813.0 total,   2603.8 free,    888.0 used,   3321.2 buff/cache
MiB Swap:      0.0 total,      0.0 free,      0.0 used.   5475.2 avail Mem

   PID USER      PR  NI    VIRT    RES    SHR S  %CPU  %MEM     TIME+ COMMAND
  1681 root      20   0 4638144  91712  19392 S   0.3   1.3   8:11.90 java
     1 root      20   0  176832  19392   8896 S   0.0   0.3   0:26.46 systemd
     2 root      20   0       0      0      0 S   0.0   0.0   0:00.06 kthreadd
     3 root       0 -20       0      0      0 I   0.0   0.0   0:00.00 rcu_gp
     4 root       0 -20       0      0      0 I   0.0   0.0   0:00.00 rcu_par_gp
     6 root       0 -20       0      0      0 I   0.0   0.0   0:00.00 kworker/0:0H-kblockd
     8 root       0 -20       0      0      0 I   0.0   0.0   0:00.00 mm_percpu_wq
     9 root      20   0       0      0      0 S   0.0   0.0   0:00.09 ksoftirqd/0
    10 root      20   0       0      0      0 I   0.0   0.0   0:18.99 rcu_sched
    11 root      20   0       0      0      0 I   0.0   0.0   0:00.00 rcu_bh
    12 root      rt   0       0      0      0 S   0.0   0.0   0:00.85 migration/0
    13 root      20   0       0      0      0 S   0.0   0.0   0:00.00 cpuhp/0
    14 root      20   0       0      0      0 S   0.0   0.0   0:00.00 cpuhp/1
    15 root      rt   0       0      0      0 S   0.0   0.0   0:00.62 migration/1
    16 root      20   0       0      0      0 S   0.0   0.0   0:01.12 ksoftirqd/1
    18 root       0 -20       0      0      0 I   0.0   0.0   0:00.00 kworker/1:0H-kblockd
    19 root      20   0       0      0      0 S   0.0   0.0   0:00.00 cpuhp/2
    20 root      rt   0       0      0      0 S   0.0   0.0   0:00.80 migration/2
    21 root      20   0       0      0      0 S   0.0   0.0   0:00.08 ksoftirqd/2
    23 root       0 -20       0      0      0 I   0.0   0.0   0:00.00 kworker/2:0H-kblockd
    24 root      20   0       0      0      0 S   0.0   0.0   0:00.00 cpuhp/3
    25 root      rt   0       0      0      0 S   0.0   0.0   0:00.63 migration/3
    26 root      20   0       0      0      0 S   0.0   0.0   0:00.21 ksoftirqd/3
    28 root       0 -20       0      0      0 I   0.0   0.0   0:00.00 kworker/3:0H-kblockd
```

图 2-9　系统资源的实时信息

图 2-9 中各行各列信息说明如下。

第 1 行："top - 09:02:34 up 28 days, 12:01, 1 users, load average:

0.00, 0.00, 0.00"。

- 09:02:34：当前系统时间。
- up 28 days, 12:01：系统从开机到此刻的运行时间。
- 1 users：表示当前登录到系统的用户的数量。
- "load average：0.00, 0.00, 0.00"：负载平均值，即 CPU 在最后 1min/5min/15min 的平均利用率。

第 2 行："Tasks: 136 total, 1 running, 135 sleeping, 0 stopped, 0 zombie"。

- 136 total：系统当前总进程数量。
- 1 running：系统当前正在运行的进程数量。
- 135 sleeping：系统中睡眠状态的进程数量。
- 0 stopped：处于暂停状态下的进程数量。
- 0 zombie：僵尸进程数量。

第 3 行："%Cpu（s）: 0.0 us, 0.0 sy, 0.0 ni, 100.0 id, 0.0 wa, 0.0 hi, 0.0 si, 0.0 st"。

- 0.0 us：用户态进程占用 CPU 的百分比。
- 0.0 sy：内核态进程占用 CPU 的百分比。
- 0.0 ni：进程通过 nice 命令进行优先级修正的百分比。
- 100.0 id：当前 CPU 空闲百分比。
- 0.0 wa：等待进行 I/O 进程所占的百分比。
- 0.0 hi：硬件中断请求百分比。
- 0.0 si：软件中断请求百分比。
- 0.0 st：hypervisor 管理程序在虚拟机上的窃取时间。

第 4 行："MiB Mem : 6813.0 total, 2603.8 free, 888.0 used, 3321.2 buff/cache"。

- 6813.0 total：物理总内存数量。
- 2603.8 free：闲置物理内存数量。
- 888.0 used：已经使用的内存数量。
- 3321.2 buff/cache：内存缓冲区大小（和硬盘数据交互缓存）。

其中，闲置物理内存数量 + 已经使用的内存数量 + 内存缓冲区大小 = 物理总内存数量。

第5行："MiB Swap: 0.0 total, 0.0 free, 0.0 used. 5475.2 avail Mem"。

- 0.0 total：总内存交换分区数量。
- 0.0 free：闲置未使用内存交换分区数量。
- 0.0 used：使用的内存交换分区数量。
- 5475.2 avail Mem：启用新的应用程序后评估可以使用的物理内存数量。

其中，Swap 为内存交换分区，位于硬盘的一个分区上。

第6行：空行。

第7行："PID USER PR NI VIRT RES SHR S %CPU %MEM TIME+ COMMAND"，以表格呈现每个进程的具体信息，主要列的解释如下。

- PID：进程 ID。
- USER：开启该进程的用户。
- PR：进程优先级。
- NI：NICE 值。
- VIRT：虚拟内存的使用数量。
- RES：固定驻留物理内存量。
- SHR：共享存储使用量。
- %CPU：物理 CPU 百分比。
- %MEM：物理内存百分比。
- TIME+：使用 CPU 时间累积。
- COMMAND：产生该进程使用的命令。

2.3.2 基础参数显示和配置命令

以下命令可以设置和显示系统的语言环境和键盘布局，执行结果如图 2-10～图 2-12 所示。说明，这里没有展示设置键盘布局的执行结果，读者可自行尝试执行该命令，查看执行结果。

```
localectl list-locales                    # 显示系统可用的语言环境
Localectl list-keymaps                    # 显示系统可用的键盘布局
localectl set-locale LANG=zh_CN.UTF-8     # 设置当前的语言环境
localectl set-keymap map                  # 设置键盘布局
localectl status                          # 显示系统当前使用的语言环境和键盘布局
```

```
[root@majunlzu ~]# localectl list-locales
C.UTF-8
aa_DJ.UTF-8
aa_ER.UTF-8
aa_ER.UTF-8@saaho
aa_ET.UTF-8
af_ZA.UTF-8
agr_PE.UTF-8
ak_GH.UTF-8
am_ET.UTF-8
an_ES.UTF-8
anp_IN.UTF-8
ar_AE.UTF-8
ar_BH.UTF-8
ar_DZ.UTF-8
ar_EG.UTF-8
ar_IN.UTF-8
ar_IQ.UTF-8
ar_JO.UTF-8
ar_KW.UTF-8
ar_LB.UTF-8
ar_LY.UTF-8
ar_MA.UTF-8
ar_OM.UTF-8
ar_QA.UTF-8
ar_SA.UTF-8
```

图 2-10　系统可用语言环境命令执行结果

```
[root@majunlzu ~]# localectl list-keymaps
ANSI-dvorak
af
af-fa-olpc
af-olpc-ps
af-ps
af-uz
af-uz-olpc
al
al-plisi
am
am-eastern
am-eastern-alt
am-phonetic
am-phonetic-alt
am-western
amiga-de
amiga-us
applkey
ara
ara-azerty
ara-azerty_digits
```

图 2-11　系统可用键盘布局命令执行结果

```
[root@majunlzu ~]# localectl set-locale LANG=zh_CN.UTF-8
[root@majunlzu ~]# localectl status
   System Locale: LANG=zh_CN.UTF-8
       VC Keymap: us
      X11 Layout: us
[root@majunlzu ~]#
```

图 2-12　设置和显示系统的当前语言和键盘设置命令执行结果

　　系统的语言和键盘布局等参数值被保存在 /etc/locale.conf 文件中，这些参数会在系统启动过程中被 systemd 守护进程读取。

　　日期和时间对系统的使用非常重要，在云计算的世界中，时间的同步是许多应用程序的基本要求。在 openEuler 中，我们可以使用 timedatectl、date、time 命令来设置系统的时区、日期和时间。下面使用前两个命令显示和设置系统时间，执行结果如图 2-13～图 2-15 所示。

```
timedatectl list-timezones                    # 显示可用的时区
timedatectl set-timezone Asia/Beijing         # 设置系统的时区为北京
timedatectl                                   # 显示时区等信息
```

```
date                                    # 显示系统当前的日期和时间
date --utc                              # 显示 UTC 时间
date --set 2025-03-20                   # 修改系统日期为2025-03-20
date --set 10:21:00                     # 修改系统时间为10:20:00
date                                    # 显示修改后的系统日期和时间
date +"%Y-%m-%d %H:%M:%S"               # 设置日期和时间的显示格式
```

```
[root@majunlzu ~]# timedatectl list-timezones
Africa/Abidjan
Africa/Accra
Africa/Algiers
Africa/Bissau
Africa/Cairo
Africa/Casablanca
Africa/Ceuta
Africa/Johannesburg
Africa/Juba
Africa/Khartoum
Africa/Lagos
Africa/Maputo
Africa/Monrovia
Africa/Nairobi
Africa/Ndjamena
Africa/Sao_Tome
Africa/Tripoli
Africa/Tunis
Africa/Windhoek
America/Adak
America/Anchorage
America/Araguaina
America/Argentina/Buenos_Aires
America/Argentina/Catamarca
America/Argentina/Cordoba
```

图 2-13　显示系统可用时区信息命令执行结果

```
[root@majunlzu ~]# timedatectl set-timezone Asia/beijing
[root@majunlzu ~]# timedatectl
               Local time: Tue 2025-01-01 01:40:04 CST
           Universal time: Tue 2025-01-01 01:40:04 UTC
                 RTC time: Tue 2025-01-01 01:40:05
                Time zone: Asia/beijing (CST, +0800)
System clock synchronized: no
              NTP service: inactive
          RTC in local TZ: no
```

图 2-14　修改和显示当前系统使用时区信息命令执行结果

```
[root@majunlzu ~]# date      #显示系统当前的日期和时间
2025年 01月 01日 星期三 10:24:05 CST
[root@majunlzu ~]# date --utc  #显示UTC时间
2025年 01月 01日 星期三 02:24:05 UTC
[root@majunlzu ~]# date --set 2025-03-20    #修改系统日期为2025-03-20
2025年 01月 01日 星期三 00:00:00 CST
[root@majunlzu ~]# date --set 10:21:00      #修改系统时间为10：20：00
2025年 01月 01日 星期三 10:21:00 CST
[root@majunlzu ~]# date      #显示修改后的系统日期和时间
2025年 01月 01日 星期三 10:21:00 CST
[root@majunlzu ~]# date +"%Y-%m-%d %H:%M:%S"      #设置日期和时间的显示格式
2025-01-01 10:21:04
[root@majunlzu ~]#
```

图 2-15　显示和修改日期、时间命令执行结果

　　在云计算中，我们大多通过一个远程服务器来进行系统时钟的自动同步。一个大型系统一般会有专门提供时间同步的服务器，其他计算机采用网络时间协议（network time protocol，NTP）来完成时间同步。以下命令可以完成时间同步设置，执

行结果如图 2-16 所示。当我们需要自己设置本地计算机的时间信息时，必须先取消同步设置。

```
timedatectl set-ntp yes        # 设置时间同步
timedatectl                    # 显示同步后的效果
timedatectl set-ntp no         # 取消时间同步
```

```
[root@majunlzu ~]# timedatectl set-ntp yes
[root@majunlzu ~]# timedatectl
               Local time: 2022-11-24 10:51:40 CST
           Universal time: 2022-11-24 02:51:40 UTC
                 RTC time: 2022-11-24 02:52:49
                Time zone: Asia/Shanghai (CST, +0800)
System clock synchronized: yes
              NTP service: active
          RTC in local TZ: no
[root@majunlzu ~]# timedatectl    set-ntp    no
[root@majunlzu ~]#
```

图 2-16　设置和显示时钟同步命令执行结果

2.3.3　基本的目录和文件类操作命令

1．常用基础命令

以下命令是操作系统中使用非常频繁的基础命令，命令后的注释很好地介绍了它的作用，具体执行结果如图 2-17～图 2-23 所示。

```
pwd           # 显示用户当前的工作目录
ls /          # 查看根目录下的文件或目录
ls -a         # 查看当前目录下所有的文件，包括隐藏文件
```

```
[root@majunlzu ~]# pwd
/root
[root@majunlzu ~]# ls
myjava
[root@majunlzu ~]# ls /
    CloudResetPwdUpdateAgent  dev  home          media  opt  root       sys  usr
boot CloudrResetPwdAgent       etc       lost+found mnt  proc run  srv  tmp  var
[root@majunlzu ~]# ls -a
    .bash_history  .bash_profile  .oasha  .oashro  .mysql_history  .tcshrc
    .bash_logout   .bashrc        .config myjava  .ssh            .viminfo
[root@majunlzu ~]#
```

图 2-17　查看文件和目录命令执行结果

```
cd myjava                            # 改变工作目录到当前目录下的myjava子目录中
ls                                   # 显示当前目录中的文件清单
mkdir    newdir                      # 在当前目录中新建一个子目录newdir
ls                                   # 显示当前目录中的文件清单
mkdir  -p  firstdir/seconddir/thirddir  # 递归创建多级目录
tree                                 # 以树状结构显示当前目录的文件和目录
touch huawei.txt                     # 在当前目录下创建文件huawei.txt
ls                                   # 查看文件和目录清单
```

```
[root@majunlzu ~]# cd myjava
[root@majunlzu myjava]# ls
Distance.java  HelloWorld.class  HelloWorld.java  Server.class  Server.java
[root@majunlzu myjava]# mkdir newdir
[root@majunlzu myjava]# ls
Distance.java  HelloWorld.class  HelloWorld.java  newdir  Server.class  Server.java
[root@majunlzu myjava]# mkdir -p firstdir/seconddir/thirddir
[root@majunlzu myjava]# tree
.
├── Distance.java
├── firstdir
│   └── seconddir
│       └── thirddir
├── HelloWorld.class
├── HelloWorld.java
├── newdir
├── Server.class
└── Server.java

4 directories, 5 files
```

图 2-18　建立并显示目录命令执行结果

```
[root@majunlzu myjava]# touch huawei.txt
[root@majunlzu myjava]# ls
Distance.java  HelloWorld.class  huawei.txt      Server.class
firstdir       HelloWorld.java   newdir          Server.java
[root@majunlzu myjava]#
```

图 2-19　创建并显示新文件命令执行结果

```
cp  HelloWorld.java  newdir      # 复制 HelloWorld.java 文件到 newdir 目录下
ls  newdir                       # 查看复制结果
cp  -r  newdir  /mnt/            # 递归复制 newdir 目录到/mnt/目录下
ls  /mnt/                        # 查看复制效果
ls  /mnt/newdir                  # 查看复制效果
```

```
[root@majunlzu myjava]# cp HelloWorld.java newdir
[root@majunlzu myjava]# ls newdir
HelloWorld.java
[root@majunlzu myjava]# cp -r newdir /mnt/
[root@majunlzu myjava]# ls /mnt/
newdir
[root@majunlzu myjava]# ls /mnt/newdir
HelloWorld.java
[root@majunlzu myjava]#
```

图 2-20　复制并检查文件命令执行结果

```
rm huawei.txt                    # 删除文件 huawei.txt
ls                               # 查看删除效果
rm  -rf  /mnt/newdir             # 递归删除/mnt/目录下的 newdir 子目录
ls  /mnt/                        # 查看删除效果
```

```
[root@majunlzu myjava]# rm huawei.txt
rm: remove regular empty file 'huawei.txt'? y
[root@majunlzu myjava]# ls
Distance.java  HelloWorld.class  newdir      Server.java
firstdir       HelloWorld.java   Server.class
[root@majunlzu myjava]# rm -rf /mnt/newdir
[root@majunlzu myjava]# ls /mnt/
[root@majunlzu myjava]#
```

图 2-21　删除并检查文件命令执行结果

```
mv HelloWorld.java  /mnt/HelloWorld.java
# 移动文件 HelloWorld.java 到/mnt/目录下，注意移动时可以修改文件名
ls  /mnt/    # 检查移动效果
```

```
[root@majunlzu myjava]# mv HelloWorld.java /mnt/HelloWorld.java
[root@majunlzu myjava]# ls /mnt/
HelloWorld.java
```

图 2-22　移动并检查文件

　　ls 命令可以让我们看到更多更详细的信息。在 ls 命令后带上参数-l（也可以为-lh）的

执行结果如图 2-23 所示，其中共有 9 列数据，下面我们对这 9 列数据做一个详细的解释。

```
[root@majunlzu ~]# ls -l #显示详细信息
总用量 24
-rw-------|1|root|root| 267|11月|22|16:06|HelloWorld.java
-rw-------|1|root|root|    0|11月|22|16:06|huawei.txt
drwx------|4|root|root|4096|11月|22|14:56|myjava
-rw-------|1|root|root|4251|11月|22|14:52|myjava.zip
-rw-------|1|root|root|2374|11月|22|15:01|passwd
-rw-------|1|root|root|1067|11月|22|16:06|Server.java
```

图 2-23　显示详细信息命令执行结果

第 1 列显示文件的属性和相应权限，又细分为 10 个子列，各子列的内容及含义如下。

第 1 子列为文件属性，用字符 -、d、l、b、p 等表示，具体含义如下。

- -：普通文件。
- d：目录文件。
- l：链接文件。
- b：块设备文件。
- p：管理文件/管道文件。

第 2～第 10 子列为权限，3 个字符为一组，用字符 r、w、x（r 表示读权限、w 表示写权限、x 表示执行权限）分别表示文件拥有者、文件所属组、文件其他人（即其他用户）对本文件拥有的权限；如果是字符-，则表示没有权限。

第 2 列：对于不同的类型，数字代表的含义不同，具体如下。

- 普通文件：链接数。
- 目录文件：第一级子目录下的文件数。

第 3 列和第 4 列为文件拥有者/文件所属组。

第 5 列为文件大小，单位为字节级（B 或 KB）。

第 6～第 8 列为最后一次对文件内容的修改时间。

第 9 列为文件名称，用不同颜色表示不同的文件属性，具体如下。

- 白/灰色：普通文件。
- 暗蓝色：目录文件。
- 亮蓝/青色：链接文件。
- 亮绿色：可执行文件。
- 红色：压缩文件。
- 背景色：文件有特殊权限位。

2．其他常用命令

以下命令也会常常用到，命令的作用见其后的注释。

```
stat huawei.txt                 # 查看 huawei.txt 文件的存储状态，创建时间等信息
cp /etc/passwd  ~               # 复制/etc/下的 passwd 文件到用户目录
ls
cat passwd | head -n 5          # 显示 passwd 文件内容，通过管道将输出导入 head 程序，只显示
                                # 头部 5 行
find /etc/ -name passwd         # 在/etc/目录下递归下查找 passwd 文件
find /root/ -mtime -2           # 在/root/目录下查找最近两天修改过的文件
find /etc/ -size + 512k         # 在/etc/目录下查找大小超过 512 KB 的文件
find  . -name "*.java"          # 在当前目录下查找所有扩展名为 java 的文件
find  . -name "huawei.txt"      # 在当前目录下查找 huawei.txt 文件
find  . -name "h*.*"            # 在当前目录下查找以 h 开头的文件
```

stat 命令可以显示文件的状态，其执行结果如图 2-24 所示。

```
[root@majunlzu ~]# stat huawei.txt
  文件: huawei.txt
  大小: 22           块: 8        IO 块: 4096   普通文件
设备: fd02h/64770d   Inode: 1441977    硬链接: 1
权限: (0600/-rw-------)  Uid: (  0/  root)  Gid: (  0/  root)
最近访问: 2025-01-01 16:10:50.024952909 +0800
最近更改: 2025-01-01 16:10:40.780892569 +0800
最近改动: 2025-01-01 16:10:40.780892569 +0800
创建时间: 2025-01-01 16:10:15.596728181 +0800
```

图 2-24　查看文件详细信息命令执行结果

通过管道和 head 命令可以查看文件的前 *n* 行，其执行结果如图 2-25 所示。

```
[root@majunlzu ~]# cp /etc/passwd ~
[root@majunlzu ~]# ls
myjava  passwd
[root@majunlzu ~]# cat passwd | head -n 5
root:x:0:0:root:/root:/bin/bash
bin:x:1:1:bin:/bin:/sbin/nologin
daemon:x:2:2:daemon:/sbin:/sbin/nologin
adm:x:3:4:adm:/var/adm:/sbin/nologin
lp:x:4:7:lp:/var/spool/lpd:/sbin/nologin
[root@majunlzu ~]# tail -n 5 passwd
dnsmasq:x:989:989:Dnsmasq DHCP and DNS server:/var/lib/dnsmasq:/usr/sbin/nologin
rpcuser:x:29:29:RPC Service User:/var/lib/nfs:/sbin/nologin
gluster:x:988:988:GlusterFS daemons:/run/gluster:/sbin/nologin
saslauth:x:987:76:Saslauthd user:/run/saslauthd:/sbin/nologin
qemu:x:107:107:qemu user:/:/sbin/nologin
[root@majunlzu ~]#
```

图 2-25　显示 passwd 文件的前 5 行命令执行结果

find 命令可以查找符合特定条件的文件，其执行结果如图 2-26 所示。

```
[root@majunlzu ~]# find /etc/ -name passwd
/etc/passwd
/etc/pam.d/passwd
[root@majunlzu ~]# find /root/ -mtime -2
/root/
/root/.viminfo
/root/myjava
/root/myjava/firstdir
/root/myjava/firstdir/seconddir
/root/myjava/firstdir/seconddir/thirddir
/root/myjava/Server.class
/root/myjava/Server.java
/root/myjava/newdir
/root/myjava/newdir/HelloWorld.java
/root/.bash_history
/root/passwd
[root@majunlzu ~]# find /etc/ -size +512k
/etc/udev/hwdb.bin
/etc/selinux/targeted/policy/policy.31
/etc/services
/etc/ssh/moduli
/etc/brltty/Contraction/zh-tw.ctb
[root@majunlzu ~]#
```

图 2-26　查找符合特定条件的文件命令执行结果

which 命令可以查找某程序所在的位置，其执行结果如图 2-27 所示。

```
[root@majunlzu ~]# which pwd
/usr/bin/pwd
[root@majunlzu ~]# whereis pwd
pwd: /usr/bin/pwd /usr/include/pwd.h
```

图 2-27　查找 pwd 程序所在位置命令执行结果

注意：whereis 命令会在特定目录中查找符合条件的文件，只能用于查找二进制文件、源代码文件和 man 手册页；而 which 命令会在环境变量 $PATH 设置的目录里查找符合条件的二进制文件。

grep 命令可以查找文件内容，其执行结果如图 2-28 所示。

```
grep "majunlzu"   passwd   # 在当前目录中的 passwd 文件中查找字符串"majunlzu"
grep "root"       passwd   # 在当前目录中的 passwd 文件中查找字符串"root"
grep -i "Root"    passwd   # 在当前目录中的 passwd 文件中查找字符串"Root"，忽略字母大小写
grep -n "root"    passwd   # 在当前目录中的 passwd 文件中查找字符串"root"，输出时显示行号
```

```
[root@majunlzu ~]# grep "majunlzu" passwd
[root@majunlzu ~]# grep "root" passwd
root:x:0:0:root:/root:/bin/bash
operator:x:11:0:operator:/root:/sbin/nologin
[root@majunlzu ~]# grep -i "Root" passwd
root:x:0:0:root:/root:/bin/bash
operator:x:11:0:operator:/root:/sbin/nologin
[root@majunlzu ~]# grep -n "root" passwd
1:root:x:0:0:root:/root:/bin/bash
10:operator:x:11:0:operator:/root:/sbin/nologin
```

图 2-28　查找文件内容命令执行结果

wc 命令可以对文件的内容进行统计，其执行结果如图 2-29 所示。

```
cp /etc/hosts  ~    # 复制/etc/目录下 hosts 文件到用户目录
ls                  # 查看结果
cat hosts           # 显示 hosts 文件内容
wc -l hosts         # 统计 hosts 文件的行数
wc -c hosts         # 统计 hosts 文件中字符数
wc  w hosts         # 统计 hosts 文件中单词数
wc -L hosts         # 统计 hosts 文件中最长行的字符数
```

```
[root@majunlzu ~]# cp /etc/hosts .
[root@majunlzu ~]# ls
hauwei.txt HelloWorld.java hosts huawei.txt myjava myjava.zip passwd Server.java
[root@majunlzu ~]# cat hosts
::1       localhost      localhost.localdomain    localhost6      localhost6.localdomain6

127.0.0.1     localhost      localhost.localdomain    localhost4      localhost4.localdomain4
127.0.0.1     localhost      localhost
127.0.0.1     majunlzu       majunlzu

[root@majunlzu ~]# wc -l hosts
6 hosts
[root@majunlzu ~]# wc -c hosts
208 hosts
[root@majunlzu ~]# wc -w hosts
16 hosts
[root@majunlzu ~]# wc -L hosts
95 hosts
```

图 2-29　统计文件内容命令执行结果

2.3.4　压缩（解压缩）和打包（解包）命令

在操作系统中，我们经常需要对文件和目录进行压缩和解压缩、打包和解包，对文件和目录进行压缩和解压缩的工具和命令有很多，我们以 zip 与 tar 工具为例，用以下命令演示常用的压缩和解压缩，以及打包和解包操作。

```
ls                                    # 查看文件和目录清单
zip -r -q -o myjava.zip myjava        # 递归压缩当前目录下 myjava 目录到 myjava.zip
ls                                    # 检查压缩结果
rm -rf myjava                         # 强制并递归删除 myjava 目录
ls                                    # 检查删除效果
unzip  myjava.zip                     # 将 myjava.zip 解压缩到当前目录下
ls                                    # 检查命令执行结果
ls myjava                             # 显示 myjava 目录清单
tar -cf myjava.tar myjava             # 打包 myjava 目录到 myjava.tar 文件中
ls                                    # 检查执行结果
mkdir temp                            # 创建 temp 目录
tar -xvf myjava.tar -C temp           # 解包 myjava.tar 文件到 temp 目录下
ls                                    # 显示当前目录清单
ls temp                               # 检查执行效果
ls                                    # 显示当前目录清单
tar -zcf myjava.tar.gz myjava
# 使用 tar 采用 gzip 格式压缩并打包 myjava 到 myjava.tar.gz
ls                                    # 检查压缩结果
mkdir temp01                          # 创建目录 temp01
tar -zxf myjava.tar.gz  -C  temp01
                    # 使用 tar 命令解压缩、解包 myjava.tar.gz 到 temp01 目录下
ls temp01/myjava                      # 查看解压缩结果
```

zip 是一种广泛使用的文件压缩和归档格式。它支持数据压缩和文件打包，可以使多个文件被合并到一个 zip 文件中，同时还可以压缩文件，以便存储和传输。zip 文件通常使用 ".zip" 作为文件扩展名。在 openEuler 中，我们可以使用 zip 和 unzip 命令进行压缩和解压缩操作。使用 zip 和 unzip 命令压缩和解压缩的执行结果如图 2-30 所示。

tar 也是一种常用的归档工具，最初用于将文件存储到磁带上。与 zip 不同，tar 本身不涉及压缩，但它可以与压缩程序——如 gzip、bzip2——结合使用来压缩和解压缩归档文件，通常用于将多个文件和目录合并成一个文件，便于备份和分发。tar 命令使用示例如图 2-31 和图 2-32 所示。

```
[root@majunlzu ~]# ls
myjava  passwd
[root@majunlzu ~]# zip -r -q -o myjava.zip myjava
[root@majunlzu ~]# ls
myjava  myjava.zip  passwd
[root@majunlzu ~]# rm -rf myjava
[root@majunlzu ~]# ls
myjava.zip  passwd
[root@majunlzu ~]# unzip myjava.zip
Archive:  myjava.zip
   creating: myjava/
  inflating: myjava/Distance.java
   creating: myjava/firstdir/
   creating: myjava/firstdir/seconddir/
   creating: myjava/firstdir/seconddir/thirddir/
  inflating: myjava/Server.class
  inflating: myjava/HelloWorld.class
  inflating: myjava/Server.java
   creating: myjava/newdir/
  inflating: myjava/newdir/HelloWorld.java
[root@majunlzu ~]# ls
myjava  myjava.zip  passwd
```

图 2-30　使用 zip 和 unzip 命令压缩和解压缩执行结果

```
[root@majunlzu ~]# ls myjava
Distance.java    newdir         ServerRoot.class    TimeServer.class
firstdir         Server.class   ServerRoot.java     TimeServer.java
HelloWorld.class Server.java    ServerThread.class
[root@majunlzu ~]# tar -cf myjava.tar myjava
[root@majunlzu ~]# ls
hauwei.txt       huawei.txt     myjava.zip                         Server.java
HelloWorld.java  myjava         passwd                             test01
hosts            myjava.tar     redis-4.0.11-5.oe1.aarch64.rpm
[root@majunlzu ~]# mkdir temp
[root@majunlzu ~]# tar -xvf myjava.tar -C temp
myjava/
myjava/ServerRoot.java
myjava/Distance.java
myjava/firstdir/
myjava/firstdir/seconddir/
myjava/firstdir/seconddir/thirddir/
myjava/ServerRoot.class
myjava/Server.class
myjava/HelloWorld.class
myjava/Server.java
myjava/TimeServer.class
myjava/TimeServer.java
myjava/newdir/
myjava/newdir/HelloWorld.java
myjava/ServerThread.class
[root@majunlzu ~]# ls
hauwei.txt       huawei.txt     myjava.zip                         Server.java
HelloWorld.java  myjava         passwd                             temp
hosts            myjava.tar     redis-4.0.11-5.oe1.aarch64.rpm     test01
[root@majunlzu ~]# ls temp
myjava
```

图 2-31　使用 tar 命令打包和解包示例

```
[root@majunlzu ~]# ls
hauwei.txt       huawei.txt     myjava.zip                         Server.java  test01
HelloWorld.java  myjava         passwd                             temp01
hosts            myjava.tar     redis-4.0.11-5.oe1.aarch64.rpm     temp01
[root@majunlzu ~]# tar -zcf myjava.tar.gz myjava
[root@majunlzu ~]# ls
hauwei.txt       huawei.txt     myjava.tar.gz  redis-4.0.11-5.oe1.aarch64.rpm  temp01
HelloWorld.java  myjava         myjava.zip     Server.java                     test01
hosts            myjava.tar     passwd         temp
[root@majunlzu ~]# mkdir temp01
[root@majunlzu ~]# tar -zxf myjava.tar.gz -C temp01
[root@majunlzu ~]# ls temp01/myjava
Distance.java    newdir         ServerRoot.class    TimeServer.class
firstdir         Server.class   ServerRoot.java     TimeServer.java
HelloWorld.class Server.java    ServerThread.class
[root@majunlzu ~]#
```

图 2-32　使用 tar 命令压缩打包和解包示例

2.3.5　网络配置命令

以下内容展示了 openEuler 中常用的网络配置命令。

```
hostname                                     # 查看主机名
hostnamectl set-hostname majunlzu            # 修改主机名
hostname                                     # 检查主机名修改结果
ifconfig                                     # 查看网络接口
ip add show                                  # 该命令也可以查看网络接口信息
nmcli device status                          # 查看当前网络设备连接状态
nmcli connection show                        # 查看网卡配置文件 connect 信息
```

在图 2-33 所示 ifconfig 网络接口命令的执行结果中，每个网卡对应 8 行状态信息，这些状态信息的含义具体如下。

```
[root@majunlzu network-scripts]# hostname
lzumajun
[root@majunlzu network-scripts]# hostnamectl set-hostname majunlzu
[root@majunlzu network-scripts]# hostname
majunlzu
[root@majunlzu network-scripts]# ifconfig
eth0: flags=4163<UP,BROADCAST,RUNNING,MULTICAST>  mtu 1500
        inet 192.168.0.165  netmask 255.255.255.0  broadcast 192.168.0.255
        inet6 fe80::f816:3eff:fefa:52f7  prefixlen 64  scopeid 0x20<link>
        ether fa:16:3e:fa:52:f7  txqueuelen 1000  (Ethernet)
        RX packets 2622879  bytes 672026960 (640.8 MiB)
        RX errors 0  dropped 0  overruns 0  frame 0
        TX packets 1813720  bytes 473544954 (451.6 MiB)
        TX errors 0  dropped 0 overruns 0  carrier 0  collisions 0

lo: flags=73<UP,LOOPBACK,RUNNING>  mtu 65536
        inet 127.0.0.1  netmask 255.0.0.0
        inet6 ::1  prefixlen 128  scopeid 0x10<host>
        loop  txqueuelen 1000  (Local Loopback)
        RX packets 38  bytes 2243 (2.1 KiB)
        RX errors 0  dropped 0  overruns 0  frame 0
        TX packets 38  bytes 2243 (2.1 KiB)
        TX errors 0  dropped 0 overruns 0  carrier 0  collisions 0

[root@majunlzu network-scripts]#
```

图 2-33　查看主机名和网络接口

第 1 行各信息的含义如下。

• eth0/lo：网卡硬件名称，eth0 表示有线网卡，lo 表示本地回环。

• flags：网卡标志，包含网卡一系列状态<状态标志>。

• UP：管理状态 UP，管理员未将网卡关闭。

• BROADCAST：该接口支持广播消息。

• RUNNING：网卡线路正常（网线/光纤/虚拟链接）。

• MULTICAST：该接口支持组播消息。

• mtu（mrt）1500：接口最大传输单元，单位为字节（B）。

#第 2 行各信息的含义如下。

• inet：IPv4 地址。

• netmask：子网掩码。

• broadcast：广播地址。

第 3 行中的 inet6：IPv6 相关信息。

第 4 行中的 ether：网卡类型，后面的是 MAC 地址和数据缓冲区最大长度。

第 5 行中的 RX：表示网络从启动到现在接收数据的情况。

第 6 行中的 RX：接收数据时的出错和丢包情况。

第 7 行中的 TX：表示网络从启动到现在发送数据的情况。

第 8 行中的 TX：发送数据时的出错和丢包情况。

其中，第 6 行和第 8 行中重要信息的含义如下。

- dropped：丢弃包，内存不足导致数据被丢弃。
- overruns：网卡缓冲区溢出导致数据错误，无法处理。
- frame：数据帧 CRC/FCS 序列值校验失败，物理信号不稳定导致的传输问题。
- carrier：物理设备数据载波频率紊乱，数据错误。

上述命令中的 ip add show 和 nmcli 系列命令可以查看网络接口信息和连接信息，其执行结果如图 2-34 所示。

```
[root@majunlzu ~]# ip add show
1: lo: <LOOPBACK,UP,LOWER_UP> mtu 65536 qdisc noqueue state UNKNOWN group default qlen 1000
    link/loopback 00:00:00:00:00:00 brd 00:00:00:00:00:00
    inet 127.0.0.1/8 scope host lo
       valid_lft forever preferred_lft forever
    inet6 ::1/128 scope host
       valid_lft forever preferred_lft forever
2: eth0: <BROADCAST,MULTICAST,UP,LOWER_UP> mtu 1500 qdisc mq state UP group default qlen 1000
    link/ether fa:16:3e:fa:52:f7 brd ff:ff:ff:ff:ff:ff
    inet 192.168.0.165/24 brd 192.168.0.255 scope global dynamic noprefixroute eth0
       valid_lft 85593sec preferred_lft 85593sec
    inet6 fe80::f816:3eff:fefa:52f7/64 scope link
       valid_lft forever preferred_lft forever
[root@majunlzu ~]# nmcli device status
DEVICE  TYPE      STATE      CONNECTION
eth0    ethernet  已连接     System eth0
lo      loopback  未托管     --
[root@majunlzu ~]# nmcli connection show
NAME         UUID                                  TYPE      DEVICE
System eth0  5fb06bd0-0bb0-7ffb-45f1-d6edd65f3e03  ethernet  eth0
System eth1  9c92fad9-6ecb-3e6c-eb4d-8a47c6f50c04  ethernet  --
System eth2  3a73717e-65ab-93e8-b518-24f5af32dc0d  ethernet  --
System eth3  c5ca8081-6db2-4602-4b46-d771f4330a6d  ethernet  --
System eth4  84d43311-57c8-8986-f205-9c78cd6ef5d2  ethernet  --
[root@majunlzu ~]#
```

图 2-34　查看网络接口信息和连接信息

2.3.6　openEuler 软件包管理

在 Linux 的发展过程中，为了解决在安装、升级、卸载服务程序时要考虑其他程序、库的依赖关系的问题，RPM（Red Hat package manager）机制应运而生。rpm 命令及其作用如表 2-1 所示。RPM 机制只能帮助运维人员查询缺少的依赖关系，因此 YUM 软件仓库（简称 YUM）就诞生了。

表 2-1　rpm 命令及其作用

命令	作用
rpm -ivh filename.rpm	安装软件
rpm -uvh filename.rpm	升级软件
rpm -e filename.rpm	卸载软件
rpm -qpi filename.rpm	查询软件描述信息
rpm -qpl filename.rpm	列出软件文件信息
rpm -qf filename	查询文件属于哪个 RPM

　　YUM 的底层还是 RPM 软件包，即通过 YUM 下载的包都是 RPM 软件包。采用 YUM 安装时，系统会在自己的 YUM 中自动寻找所有依赖包，并进行统一安装，从而节省了运维人员的时间。此外，YUM 可以来自官方，也可以来自第三方，还可以由用户自己搭建。

　　YUM 虽然已经如此优秀了，但仍然存在一些问题，如分析不准确、占用内存量大、不能多人同时安装。随着 Fedora 22 操作系统的发布，红帽（Red Hat）公司又提供了一个新的选择——DNF 软件管理工具（简称 DNF）。DNF 实际上是 YUM 的升级版，也称为 YUM v4。在使用命令方面，DNF 和 YUM 完全相同，只需把命令中的 yum 换为 dnf 即可。表 2-2 列出了部分 DNF 命令及其作用。

表 2-2　部分 DNF 命令及其作用

命令	作用
dnf repolist al	列出所有软件仓库
dnf list all	列出软件仓库中所有软件包
dnf info 软件包名称	查看软件包信息
dnf install 软件包名称	安装软件包
dnf reinstall 软件包名称	重新安装软件包
dnf update 软件包名称	升级软件包
dnf remove 软件包名称	移除软件包
dnf clean all	清除所有软件仓库缓存
dnf check-update	检查可更新的软件包
dnf grouplist	查看系统中已经安装的软件包组
dnf groupinstall 软件包组	安装指定的软件包组
dnf groupremove 软件包组	移除指定的软件包组
dnf groupinfo 软件包组	查询指定的软件包组信息

下面我们以 httpd 为例，介绍在 openEuler 中如何使用 DNF（或 YUM 部分命令）管理软件包。使用 dnf list 命令可以列出官方仓库中的软件包，如图 2-35 和图 2-36 所示。使用 dnf search 命令可以搜索特定的软件包，如图 2-37 所示。使用 dnf info 命令可以查看指定软件包的详细信息，如图 2-38 所示。dnf install 命令即可自动安装选定的软件包，如图 2-39 所示。

```
[root@majunlzu ~]# dnf list all | more
Last metadata expiration check: 2:05:28 ago on 2025年1月1日 星期三 15时05分02秒.
Installed Packages
CUnit.aarch64                                    2.1.3-21.oe1                 @OS
ModemManager-glib.aarch64                        1.8.0-7.oe1                  @anaconda
NetworkManager.aarch64                           1:1.16.0-7.oe1               @anaconda
NetworkManager-libnm.aarch64                     1:1.16.0-7.oe1               @anaconda
abattis-cantarell-fonts.noarch                   0.111-2.oe1                  @anaconda
acl.aarch64                                       2.2.53-7.oe1                @anaconda
adwaita-icon-theme.noarch                        3.32.0-1.oe1                 @anaconda
afflib.aarch64                                    3.7.16-9.oe1                @everything
alsa-lib.aarch64                                  1.1.6-6.oe1                 @OS
apr.aarch64                                       1.6.5-4.oe1                 @OS
apr-util.aarch64                                  1.6.1-11.oe1                @OS
at-spi2-atk.aarch64                               2.30.0-2.oe1                @anaconda
at-spi2-core.aarch64                              2.34.0-1.oe1                @anaconda
atk.aarch64                                       2.30.0-3.oe1                @anaconda
attr.aarch64                                      2.4.48-8.oe1                @anaconda
audit.aarch64                                     3.0-5.oe1                   @anaconda
audit-libs.aarch64                                3.0-5.oe1                   @anaconda
augeas.aarch64                                    1.12.0-4.oe1                @anaconda
authselect.aarch64                                1.0.1-5.oe1                 @anaconda
autoconf.noarch                                   2.69-30.oe1                 @OS
autogen.aarch64                                   5.18.14-4.oe1               @anaconda
```

图 2-35　列出官方软件仓库中的软件包

```
[root@majunlzu ~]# dnf list httpd
Last metadata expiration check: 2:06:37 ago on 2025年1月1日 星期三 15时05分02秒.
Installed Packages
httpd.aarch64                                     2.4.34-15.oe1               @OS
Available Packages
httpd.src                                         2.4.34-15.oe1               source
[root@majunlzu ~]# dnf list mysql
Last metadata expiration check: 2:06:48 ago on 2025年1月1日 星期三 15时05分02秒.
Available Packages
mysql.aarch64                                     8.0.17-3.oe1                os
mysql.aarch64                                     8.0.17-3.oe1                everything
mysql.src                                         8.0.17-3.oe1                source
[root@majunlzu ~]#
```

图 2-36　列出软件仓库中 httpd 和 MySQL 软件包

```
[root@majunlzu ~]# dnf search httpd
Last metadata expiration check: 2:03:21 ago on 2025年1月1日 星期三 15时05分02秒.
============================ Name Exactly Matched: httpd ============================
        .aarch64 : Apache HTTP Server
        .src : Apache HTTP Server
========================== Name & Summary Matched: httpd ==========================
        -devel.aarch64 : Development files for
        -debugsource.aarch64 : Debug sources for package
        -debuginfo.aarch64 : Debug information for package
libmicro    -help.noarch : This help package for libmicro
libmicro    -devel.aarch64 : Development files for libmicro
libmicro    -debugsource.aarch64 : Debug sources for package libmicro
libmicro    -debuginfo.aarch64 : Debug information for package libmicro
============================== Name Matched: httpd ==============================
        -help.noarch : Documents and man pages for HTTP Server
        -tools.aarch64 : Related tools for use HTTP Server
libmicro    .aarch64 : Lightweight library for embedding a webserver in applications
libmicro    .src : Lightweight library for embedding a webserver in applications
        -filesystem.noarch : The basic directory for HTTP Server
web-assets-     .noarch : Web Assets also known as the Apache HTTP daemon
```

图 2-37　在软件仓库中搜索 httpd 软件包

```
[root@majunlzu ~]# dnf info httpd
Last metadata expiration check: 2:07:20 ago on 2022年11月22日 星期二 15时05分02秒.
Installed Packages
Name         : httpd
Version      : 2.4.34
Release      : 15.oe1
Architecture : aarch64
Size         : 8.8 M
Source       : httpd-2.4.34-15.oe1.src.rpm
Repository   : @System
From repo    : OS
Summary      : Apache HTTP Server
URL          : https://httpd.apache.org/
License      : ASL 2.0
Description  : Apache HTTP Server is a powerful and flexible HTTP/1.1 compliant web server.

Available Packages
Name         : httpd
Version      : 2.4.34
Release      : 15.oe1
Architecture : src
Size         : 6.7 M
Source       : None
Repository   : source
Summary      : Apache HTTP Server
URL          : https://httpd.apache.org/
License      : ASL 2.0
Description  : Apache HTTP Server is a powerful and flexible HTTP/1.1 compliant web server.

[root@majunlzu ~]#
```

图 2-38　显示 httpd 软件包详细信息

```
[root@majunlzu ~]# dnf install httpd -y
Last metadata expiration check: 2:08:59 ago on 2022年11月22日 星期二 15时05分02秒.
Dependencies resolved.
================================================================================
 Package              Architecture      Version              Repository    Size
================================================================================
Installing:
 httpd                aarch64           2.4.34-15.oe1        OS           1.2 M
Installing dependencies:
 apr                  aarch64           1.6.5-4.oe1          OS           102 k
 apr-util             aarch64           1.6.1-11.oe1         OS           111 k
 httpd-tools          aarch64           2.4.34-15.oe1        OS            67 k
 mod_http2            aarch64           1.10.20-4.oe1        OS           122 k
 openEuler-logos      noarch            1.0-6.oe1            OS           8.7 M

Transaction Summary
================================================================================
Install  6 Packages

Total download size: 10 M
Installed size: 20 M
Downloading Packages:
(1/6): apr-1.6.5-4.oe1.aarch64.rpm                   497 kB/s | 102 kB   00:00
(2/6): apr-util-1.6.1-11.oe1.aarch64.rpm             524 kB/s | 111 kB   00:00
(3/6): mod_http2-1.10.20-4.oe1.aarch64.rpm           833 kB/s | 122 kB   00:00
(4/6): httpd-tools-2.4.34-15.oe1.aarch64.rpm         375 kB/s |  67 kB   00:00
(5/6): httpd-2.4.34-15.oe1.aarch64.rpm               2.9 MB/s | 1.2 MB   00:00
(6/6): openEuler-logos-1.0-6.oe1.noarch.rpm          2.8 MB/s | 8.7 MB   00:03
--------------------------------------------------------------------------------
Total                                                2.9 MB/s |  10 MB   00:03
```

图 2-39　安装 httpd 软件包

在安装软件时，如果出现错误信息 GPG check FAILED，这表示源 key 错误导致 DNF 或者 YUM 安装软件失败。解决的方法很简单：发命令时添加 --nogpgcheck 选项。例如 dnf -y install java1.8.0* --nogpgcheck。

使用 dnf remove 命令可以删除已经安装的软件包。如图 2-40 所示。

```
[root@majunlzu ~]# dnf remove httpd -y
Dependencies resolved.
================================================================================
 Package              Architecture      Version              Repository     Size
================================================================================
Removing:
 httpd                aarch64           2.4.34-15.oe1         @OS           8.8 M
Removing unused dependencies:
 apr                  aarch64           1.6.5-4.oe1          @OS           282 k
 apr-util             aarch64           1.6.1-11.oe1         @OS           550 k
 httpd-tools          aarch64           2.4.34-15.oe1        @OS           435 k
 mod_http2            aarch64           1.10.20-4.oe1        @OS           336 k
 openEuler-logos      noarch            1.0-6.oe1            @OS           9.4 M

Transaction Summary
================================================================================
Remove   6 Packages

Freed space: 20 M
Running transaction check
Transaction check succeeded.
Running transaction test
Transaction test succeeded.
Running transaction
  Preparing          :                                                     1/1
  Running scriptlet: httpd-2.4.34-15.oe1.aarch64                           1/1
  Running scriptlet: httpd-2.4.34-15.oe1.aarch64                           1/6
  Erasing            : httpd-2.4.34-15.oe1.aarch64                         1/6
  Running scriptlet: httpd-2.4.34-15.oe1.aarch64                           1/6
  Erasing            : openEuler-logos-1.0-6.oe1.noarch                    2/6
```

图 2-40　删除 httpd 软件包

2.3.7　管道与输入/输出重定向

我们学过唯物辩证法，知道世界上不存在孤立系统。在计算机的进程世界中，此观点依旧成立，即系统中不存在孤立进程，所有的进程都需要和其他进程或者系统进程进行交互。在 openEuler 中，一切设备都是文件。在默认情况下，键盘叫作标准输入设备，文件名为 stdin，设备 ID 为 0；屏幕叫作标准输出设备，文件名 stdout，设备 ID 为 1。还有一个错误设备，它是专门为输出的错误信息准备的，其文件名 stderr，设备 ID 为 2。另外有一个文件名为 null 的黑洞设备，用于消除信息。在操作系统中，设备和文件都可以看成特殊的进程。这些进程提供了特别的交换数据功能，大多数情况下只能被动地等待系统进程的管理，也只有和系统其他进程协调一致的情况下才能进行数据读/写。

当一个进程和其他进程、设备或文件交换数据时，它可以使用重定向技术和管道技术。重定向技术是指一个进程的输出或输入可以是另一个进程的输入或输出。管道技术是指一个进程的输出被接到另一个进程的输入上，相当于形成一条管道，前进程产生的数据源源不断地输入后进程，后进程对数据进行再加工处理。

1．重定向

（1）输出重定向

在默认情况下，信息显示的标准输出设备和错误设备都是屏幕，但我们可以使用重定向符号"＞"或"＞＞"将信息输出定向到文件中。如果信息输出定向到 stdout 或 stderr 文件，信息会从屏幕中显示出来。下面的命令演示了重定向技术的使用，将本应显示在屏幕上的 ls 命令的输出结果重定向输出到 a.txt 文件中，执行结果如图 2-41 所示。

```
ls                  # 列出当前目录下文件清单，默认显示在屏幕上
ls > a.txt
# 列出当前目录下的文件清单，重定向到 a.txt，如果文件不存在，则创建文件；如果存在，则覆盖已有文件
cat a.txt           # 显示 a.txt 文件内容
```

```
[root@majunlzu ~]# ls
hauwei.txt       Main.java      myjava.tar.gz                   Server.java   test01.txt
HelloWorld.java  myc            myjava.zip                      temp
hosts            myjava         passwd                          temp01
huawei.txt       myjava.tar     redis-4.0.11-5.oe1.aarch64.rpm  test01
[root@majunlzu ~]# ls > a.txt
[root@majunlzu ~]# cat a.txt
a.txt
hauwei.txt
HelloWorld.java
hosts
huawei.txt
Main.java
myc
myjava
myjava.tar
myjava.tar.gz
myjava.zip
passwd
redis-4.0.11-5.oe1.aarch64.rpm
Server.java
temp
temp01
test01
test01.txt
```

图 2-41 输出重定向示例 1

同样地，我们可以将 echo 命令显示的内容重定向输出至其他地方。例如，将输出重定向至 b.txt 文件保存起来，并通过 cat 命令查看到重定向输出结果，命令如下，执行结果如图 2-42 所示。

```
echo "Hello World"                      # 默认在标准输出设备回显
echo "Hello World" > b.txt              # 重定向到 b.txt 文件
echo "勤劳的中国人民" >> b.txt          # 如果文件不存在则创建文件，如果文件存在则在文件中追加内容
echo "测试黑洞设备" > /dev/null         # 重定向到黑洞设备
cat b.txt                               # 查看 b.txt 文件内容
cat /dev/null                           # 查看黑洞设备，什么也没有
echo "测试标准输出设备" > /dev/stdout   # 测试标准输出设备，屏幕显示
```

```
[root@majunlzu ~]# echo "Hello World"
Hello World
[root@majunlzu ~]# echo "Hello World" > b.txt
[root@majunlzu ~]# echo "勤劳的中国人民" >> b.txt
[root@majunlzu ~]# echo "测试黑洞设备" > /dev/null
[root@majunlzu ~]# cat b.txt
Hello World
勤劳的中国人民
[root@majunlzu ~]# cat /dev/null
[root@majunlzu ~]# echo "测试标准输出设备" > /dev/stdout
测试标准输出设备
[root@majunlzu ~]#
```

图 2-42 输出重定向示例 2

命令的错误信息也可以重定向输出到文件中，作为日志保存起来。结合 find 命令，我们可以将正确信息与错误信息分流到不同的文件，示例命令如下，执行结果如图 2-43 所示。

```
Date                        # 错误信息默认显示在屏幕上
Date 2 > error.txt          # 将错误信息重定向到 error.txt 文件中
cat error.txt               # 查看 error.txt 文件内容
find / -name useradd 2 > /dev/null  # 屏蔽错误信息，即将错误信息重定向至黑洞设备
find / -name useradd 2 > find_false.txt 1> find_true.txt
# 将正确信息和错误信息分流到不同文件
cat find_true.txt           # 查看正确信息文件
cat find_false.txt          # 查看错误信息文件
```

```
[root@majunlzu ~]# Date
-bash: Date: 未找到命令
[root@majunlzu ~]# Date 2>error.txt
[root@majunlzu ~]# cat error.txt
-bash: Date: 未找到命令
[root@majunlzu ~]# find / -name useradd 2>/dev/null #屏蔽错误信息
/etc/default/useradd
/usr/sbin/useradd
[root@majunlzu ~]# find / -name useradd 2>find_false.txt 1>find_true.txt #分流信息
[root@majunlzu ~]# cat find_true.txt
/etc/default/useradd
/usr/sbin/useradd
[root@majunlzu ~]# cat find_false.txt
[root@majunlzu ~]#
```

图 2-43 输出重定向示例 3

（2）输入重定向

在默认情况下，标准的输入设备是键盘，即从键盘输入数据。此时，键盘代表操作用户这个生命进程，通过键盘这个介质将数据输入计算机进程。假设有一个计算两个整数相加并输出结果的 C 语言程序，如下面命令中的 testadd.c 所示，该程序执行时需要输入两个数，之后计算并输出相加后的结果。我们可以用键盘输入，也可以通过重定向从文件中输入这两个数，示例命令如下，执行结果如图 2-44 所示（图中仅显示部分命令）。

```
cat testadd.c               # 用来测试输入重定向的 C 语言程序
cat input.txt               # 用来测试输入重定向的输入文件
gcc -o testadd testadd.c    # 编译 C 语言程序以产生可执行文件
ls                          # 检查编译是否成功
./testadd                   # 测试程序的执行和键盘输入
./testadd < input.txt       # 测试程序的执行和重定向输入
```

```
[root@zengshubingmajun majun]# cat testadd.c
#include <stdio.h>
int main(){
        int a,b;
        printf("please input two integer:");
        scanf("%d %d",&a,&b);
        int c=a+b;
        printf("The result is %d+%d=%d\n",a,b,c);
        return 0;
}
[root@zengshubingmajun majun]# cat input.txt
45 55
[root@zengshubingmajun majun]# ./testadd
please input two integer:43 56
The result is 43+56=99
[root@zengshubingmajun majun]# ./testadd < input.txt
please input two integer:The result is 45+55=100
[root@zengshubingmajun majun]#
```

图 2-44　输入重定向示例 4

2. 管道技术

管道是用来衔接两个进程之间的数据通道，将进程 1 的标准输出 stdout 作为进程 2 的标准输入 stdin，即进程 1 输出的数据自动输入到进程 2 中，由进程 2 进行再处理。管道命令用符号"|"表示。以下命令演示了管道命令的使用方法，执行结果如图 2-45 所示。

```
cat /etc/passwd | grep root        # 将 cat 的显示结果输入到 grep 中查找"root"
ls -lh | wc -l                     # 将 ls 的输出结果输入 wc 进程，统计文件和目录数量
ls -lh | grep -E "^d" | wc -l      # 将 ls 的输出结果输入 wc 进程，统计工作目录下的子目录数量
ls -lh / | grep -E "^d" | wc -l    # 将 ls 的输出结果输入到 wc 进程中统计根目录下的子目录数量
```

```
[root@majun1zu ~]# cat /etc/passwd | grep root
root:x:0:0:root:/root:/bin/bash
operator:x:11:0:operator:/root:/sbin/nologin
[root@majun1zu ~]# ls -lh | wc -l
25
[root@majun1zu ~]# ls -lh | grep -E "^d" | wc -l
5
[root@majun1zu ~]# ls -lh / | grep -E "^d" | wc -l
18
[root@majun1zu ~]#
```

图 2-45　管道示例 1

下面我们先用 Java 语言编写一个程序 Java_outdata.java，该程序可随机产生两个整数并输出。然后，我们执行该 Java 程序，将输出结果通过管道接入前面的 C 语言程序 testadd 进行相加处理。具体命令如下，执行结果如图 2-46 所示。大家可以看到，使用管道技术能够实现流水线工作。

```
cat Java_outdata.java               # 显示 Java_outdata.java 内容
javac Java_outdata.java             # 用 javac 编译该 java 源程序
java Java_outdata                   # 用 Java 解释执行该程序
java Java_outdata | ./testadd       # 将该 Java 程序的输出通过管道输入 testadd 程序
```

```
[root@majunlzu myc]# cat Java_outdata.java
class Java_outdata {
    public static void main(String[] args){
            int a=(int)(Math.random()*200);
            int b=(int)(Math.random()*200);
            System.out.println(a+" "+b);
    }
}
[root@majunlzu myc]# javac Java_outdata.java
[root@majunlzu myc]# java Java_outdata
166 164
[root@majunlzu myc]# java Java_outdata | ./testadd
please input two integer:
The result is 184+33=217
[root@majunlzu myc]#
```

图 2-46　管道示例 2

请注意，如果要测试上述命令，用到的 C 程序和 Java 源程序需要读者自己输入。读者也可以通过本书配套资源中进行获取。

2.3.8　用户和用户组管理

openEuler 继承了 Linux 的多用户特性，所有使用系统的进程必须有一个合法身份，登录才能使用系统资源。系统中可以建立多个账号，这些账号可以在同一时间登录系统，共同使用系统资源。

在 openEuler 中，每个用户会被分配一个特有 ID（即 user ID，UID），一般还会有一个用户名，用户登录后可以根据分配的权限集合来获取系统资源使用权。有时多个用户需要具有相同的权限，比如查看、修改某一个文件的权限，第一种方法是分别对多个用户进行文件访问授权。如果有 10 个用户，这种方法就需要授权 10 次，显然不太合适。第二种方法是建立一个组，让这个组的成员具有查看、修改此文件的权限，然后将所有需要访问此文件的用户加入这个组，那么这些用户具有了和组一样的权限，这就是用户组。用户组是具有相同特征的用户的逻辑集合，将用户分组是 Linux 中对用户进行管理及控制访问权限的一种手段。定义用户组在很大程度上简化了管理工作。

在 openEuler 中，UID 是用户的唯一标识符。通过 UID，系统可以区分不同用户的类别（用户登录后，系统通过 UID 区分用户，而不是通过用户名区分）。用户组 ID（group ID，GID）和 UID 类似，也作为唯一标识符来标识系统中的一个用户组。在添加账户时，默认情况下系统会同时建立一个与用户名相同且 GID 和 UID 相同的组。

通过在命令行输入 id [option] [user_name] 可查看用户组 GID 以及每个用户组中的用户数量。系统会预留一些（数值较小的）GID 给虚拟用户（也称为系统用户），每个系统预留的 GID 数量有所不同，比如 Fedora 预留了 500 个，openEuler 预留了

1000 个。在创建目录和文件时，系统会使用默认的用户组。

和其他 Linux 系统一样，openEuler 也有一个超级用户，也就是根用户 root，它的 UID 和 GID 都是 0。root 用户拥有对系统的完全控制权，可以修改、删除任何文件，运行任何命令，"杀死"任何进程，所以它也是系统中最具危险性的用户。root 用户甚至可以在系统正常运行时删除所有文件系统，造成无法挽回的灾难，因此一般情况下，使用 root 用户操作系统时需要十分小心。

普通用户也称为一般用户，它的 UID 范围为 1000～60000。普通用户可以对自己目录下的文件进行访问和修改，也可以对经过授权的文件进行访问。在添加普通用户时，系统默认 UID 从 1000 开始编号。

虚拟用户也称为系统用户，它的 UID 范围为 1～999。虚拟用户最大的特点是系统不提供用户名和密码这种登录方式，它们的存在主要是为了方便管理系统。

（1）用户信息

在 openEuler 中，用户的详细信息会保存在/etc/passwd 文件中，每行有一个用户。以下命令可以在 root 用户权限下显示 passwd 文件内容及每列的含义，执行结果如图 2-47 所示。

```
id 0                    # 显示 ID 为 0 的用户和用户组
who                     # 显示当前登录和操作的用户
tail -5 /etc/passwd     # 显示/etc/passwd 文件的最后 5 行内容
```

```
[root@majunlzu ~]# id 0
用户id=0(root) 组id=0(root) 组=0(root)
[root@majunlzu ~]# who
root     tty1           2025-01-01 10:07
root     pts/1          2025-02-02 08:29 (39.144.210.109)
[root@majunlzu ~]# tail -5 /etc/passwd
rpcuser:x:29:29:RPC Service User:/var/lib/nfs/:sbin/nologin
gluster:x:988:988:GlusterFS daemons:/run/gluster:/sbin/nologin
saslauth:x:987:76:Saslauthd user:/run/saslauthd/:sbin/nologin
qemu:x:107:107:qemu user:/:sbin/nologin
ftpuser:x:1011:1011::/home/ftpuser:/bin/bash
[root@majunlzu ~]#
```

图 2-47　显示登录用户和 passwd 文件最后 5 行内容

/etc/passwd 文件一共有 7 列，每列的含义如下。

- 第 1 列为用户名。
- 第 2 列为用户密码，其中 X 表示密码单独存储在/etc/shadow。
- 第 3 列为 UID。
- 第 4 列为 GID。
- 第 5 列为用户描述信息。
- 第 6 列为该用户的家目录。

- 第 7 列为用户所使用的默认 shell 程序。

（2）创建和删除用户

以下命令演示了创建用户命令 useradd 的使用方法，执行结果如图 2-48 所示。

```
useradd user01                     # 按默认选项创建 user01 用户
cat /etc/passwd | tail -n 1        # 显示刚创建用户的信息
useradd -u 2002 user02             # 创建 user02 用户，指定 UID
cat /etc/passwd | tail -n 1        # 显示刚创建用户的信息
cat /etc/group | tail -n 1         # 显示刚创建的用户组
useradd -u 3003 -c "Iam-user03-TEL-1812345678" user03  # 创建时添加描述
cat /etc/passwd | tail -n 1        # 显示刚创建用户的信息
useradd -u 4004 user04 -g 2002     # 创建用户时指定所属组（必须存在）
cat /etc/passwd | tail -n 1        # 显示刚创建用户的信息
cat /etc/group | grep 2002         # 显示用户组 2002 信息
id user04                          # 查看 user04 用户信息
```

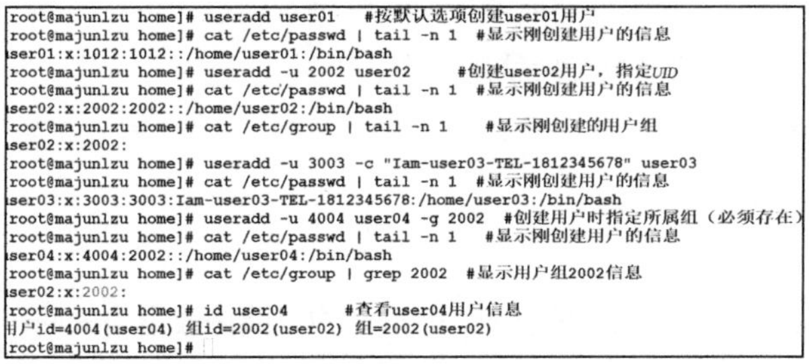

```
root@majunlzu home]# useradd user01    #按默认选项创建user01用户
root@majunlzu home]# cat /etc/passwd | tail -n 1  #显示刚创建用户的信息
iser01:x:1012:1012::/home/user01:/bin/bash
root@majunlzu home]# useradd -u 2002 user02      #创建user02用户，指定UID
root@majunlzu home]# cat /etc/passwd | tail -n 1  #显示刚创建用户的信息
iser02:x:2002:2002::/home/user02:/bin/bash
root@majunlzu home]# cat /etc/group | tail -n 1    #显示刚创建的用户组
iser02:x:2002:
root@majunlzu home]# useradd -u 3003 -c "Iam-user03-TEL-1812345678" user03
root@majunlzu home]# cat /etc/passwd | tail -n 1  #显示刚创建用户的信息
iser03:x:3003:3003:Iam-user03-TEL-1812345678:/home/user03:/bin/bash
root@majunlzu home]# useradd -u 4004 user04 -g 2002  #创建用户时指定所属组（必须存在）
root@majunlzu home]# cat /etc/passwd | tail -n 1   #显示刚创建用户的信息
iser04:x:4004:2002::/home/user04:/bin/bash
root@majunlzu home]# cat /etc/group | grep 2002  #显示用户组2002信息
iser02:x:2002:
root@majunlzu home]# id user04      #查看user04用户信息
用户id=4004(user04) 组id=2002(user02) 组=2002(user02)
root@majunlzu home]#
```

图 2-48　创建用户命令及执行结果

以下命令演示了删除用户命令 userdel 的使用方法，执行结果如图 2-49 所示。

```
userdel -rf user04
userdel -rf user03
userdel -rf user02
userdel -rf user01
cat /etc/passwd | tail -n 1
cat /etc/group | tail -n 1
```

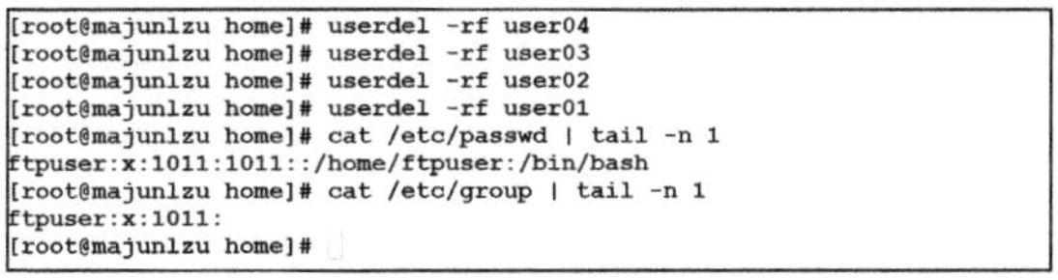

```
[root@majunlzu home]# userdel -rf user04
[root@majunlzu home]# userdel -rf user03
[root@majunlzu home]# userdel -rf user02
[root@majunlzu home]# userdel -rf user01
[root@majunlzu home]# cat /etc/passwd | tail -n 1
ftpuser:x:1011:1011::/home/ftpuser:/bin/bash
[root@majunlzu home]# cat /etc/group | tail -n 1
ftpuser:x:1011:
[root@majunlzu home]#
```

图 2-49　删除用户命令及执行结果

（3）用户密码和锁定管理

openEuler 中涉及管理用户信息的文件有以下 3 个。

/etc/passwd 文件：用户账号信息文件。这个文件中保存着系统中所有用户的主要信息，每一行代表一个记录，每一行用户记录定义了用户各个方面的属性。

/etc/shadow 文件：用户账号信息加密文件（又称为影子文件），用于存储系统中用户的密码信息。由于/etc/passwd 文件允许所有用户读取，容易导致密码泄露，因此密码信息从该文件中被分离出来，单独放置在/etc/shadow 文件中。

/etc/group 文件：用户组信息文件。这个文件中保存着系统所有用户组的信息，每一行代表一个用户组。

命令 passwd 用于修改用户的密码，其语法为 passwd [OPTION…] user_name。命令中 OPTION 的具体值及其说明如下。

- -n：设置修改密码最短天数。
- -x：设置修改密码最长天数。
- -w：设置用户在密码过期前多少天收到警告信息。
- -i：设置密码过期多少天后禁用账户。
- -d：删除用户密码。
- -S：显示用户密码信息。
- -l：锁定用户。

root 用户可以修改任何用户的密码，普通用户只能修改自身的密码。以下命令演示如何修改用户密码、锁定用户和解锁用户，执行结果如图 2-50（仅展示相关命令）和图 2-51 所示。锁定和解锁所有用户可以通过在 /etc 目录下创建和删除 nologin 文件来实现。

```
passwd user01                                      # 修改用户 user01 的密码
passwd -S user01                                   # 查看 user01 密码状态
passwd -l user01                                   # 锁定用户 user01，禁止其登录
cat /etc/shadow | grep -i user01                   # 查看锁定用户 user01 信息
passwd -u user01                                   # 解锁用户 user01，允许其登录
cat /etc/shadow | grep -i user01                   # 查看解锁用户 user01 信息
passwd -d user01                                   # 删除 user01 的密码
echo "test01@123" | passwd --stdin user01          # 通过管道方式设置密码
echo "test01@123" | passwd --stdin user01 >> /dev/null    # 清除回显
```

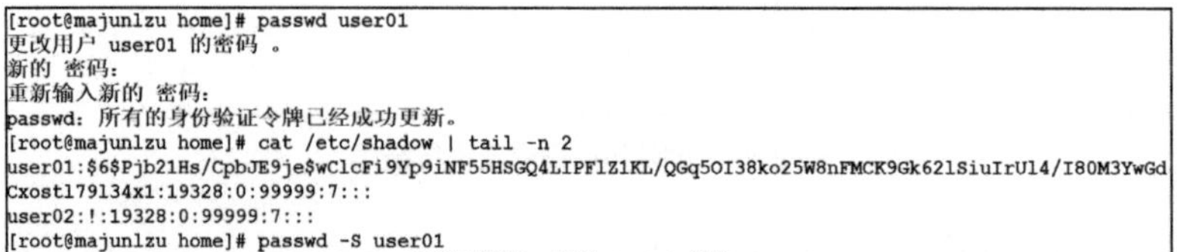

图 2-50　修改用户密码执行结果

```
[root@majunlzu home]# passwd -l user01
锁定用户 user01 的密码 。
passwd: 操作成功
[root@majunlzu home]# cat /etc/shadow |grep -i user01
user01:!!$6$Pjb21Hs/CpbJE9je$wClcFi9Yp9iNF55HSGQ4LIPFlZ1KL/QGq5OI38ko25W8nFMCK9Gk62lSiuIrU14/I80M3Yw
GdCxostl79134x1:19328:0:99999:7:::
[root@majunlzu home]# passwd -u user01
解锁用户 user01 的密码。
passwd: 操作成功
[root@majunlzu home]# cat /etc/shadow |grep -i user01
user01:$6$Pjb21Hs/CpbJE9je$wClcFi9Yp9iNF55HSGQ4LIPFlZ1KL/QGq5OI38ko25W8nFMCK9Gk62lSiuIrU14/I80M3YwGd
Cxostl79134x1:19328:0:99999:7:::
[root@majunlzu home]# passwd -d user01
清除用户的密码 user01。
passwd: 操作成功
[root@majunlzu home]# echo "test01@123" | passwd --stdin user01
更改用户 user01 的密码。
passwd: 所有的身份验证令牌已经成功更新。
[root@majunlzu home]# echo "test01@123" | passwd --stdin user01 >> /dev/null
[root@majunlzu home]#
```

图 2-51　锁定和解锁用户及通过管道修改密码执行结果

openEuler 账户及密码的有效期管理如图 2-52 所示。

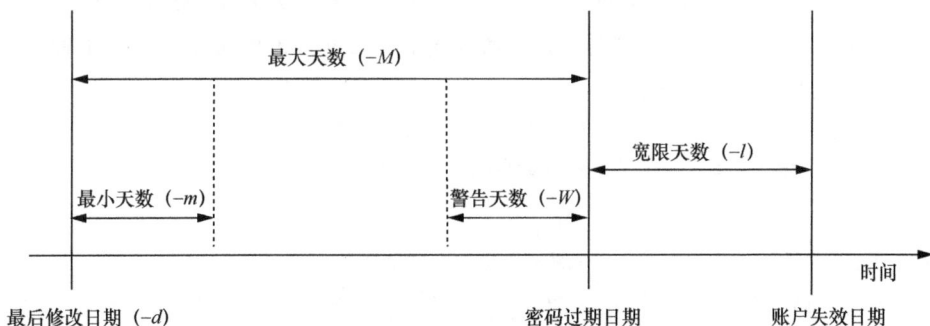

图 2-52　账号及密码的有效期管理

（4）批量用户管理

如果要管理大量用户，则批量用户的创建和删除会很有用。假设系统中需要创建 5 个用户，初始密码设置为 lzupass@[用户名]，那么操作步骤如下。

步骤 1：建立用户名列表文件 username.txt，里面包含 4 个用户名 test1～test4。

步骤 2：创建用户密码对应文件 pwd.txt，每一行的格式为 username:password。

步骤 3：编写批量添加的脚本文件 add.sh，并执行该脚本文件，具体命令如下。执行结果如图 2-53 所示。

```
cat username.txt              # 显示 username.txt 文件内容
cat pwd.txt                   # 显示 pwd.txt 文件内容
cat add.sh                    # 显示脚本文件 add.sh 内容
sh add.sh                     # 执行脚本
cat /etc/passwd | tail -n 4   # 检查批量添加用户结果
```

```
[root@majunlzu ~]# cat username.txt
test1
test2
test3
test4
[root@majunlzu ~]# cat pwd.txt
test1:lzupass@test1
test2:lzupass@test2
test3:lzupass@test3
test4:lzupass@test4
[root@majunlzu ~]# cat add.sh
echo "开始批量创建用户"
cat < username.txt | xargs -n 1 useradd -m
#xargs命令能够捕获一个命令的输出,然后传递给另外一个命令
cat pwd.txt | chpasswd
##批处理模式下更新密码
echo "批量创建用户完成"
[root@majunlzu ~]# sh add.sh
开始批量创建用户
批量创建用户完成
[root@majunlzu ~]# cat /etc/passwd | tail -n 4
test1:x:1014:1014::/home/test1:/bin/bash
test2:x:1015:1015::/home/test2:/bin/bash
test3:x:1016:1016::/home/test3:/bin/bash
test4:x:1017:1017::/home/test4:/bin/bash
```

图 2-53　批量添加用户执行结果

（5）修改删除用户命令

和 Linux 一样，在 openEuler 中，usermod 命令可用于修改用户账号的各类信息，userdel 命令可用于删除用户账号。以下命令演示了 usermod 和 userdel 命令的使用方法，执行结果如图 2-54 所示。

```
useradd student              # 创建新用户和组 student
cat /etc/passwd | tail -n 1  # 检查创建用户是否成功
usermod user01 -l student01  # 将用户 user01 改名为 student01
id user01                    # 检查 user01 是否存在
id student01                 # 检查修改用户名是否成功
usermod user02 -g student    # 将 user02 的用户组修改为 student 组
id user02                    # 查看用户 user02 信息
userdel -rf test4            # 强制删除用户和组 test4
userdel -rf test3            # 强制删除用户和组 test3
cat /etc/group | tail -n 4   # 检查以上操作后组信息
```

```
[root@majunlzu ~]# useradd student
[root@majunlzu ~]# cat /etc/passwd | tail -n 1
student:x:1018:1018::/home/student:/bin/bash
[root@majunlzu ~]# usermod user01 -l student01
[root@majunlzu ~]# id user01
id: "user01": 无此用户
[root@majunlzu ~]# id student01
用户id=1012(student01) 组id=1012(user01) 组=1012(user01)
[root@majunlzu ~]# usermod user02 -g student
[root@majunlzu ~]# id user02
用户id=1013(user02) 组id=1018(student) 组=1018(student)
[root@majunlzu ~]# userdel -rf test4
[root@majunlzu ~]# userdel -rf test3
[root@majunlzu ~]# cat /etc/group | tail -n 4
user02:x:1013:
test1:x:1014:
test2:x:1015:
student:x:1018:
[root@majunlzu ~]#
```

图 2-54　修改用户信息和删除用户执行结果

（6）查看当前在线用户，并强制下线某些在线用户

以下命令演示了如何查看当前在线用户，并用 pkill 命令可以下线特定用户，执行

结果如图 2-55 所示。

```
w                        # 查看当前在线用户
pkill -kill -t tty1      # 强制下线登录终端为 tty1 的 root 用户
w                        # 检查下线是否成功
```

```
[root@majunlzu ~]# w
 15:03:16 up 3 days,  4:56,  3 users,  load average: 0.00, 0.00, 0.00
USER     TTY      LOGIN@   IDLE   JCPU   PCPU WHAT
root     tty1     ─10     3days  0.00s  0.00s -bash
root     pts/2    14:39   23:37  0.01s  0.01s -bash
root     pts/3    14:40    4.00s 0.08s  0.00s w
[root@majunlzu ~]# pkill -kill -t tty1
 15:05:14 up 3 days,  4:58,  2 users,  load average: 0.00, 0.00, 0.00
USER     TTY      LOGIN@   IDLE   JCPU   PCPU WHAT
root     pts/2    14:39   25:35  0.01s  0.01s -bash
root     pts/3    14:40    1.00s 0.08s  0.00s w
[root@majunlzu ~]#
```

图 2-55　查看在线用户和下线特定用户执行结果

（7）用户组管理

以下命令演示了 groupadd 命令的使用和用户组管理方法，执行结果如图 2-56 所示。

```
groupadd user                    # 创建新用户组 user
cat /etc/group | tail -n 1       # 检查创建用户组 user 是否成功
useradd majun -g user            # 创建一个新用户，它隶属于 user 用户组
id majun                         # 显示新用户 majun 的信息
usermod student01 -G user        # 修改 student01 信息，将其加入 user 组
id student01                     # 查看用户 student01 信息
cat /etc/group | tail -n 5       # 查看最后 5 条组内用户信息
userdel -rf majun                # 删除用户 majun
groupdel user                    # 删除用户组 user
cat /etc/group | tail -n 5       # 检查删用户组是否成功
```

```
[root@majunlzu ~]# useradd student
[root@majunlzu ~]# cat /etc/passwd | tail -n 1
student:x:1018:1018::/home/student:/bin/bash
[root@majunlzu ~]# usermod user01 -l student01
[root@majunlzu ~]# id user01
id: "user01"：无此用户
[root@majunlzu ~]# id student01
用户id=1012(student01) 组id=1012(user01) 组=1012(user01)
[root@majunlzu ~]# usermod user02 -g student
[root@majunlzu ~]# id user02
用户id=1013(user02) 组id=1018(student) 组=1018(student)
[root@majunlzu ~]# userdel -rf test4
[root@majunlzu ~]# userdel -rf test3
[root@majunlzu ~]# cat /etc/group | tail -n 4
user02:x:1013:
test1:x:1014:
test2:x:1015:
student:x:1018:
[root@majunlzu ~]#
```

图 2-56　用户组管理执行结果

（8）权限管理

在 openEuler 中，包括服务、设备和目录等所有可管理的资源都是以文件的形式出现的。我们对各种资源的使用最后会变成用户对文件使用的授权，前面我们在介绍 ls 等命令时介绍过 openEuler 中文件的权限掩码，即第一列中第 2～第 10 子列，如图 2-57 所示。

```
[root@majun1zu myc]# ll test*
-rwx————1  root  root  75K  11月  29  22：26  test
-rwx————1  root  root  70K  11月  30  10：11  testadd
-rw————1  root  root  172  11月  30  10：09  testadd.c
-rw————1  root  root  2.3K  11月  29  22：26  test .cpp
```

权限项	读	写	执行	读	写	执行	读	写	执行
字符表示	r	w	x	r	w	x	r	w	x
数字表示	4	2	1	4	2	1	4	2	1
权限分配	文件所有者			文件所属组			其他用户		

图 2-57　openEuler 中文件权限掩码表

命令 chmod 用于修改文件的访问权限，其语法为 chmod[修改的权限][文件/目录]。执行修改权限命令的前提是当前用户已拥有相应权限，涉及的选项如下。

- u：修改文件拥有者权限。
- g：修改文件所属组权限。
- o：修改文件其他人权限。
- +：添加某个权限。
- −：删除某个权限。
- =：赋予某个权限。

以下命令演示了如何修改文件或目录的访问权限，即使用 chmod 命令修改文件或目录的访问权限，执行结果如图 2-58 和图 2-59 所示。

```
# root 用户操作命令列表
ll | grep publicdir          # 在 home 目录下查看 publicdir 子目录的访问权限
chmod o=rwx publicdir        # 修改子目录 publicdir 的其他用户的访问权限
ll | grep publicdir          # 查看 publicdir 子目录的访问权限修改是否成功
cd publicdir                 # 进入 publicdir 目录
chmod o+r input.txt          # 修改 input.txt 文件的其他用户访问权限为可读
ll                           # 查看当前目录文件清单信息
chmod o=rwx testadd          # 修改 testadd 文件的其他用户访问权限为读写和执行
ll                           # 检查修改是否成功
```

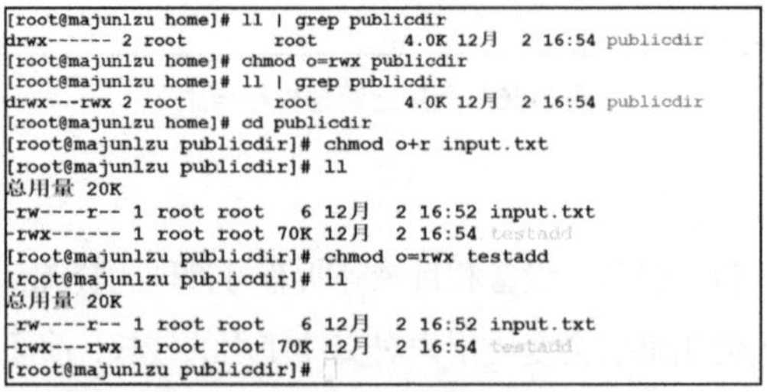

```
[root@majunlzu home]# ll | grep publicdir
drwx------ 2 root      root      4.0K 12月  2 16:54 publicdir
[root@majunlzu home]# chmod o=rwx publicdir
[root@majunlzu home]# ll | grep publicdir
drwx---rwx 2 root      root      4.0K 12月  2 16:54 publicdir
[root@majunlzu home]# cd publicdir
[root@majunlzu publicdir]# chmod o+r input.txt
[root@majunlzu publicdir]# ll
总用量 20K
-rw----r-- 1 root root   6 12月  2 16:52 input.txt
-rwx------ 1 root root 70K 12月  2 16:54 testadd
[root@majunlzu publicdir]# chmod o=rwx testadd
[root@majunlzu publicdir]# ll
总用量 20K
-rw----r-- 1 root root   6 12月  2 16:52 input.txt
-rwx---rwx 1 root root 70K 12月  2 16:54 testadd
[root@majunlzu publicdir]#
```

图 2-58　修改文件/目录命令执行结果

　　注意，我们首先需要在 /home 目录下创建一个公用目录 publicdir，该目录中有两个文件：input.txt 为文本文件，testadd 为可执行文件。另外还要注意，一个目录如果正常对外开放，则至少配置读权限和执行权限。

　　以下命令演示了未授权时进入目录失败的情况，执行结果如图 2-59 所示。只有得到 root 用户授权后，用户才能进入该目录或者访问系统中的文件、程序。

```
# test1 用户操作命令列表
cd publicdir      # 第一次尝试进入 publicdir 子目录，权限不够，等待 root 用户授权
cd publicdir      # 第二次尝试进入 publicdir 子目录，成功
ll                # 显示当前目录下文件清单
cat input.txt     # 第一次尝试查看 input.txt 文件内容，权限不够，等待 root 用户授权
cat input.txt     # 第二次尝试查看 input.txt 文件内容，成功
./testadd         # 第一次执行 testadd 程序，权限不够
ll                # root 用户给 testadd 文件授权后，显示文件清单
./testadd         # 第二次执行程序 testadd，成功
```

```
[test1@majunlzu home]$ cd publicdir
-bash: cd: publicdir: 权限不够
[test1@majunlzu home]$ cd publicdir
[test1@majunlzu publicdir]$ ll
总用量 20K
-rw------- 1 root root   6 12月  2 16:52 input.txt
-rwx------ 1 root root 70K 12月  2 16:54 testadd
[test1@majunlzu publicdir]$ cat input.txt
cat: input.txt: 权限不够
[test1@majunlzu publicdir]$ cat input.txt
45 55
[test1@majunlzu publicdir]$ ./testadd
-bash: ./testadd: 权限不够
[test1@majunlzu publicdir]$ ll
总用量 20K
-rw----r-- 1 root root   6 12月  2 16:52 input.txt
-rwx---rwx 1 root root 70K 12月  2 16:54 testadd
[test1@majunlzu publicdir]$ ./testadd
please input two integer:45 54

The result is 45+54=99
[test1@majunlzu publicdir]$
```

图 2-59　未授权时进入目录失败执行结果

2.3.9　常用服务管理

　　在 openEuler 中，systemd 进程提供了 systemctl 命令来运行、关闭、重启、显示、启用/禁用某进程服务。

　　（1）systemd 进程

　　systemd 进程提供的 systemctl 命令与 sysvinit 进程提供的 service 命令的功能类似，当前 openEuler 仍兼容 service 和 chkconfig 命令，两个进程命令的相关说明如表 2-3 所示。我们建议用 systemctl 命令进行系统服务管理。

表 2-3　sysvinit 进程命令和 systemd 进程命令的说明

sysvinit 进程命令	systemd 进程命令	说明
service network start	systemctl start network.service	用来启动一个服务(并不会重启现有的服务)
service network stop	systemctl stop network.service	用来停止一个服务(并不会停止现有的服务)
service network restart	systemctl restart network.service	用来停止并启动一个服务
service network reload	systemctl reload network.service	当支持时,重新装载配置文件而不中断等待操作
service network condrestart	systemctl condrestart network.service	如果服务正在运行,那么重启
service network status	systemctlstatus network.service	检查服务的运行状态
chkconfig network on	systemctl enable network.service	在下次启动或满足其他触发条件时设置服务为启用
chkconfig network off	systemctl disable network.service	在下次启动或满足其他触发条件时设置服务为禁用
chkconfig network	systemctl is-enabled network.service	用来检查一个服务在当前环境下被配置为启用还是禁用
chkconfig-list	systemctl list-unit-files--type=service	输出在各个运行级别下服务的启用和禁用情况
chkconfig network--list	ls /etc/systemd/system/*.wants/	用来列出该服务在哪些运行级别下启用和禁用
chkconfig network--add	systemctl daemon-reload	当创建新服务文件或者变更设置时使用

以下命令可以显示当前正在运行的服务,执行结果如图 2-60 所示。

```
systemctl list-units --type service          # 显示当前正在运行的服务
systemctl list-units --type service --all     # 显示所有的服务
```

```
UNIT                              LOAD   ACTIVE SUB     DESCRIPTION
auditd.service                    loaded active running Security Auditing Service
cloud-config.service              loaded active exited  Apply the settings specif
cloud-final.service               loaded active exited  Execute cloud user/final
cloud-init-local.service          loaded active exited  Initial cloud-init job (p
cloud-init.service                loaded active exited  Initial cloud-init job (m
cloudResetPwdUpdateAgent.service  loaded active running cloudResetPwdUpdateAgent
crond.service                     loaded active running Command Scheduler
dbus.service                      loaded active running D-Bus System Message Bus
dracut-shutdown.service           loaded active exited  Restore /run/initramfs on
getty@tty1.service                loaded active running Getty on tty1
gssproxy.service                  loaded active running GSSAPI Proxy Daemon
hostguard.service                 loaded active exited  LSB: Huawei Compute Secur
httpd.service                     loaded failed failed  The Apache HTTP Server
hwclock-save.service              loaded active exited  Update RTC With System Cl
irqbalance.service                loaded active running irqbalance daemon
iscsi.service                     loaded active exited  Login and scanning of iSC
kdump.service                     loaded active exited  Crash recovery kernel arm
kmod-static-nodes.service         loaded active exited  Create list of static dev
libvirtd.service                  loaded active running Virtualization daemon
lm_sensors.service                loaded failed failed  Hardware Monitoring Senso
lvm2-monitor.service              loaded active exited  Monitoring of LVM2 mirror
mdmonitor.service                 loaded active running MD array monitor
multi-queue-hw.service            loaded active exited  LSB: NIC multiple queues
lines 1-24
```

图 2-60　显示当前正在运行的服务执行结果

（2）显示某个服务状态

以下命令可以显示 ftp 服务和 http 服务的运行状态，执行结果如图 2-61 所示。服务状态主要参数的说明如表 2-4 所示。

```
systemctl status vsftpd.service    # 显示 ftp 服务状态
systemctl status httpd.service     # 显示 http 服务状态
```

```
[root@majunlzu ~]# systemctl status vsftpd.service
 vsftpd.service - Vsftpd ftp daemon
   Loaded: loaded (/usr/lib/systemd/system/vsftpd.service; disabled; vendor preset: d
   Active: active (running) since Fri 2022-12-02 17:55:34 CST; 33min ago
  Process: 30082 ExecStart=/usr/sbin/vsftpd /etc/vsftpd/vsftpd.conf (code=exited, sta
 Main PID: 30083 (vsftpd)
    Tasks: 1
   Memory: 1.7M
   CGroup: /system.slice/vsftpd.service
           └─30083 /usr/sbin/vsftpd /etc/vsftpd/vsftpd.conf

12月 02 17:55:34 majunlzu systemd[1]: Starting Vsftpd ftp daemon...
12月 02 17:55:34 majunlzu systemd[1]: Started Vsftpd ftp daemon.
[root@majunlzu ~]# systemctl status httpd.service
● httpd.service - The Apache HTTP Server
   Loaded: loaded (/usr/lib/systemd/system/httpd.service; disabled; vendor preset: di
   Drop-In: /usr/lib/systemd/system/httpd.service.d
            └─php-fpm.conf
   Active: failed (Result: exit-code) since Fri 2022-12-02 17:53:32 CST; 35min ago
     Docs: man:httpd.service(8)
  Process: 29959 ExecStart=/usr/sbin/httpd $OPTIONS -DFOREGROUND (code=exited, status
 Main PID: 29959 (code=exited, status=1/FAILURE)
   Status: "Reading configuration..."
```

图 2-61　ftp 和 http 服务运行状态

表 2-4　服务状态主要参数说明

参数	说明
Loaded	说明服务是否被加载，并显示服务对应的绝对路径以及是否启用
Active	说明服务是否正在运行，并显示时间节点
Main PID	相应的系统服务的 PID 值
CGroup	相关控制组（CGroup）的其他信息

如果需要鉴别某个服务是否运行，判断某个服务是否被启用，则可执行如下命令。执行结果如图 2-62 所示。

```
systemctl is-active vsftpd.service           # 查看 ftp 服务是否运行
systemctl is-active httpd.service            # 查看 http 服务是否运行
systemctl is-enabled httpd.service           # 查看 http 服务是否被启用
systemctl is-enabled vsftpd.serviceis-active # 查看 ftp 服务是被启用
```

```
[root@majunlzu ~]# systemctl is-active vsftpd.service
active
[root@majunlzu ~]# systemctl is-active httpd.service
failed
[root@majunlzu ~]# systemctl is-enabled httpd.service
disabled
[root@majunlzu ~]# systemctl is-enabled vsftpd.service
disabled
```

图 2-62　查看某服务是否运行或启用执行结果

表 2-5 和表 2-6 展示了 is-active 和 is-enable 命令的返回结果及其含义。

表2-5　is-active 命令的返回结果及其含义

返回结果	含义
active（running）	有一个或多个程序正在系统中执行
active（exited）	仅执行一次就正常结束的服务，目前并没有任何程序在系统中执行。例如，开机或者挂载时才会进行一次的 quotaon 命令
active（waiting）	正在执行当中，不过要等待其他的事件才能继续处理。例如，打印的队列相关服务就属于这种状态，虽然正在启动中，但是也需要真的有队列（打印作业）进来，这样才会继续唤醒打印机服务来进行下一步打印的功能
inactive	这个服务没有运行

表2-6　is-enabled 命令的返回结果及其含义

返回结果	含义
enabled	已经通过/etc/systemd/system/目录下的 Alias 别名、.wants/或.requires/软连接被永久启用
enabled-runtime	已经通过/run/systemd/system/目录下的 Alias 别名、.wants/或.requires/软连接被临时启用
linked	虽然单元文件本身不在标准单元目录中，但是指向此单元文件的一个或多个软连接已经存在于/etc/systemd/system/永久目录中
linked-runtime	虽然单元文件本身不在标准单元目录中，但是指向此单元文件的一个或多个软连接已经存在于/run/systemd/system/临时目录中
masked	已经被 etc/systemd/system/目录永久屏蔽（软连接指向/dev/null 文件），因此启用操作会失败
masked-runtime	已经被/run/systemd/systemd/目录临时屏蔽（软连接指向/dev/null 文件），因此启用操作会失败
static	尚未被启用，并且单元文件的［Install］小节中没有可用于 enable 命令的选项
indirect	尚未被启用，但是单元文件的［Install］小节中 Also 选项的值列表非空（也就是列表中的某些单元可能已被启用），或者它拥有一个不在 Also 列表中的其他名称的别名软连接。对于模板单元来说，表示它已经启用了一个不同于 DefaultInstance 的实例
disabled	尚未被启用，但是单元文件的［Install］小节中存在可用于 enable 命令的选项
generated	单元文件是被单元生成器动态生成的。被生成的单元文件可能并未被直接启用，而是被单元生成器隐含地启用了
transient	单元文件是由运行的 API 动态临时生成的。该临时单元可能并未被启用
bad	单元文件不正确或者出现其他错误。is-enabled 不会返回此状态，而是会显示一条出错信息。list-unit-files 命令有可能会显示此单元

（3）启动、停止或重启某个服务

以下命令用来启动/开机启用、停止/禁止开机启用、重启某个服务，我们以 ftp 服务为例进行演示，执行结果如图 2-63 所示。

```
systemctl stop vsftpd.service        # 停止 ftp 服务
systemctl start vsftpd.service       # 启动 ftp 服务
systemctl restart vsftpd.service     # 重启 ftp 服务
```

```
systemctl enable vsftpd.service      # 开机启用 ftp 服务
systemctl disable vsftpd.service     # 禁止开机启用 ftp 服务
```

```
[root@majunlzu ~]# systemctl stop vsftpd.service
[root@majunlzu ~]# systemctl start vsftpd.service
[root@majunlzu ~]# systemctl restart vsftpd.service
[root@majunlzu ~]# systemctl enable vsftpd.service
Created symlink /etc/systemd/system/multi-user.target.wants/vsftpd.service → /usr/lib/
systemd/system/vsftpd.service.
[root@majunlzu ~]# systemctl disable vsftpd.service
Removed /etc/systemd/system/multi-user.target.wants/vsftpd.service.
[root@majunlzu ~]#
```

图 2-63　启动、停止或重启 ftp 服务执行结果

（4）关闭、暂停和休眠系统

以下命令可以对系统进行关机、暂停和休眠等一系列操作。由于我们通过远程登录使用云计算，因此这些命令无法展示执行结果。读者如果有条件在本地安装 openEluer，则可以尝试执行以下命令。

```
systemctl poweroff      # 关机并断电
systemctl reboot        # 重启计算机
systemctl halt          # 关闭计算机但不下电
systemctl suspend       # 系统待机
systemctl hibernate     # 系统休眠
```

2.3.10　帮助命令和自主学习

前面所有的 openEuler 常用命令在 openEuler 官网上都有，读者可以自主学习。在 openEuler 中，我们还可以使用帮助功能，完成更深入的学习。例如，我们想知道某命令的具体用法或某命令的参数如何使用，那么可以在该命令后输入 --help 参数，系统就会显示详细的使用帮助。我们展示了 useradd 命令的帮助信息，如图 2-64 所示。对于其他命令，读者可以自行探索。

```
[root@majunlzu ~]# useradd --help
用法：useradd [选项] 登录名
      useradd -D
      useradd -D [选项]

选项：
  -b, --base-dir BASE_DIR       新账户的主目录的基目录
      --btrfs-subvolume-home    use BTRFS subvolume for home directory
  -c, --comment COMMENT         新账户的 GECOS 字段
  -d, --home-dir HOME_DIR       新账户的主目录
  -D, --defaults                显示或更改默认的 useradd 配置
  -e, --expiredate EXPIRE_DATE  新账户的过期日期
  -f, --inactive INACTIVE       新账户的密码不活动期
  -g, --gid GROUP               新账户主组的名称或 ID
  -G, --groups GROUPS           新账户的附加组列表
  -h, --help                    显示此帮助信息并退出
  -k, --skel SKEL_DIR           使用此目录作为骨架目录
  -K, --key KEY=VALUE           不使用 /etc/login.defs 中的默认值
  -l, --no-log-init             不要将此用户添加到最近登录和登录失败数据库
  -m, --create-home             创建用户的主目录
  -M, --no-create-home          不创建用户的主目录
  -N, --no-user-group           不创建同名的组
  -o, --non-unique              允许使用重复的 UID 创建用户
  -p, --password PASSWORD       加密后的新账户密码
  -r, --system                  创建一个系统账户
```

图 2-64　useradd 命令帮助信息

2.4 Vim 编辑器的基础用法

在 openEuler 中，Vim 编辑器是一个系统自带的文本编辑器，从原始的 Vi 编辑器发展而来，它的文本编辑功能非常强大。下面我们简要介绍 Vim 编辑器的使用方法。Vim 编辑器对应的键盘如图 2-65 所示。

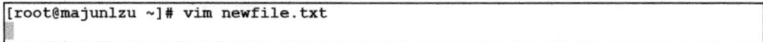

图 2-65　Vim 编辑器键盘

使用 Vim 编辑器打开一个文件的命令如下，执行结果如图 2-66 所示。

```
vim newfile.txt        # 打开或新建一个文件 newfile.txt
```

```
[root@majunlzu ~]# vim newfile.txt
```

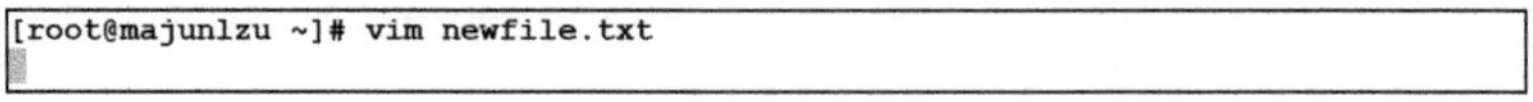

图 2-66　用 Vim 编辑器打开一个文件执行结果

2.4.1 Vim 编辑器简介

Vim 编辑器有以下 4 种模式。

（1）命令模式

系统默认进入命令模式。在命令模式下，用户无法对文件进行普通的编辑操作，但可以查看文件内容，也可以使用相关键上下左右移动光标（等价键参看 Vim 键盘中的 h、j、k、l 等）或上下翻页或滚动（参看 Vim 键盘中的"其他重要命令"键），还可以使用查找、复制、剪切、粘贴等命令完成编辑操作。

（2）编辑模式

编辑模式涉及的操作如下。

- i：表示在光标左侧插入数据。
- a：表示在光标右侧插入数据。
- o：表示在光标下另起一行插入数据。
- I：表示在光标所在行最左侧插入数据。
- A：表示在光标所在行最右侧插入数据。
- O：表示在光标上另起一行-插入数据。
- Esc：回到命令模式。

进入编辑模式后，我们就可以正常地输入和编辑文件的内容了。按"Esc"键后，软件切换到命令模式下。

（3）末行模式

在编辑模式下，系统无法直接进入末行模式，而是需要先进入命令模式，再进入末行模式。在命令模式下按":"键后，系统进入末行模式。末行模式可进行配置保存、退出、显示行号、信息替换等操作，具体命令如下。

- :w：保存。
- :q：普通退出，未进行任何编辑。
- :wq：保存并退出，进行正常编辑并且希望保存，其格式为"x" = "wq"。
- ":q!：强制退出，进行编辑不希望保存并退出。
- :wq!：强制保存并退出。
- :set number：显示行号。
- :set nonumber：关闭显示行号。
- :32,34s/nologin/NOLOGIN/：将第 32 ～ 第 34 行信息中的 nologin 替换成 NOLOGIN。
- :6,8s/n/N/g：将第 6～ 第 8 行信息中的所有 n 替换为 N。

（4）可视化模式

为了便于选取文本，Vim 编辑器引入了可视化模式。例如，要选取一段文本，需要先将光标移到待选文本的开始处，在普通模式下按以下键进入对应的可视模式，然后把光标移到待选文本末尾即可。

v 键：进入字符可视化模式，该模式下的文本选择是以字符为单位的。

V 键：进入行可视化模式，该模式下的文本选择是以行为单位的。

Ctrl + V 键：进入块可视化模式，该模式下可以选择一个矩形内的文本。

需要注意，光标所在字符是包含在选区中的。在一些特殊场合中（如没有鼠标），可视化模式非常有用，尤其在表格中删除指定列。

2.4.2 帮助命令 vimtutor

在 openEuler 终端中，我们可以通过以下命令运行 vimtutor，系统会打开一个临时文件。文件内容是介绍 Vim 编辑器使用方法的教程，读者可以深入学习一下。打开该文件的命令如下，其初始内容如图 2-67 所示。

```
vimtutor        #打开 Vim 编辑器教程
```

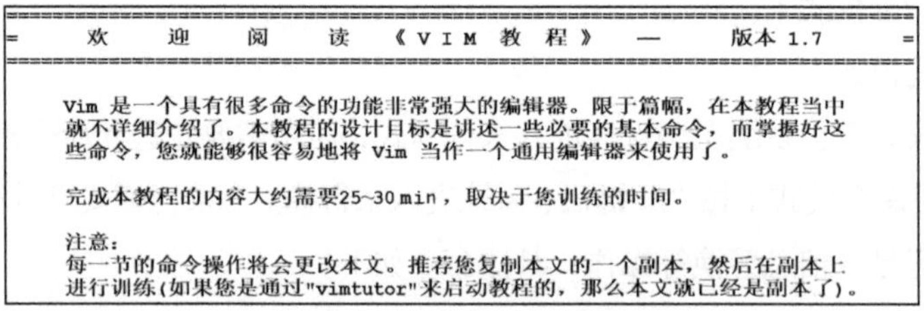

```
===============================================================================
=    欢     迎     阅     读   《 V I M  教  程 》  —     版本 1.7      =
===============================================================================

     Vim 是一个具有很多命令的功能非常强大的编辑器。限于篇幅，在本教程当中
     就不详细介绍了。本教程的设计目标是讲述一些必要的基本命令，而掌握好这
     些命令，您就能够很容易地将 Vim 当作一个通用编辑器来使用了。

     完成本教程的内容大约需要25~30 min，取决于您训练的时间。

     注意：
     每一节的命令操作将会更改本文。推荐您复制本文的一个副本，然后在副本上
     进行训练(如果您是通过"vimtutor"来启动教程的，那么本文就已经是副本了)。
```

图 2-67　临时文件初始内容

2.5 常用软件的安装

鉴于本书主要介绍云计算技术，涉及的计算机以远程的云计算机为主，所以本地计算机一般不会安装图形化桌面软件，而是安装服务端软件。下面介绍两种比较有用的软件——Locate 和 Python——的安装方法。

2.5.1 Locate 的安装

Locate 可以用于查找文件或目录，它比 find-name 命令的查找速度快得多，其原

因是 Locate 不搜索具体目录，而是搜索数据库/var/lib/mlocate/mlocate.db。这个数据库含有本地所有文件信息，系统会自动创建这个数据库，并且每天自动更新一次。在使用 Locate 查找时，系统会出现找到已经被删除的数据或者刚刚建立文件却无法查找到的情况，其原因是数据库文件没有被更新。为了避免出现这种情况，在使用 Locate 之前，我们可以先使用 updatedb 命令手动更新数据库，具体命令如下。

```
/usr/bin/updatedb              # 主要用来更新数据库，通过 crontab 自动完成的
/usr/bin/locate                # 查询文件位置
/etc/updatedb.conf             # updatedb 的配置文件
/var/lib/mlocate/mlocate.db    # 存储文件信息的文件
```

以下命令演示了 Locate 的安装和使用操作，执行结果分别如图 2-68 和图 2-69 所示。

```
dnf search locate              # 搜索 Locate 软件包
dnf install mlocate -y         # 安装 Locate 软件包
updatedb                       # 更新数据库
locate /etc/my                 # 查找/etc/my 文件
locate testadd.c               # 查找 testadd.c 文件
```

```
[root@majunlzu ~]# dnf search locate
Last metadata expiration check: 1:19:43 ago on 2025年01月01日 星期三 19时22分28秒.
=================== Name & Summary Matched: locate ===================
mlocate-help.noarch : Documents for mlocate
mlocate-debugsource.aarch64 : Debug sources for package mlocate
mlocate-debuginfo.aarch64 : Debug information for package mlocate
=================== Name Matched: locate ===================
mlocate.aarch64 : Application of finding files by name
mlocate.src : Application of finding files by name
=================== Summary Matched: locate ===================
perl-File-ShareDir.noarch : Locate per-dist and per-module shared files
perl-File-ShareDir.src : Locate per-dist and per-module shared files
[root@majunlzu ~]# dnf install mlocate -y
Last metadata expiration check: 1:19:59 ago on 2022年12月02日 星期五 19时22分28秒.
Dependencies resolved.

 Package         Architecture      Version           Repository      Size

Installing:
 mlocate         aarch64           0.26-24.oe1        OS              100 k

Transaction Summary

Install  1 Package
```

图 2-68　安装 Locate

```
[root@majunlzu ~]# updatedb
[root@majunlzu ~]# locate /etc/my
/etc/my.cnf
/etc/my.cnf.d
[root@majunlzu ~]# locate testadd.c
/root/myc/testadd.c
[root@majunlzu ~]#
```

图 2-69　用 Locate 快速查找文件示例

2.5.2　Python 的安装

如今很多的服务可能用到 Python 语言，openEuler 默认安装了 Python 2.7。如果想安装高版本的 Python，那么可以采用编译安装模式。下面展示安装 Python 3.9 的代码，

完成和测试安装效果分别如图 2-70 和图 2-71 所示。

```
dnf - y install gcc gcc - c ++ make libtool zlib zlib - devel pcre pcre - devel
pcre2 - devel perl - devel perl-ExtUtils - Embed openssl openssl - devel  # 安装依赖
wget https://repo.***.com/python/3.9.2/Python-3.9.2.tgz     # 下载软件包
tar zxvf Python-3.9.2.tgz     # 解包软件
cd Python-3.9.2     # 进入目录
./configure --enable-optimizations --enable-shared          # 配置编译环境
make && make install     # 编译
python     # 系统自带 Python，版本为 2.7
python3     # 编译安装的 Python，版本为 3.9
```

```
(cd /usr/local/bin; ln -s idle3.9 idle3)
rm -f /usr/local/bin/pydoc3
(cd /usr/local/bin; ln -s pydoc3.9 pydoc3)
rm -f /usr/local/bin/2to3
(cd /usr/local/bin; ln -s 2to3-3.9 2to3)
if test "x" != "x" ; then \
        rm -f /usr/local/bin/python3-32; \
        (cd /usr/local/bin; ln -s python3.9-32 python3-32) \
fi
rm -f /usr/local/share/man/man1/python3.1
(cd /usr/local/share/man/man1; ln -s python3.9.1 python3.1)
if test "xupgrade" != "xno"  ; then \
        case upgrade in \
                upgrade) ensurepip="--upgrade" ;; \
                install|*) ensurepip="" ;; \
        esac; \
        LD_LIBRARY_PATH=/root/Python-3.9.2 ./python -E -m ensurepip \
                $ensurepip --root=/ ; \
fi
Looking in links: /tmp/tmp6aako74y
Processing /tmp/tmp6aako74y/setuptools-49.2.1-py3-none-any.whl
Processing /tmp/tmp6aako74y/pip-20.2.3-py2.py3-none-any.whl
Installing collected packages: setuptools, pip
Successfully installed pip-20.2.3 setuptools-49.2.1
[root@majunlzu Python-3.9.2]#
```

图 2-70　Python3.9 完成安装

```
[root@majunlzu ~]# python
Python 2.7.16 (default, Mar 23 2020, 19:07:51)
[GCC 7.3.0] on linux2
Type "help", "copyright", "credits" or "license" for more information.
>>> quit()
[root@majunlzu ~]# python3
Python 3.9.2 (default, Dec  2 2022, 21:09:55)
[GCC 7.3.0] on linux
Type "help", "copyright", "credits" or "license" for more information.
>>> print(45+54)
99
>>> quit()
[root@majunlzu ~]#
```

图 2-71　测试安装效果

2.6　本章小结

　　本章首先概述了操作系统的基本概念、操作系统分类和基本功能，然后引出了 openEuler，详细介绍了 openEuler 的优势和发展趋势。接下来，本章对 openEuler 的基本命令作了介绍和演示，例如系统信息的查看命令、文件的基本操作命令、网络接口的查看命令等。最后，本章详细介绍了 openEuler 中 Vim 编辑器的使用，以及演示了两个常用软件的安装和使用方法。本章对应的应用实践是基于 WordPress 搭建个人博客系统，请通过配套资源获取相关内容。

习　题

一、单选题

1. 下面不属于操作系统的是（　　）。

A. OS/2　　　　　　B. UCDOS　　　　　C. WPS　　　　　　D. FEDORA

2. 操作系统是一种什么样的软件？（　　）

A. 应用软件　　　　　　　　　　　B. 实用软件

C. 系统软件　　　　　　　　　　　D. 编译软件

3. 操作系统的功能是对计算机资源（包括软件和硬件资源）等进行管理和控制的程序，下面说法正确的是（　　）。

A. 主机与外设的接口　　　　　　　B. 用户与计算机的接口

C. 系统软件与应用软件的接口　　　D. 高级语言与技巧语言的接口

4. Linux 中比较文件差异的命令是（　　）。

A. diff　　　　　　B. cat　　　　　　C. wc　　　　　　D. head

5. Linux 中存储设备文件的相关文件目录是（　　）。

A. /dev　　　　　　B. /etc　　　　　　C. /lib　　　　　　D. /bin

6. openEuler 中的 rm 命令表示（　　）。

A. 文件复制命令　　　　　　　　　B. 移动文件命令

C. 文件内容统计命令　　　　　　　D. 文件删除命令

7. 在 openEuler 中，用户文件描述符 0 表示（　　）。

A. 标准输出设备文件描述符　　　　B. 标准输入设备文件描述符

C. 管道文件描述符　　　　　　　　D. 标准错误输出设备文件描述符

8. 使用 mkdir 命令创建新的目录，其父目录不存在时先创建父目录的选项是（　　）。

A. -d　　　　　　B. -m　　　　　　C. -p　　　　　　D. -f

9. 执行命令"chmod o + rw myfile"后，myfile 文件的权限变化为（　　　）。

A. 所有用户都可读/写 myfile 文件　　　　B. 其他用户可读/写 myfile 文件

C. 同组用户可读/写 myfile 文件　　　　　D. 文件所有者读/写 myfile 文件

10. openEuler 宣布开源的时间是（　　）年。

A. 2018　　　　　B. 2020　　　　　C. 2019　　　　　D. 2020

11. 在 openEuler 中，普通用户的 UID 默认从（　　　）开始。

A. 500　　　　　B. 501　　　　　C. 1000　　　　　D. 1001

12. openEuler 多久发布一个 LTS 版本？（　　　）

A. 3 个月　　　　B. 6 个月　　　　C. 1 年　　　　D. 2 年

13. openEuler 中，通过（　　　）命令可以查看操作系统的版本信息。

A. uname　　　　B. lscpu　　　　C. free　　　　D. cat /etc/os-release

14. 在 openEuler 中，timedatectl 命令修改日期格式正确的是（　　　）。

A. timedatectl set-time DD-mm-YYYY

B. timedatectl set-time YYYY-DD-mm

C. timedatectl set-time YYYY-mm-DD

D. timedatectl set-time mm-DD-YYYY

15. 在 openEuler 中，（　　　）属于块设备。

A. 虚拟终端　　　B. 打印机　　　　C. 硬盘　　　　D. 串行口

16. Linux 中按（　　　）键可以终止当前命令的运行。

A. Ctrl + C　　　B. Ctrl + F　　　C. Ctrl + B　　　D. Ctrl + D

17. 如果要列出一个目录下的所有文件，则需要使用命令是（　　　）。

A. ls -l　　　　　B. ls　　　　　C. ls -a　　　　　D. ls -d

18. （　　　）命令用来显示 /home 及其子目录下文件名。

A. ls -R /home　　B. ls -d /home　　C. ls -a /home　　D. ls -l /home

19. 下面的（　　　）命令可以一次显示一页内容。

A. pause　　　　B. cat　　　　　C. more　　　　D. grep

20. （　　　）可以更改一个文件的权限设置。

A. attrib　　　　B. chmod　　　　C. change　　　　D. file

21. 在 Vim 编辑器中的命令模式下，（　　　）键可在光标当前所在行下添加一个新行。

A. a　　　　　　B. o　　　　　　C. l　　　　　　D. A

22. 如果 umask 设置为 022, 那么新创建文件的缺省权限是（　　）。

A. ----w--w-　　　B. -w--w----　　　C. r-xr-x---　　　D. rw-r--r--

23. 设超级用户 root 当前所在目录为/usr/local, 键入 cd 命令后, 用户当前所在目录为（　　）。

A. /home　　　B. /root　　　C. /home/root　　　D. /usr/local

24. 改变文件所有者的命令为（　　）。

A. chmod　　　B. touch　　　C. chown　　　D. cat

25. 在一行内运行多个命令需要用（　　）字符隔开。

A. @　　　B. $　　　C. ;　　　D. *

26. 确定 myfile 的文件类型的命令是（　　）。

A. whatis myfile　　　　　　B. file myfile

C. type myfile　　　　　　D. type -q myfile

27. （　　）命令组合起来, 就能统计登录系统的用户数。

A. who | wc-w　　　　　　B. who | wc-l

C. who | wc-c　　　　　　D. who | wc-a

28. （　　）命令可以查看当前目录下的剩余空间。

A. df　　　B. du /　　　C. du .　　　D. df .

29. 如何从当前系统中卸载一个已挂载的文件系统? （　　）

A. 使用 umount 命令　　　　　　B. 使用 dismount 命令

C. 使用 mount -u 命令　　　　　　D. 从/etc/fstab 中删除这个文件系统项

30. （　　）命令可以用来挂载所有在/etc/fstab 中定义的文件系统。

A. amount　　　B. mount-a　　　C. fmount　　　D. mount-f

31. Vim 中复制整行的命令是（　　）。

A. y1　　　B. yy　　　C. ss　　　D. dd

32. 在 bash 中, export 命令的作用是（　　）。

A. 在子 shell 中运行命令

B. 使在子 shell 中可以使用命令历史记录

C. 为其他应用程序设置环境变量

D. 提供 NFS 分区给网络中的其他系统使用

33. 运行一个脚本, 用户不需要（　　）权限。

A. read　　　　　　B. write

C. execute   D. browse on the directory

34. 用 useradd jerry 命令添加一个用户，这个用户的家目录是（　　　）。

A. /etc/jerry   B. /var/jerry

C. /home/jerry   D. bin/jerry

35. 下面的（　　　）命令可以删除一个用户并同时删除用户的主目录。

A. rmuser -r   B. deluser -r

C. userdel -r   D. usermgr -r

二、多选题

1. openEuler-20-03-LTS-aarch64 安装包可以安装在（　　　）服务器上。

A. PowerEdge T150   B. TaiShan X6000

C. PowerEdge T340   D. TaiShan 2280

2. openEuler 自主演进技术路线包括（　　　）。

A. 内核创新   B. 基础系统

C. 扩展系统   D. 扩展功能集

3. 操作系统的功能包括（　　　）。

A. 存储器管理   B. 处理器管理

C. 文件管理   D. 设备管理

E. 作业管理

4. 操作系统给人类进程提供的接口有（　　　）。

A. 命令接口   B. 程序接口

C. 图形接口   D. 硬件接口

5. openEuler 特点包括（　　　）。

A. 支持多处理架构   B. 性能更强   C. 效率更高

D. 价值领先   E. 使用更易

三、判断题

1. openEuler 是一款开源操作系统，支持鲲鹏及其他多种处理器，能充分释放计算芯片的潜能。

2. openEuler 是在 Red Hat 商业版操作系统的基础上定制开发的，因此天生具有安全可信、稳定可靠等特点。

3. openEuler 是个单用户多任务的操作系统。

4. 在一个裸计算机上，不用安装操作系统就可以安装普通应用软件。

5. 华为公司新推出的全场景分布式操作系统为 HarmonyOS。

四、简答题

1. 简述操作系统的具体功能。

2. 简述 openEuler 的特点。

3. 在 Linux 中，安装复杂软件（比如 OpenStack）时为什么要配置本地 YUM 源？

第❸章

云使能技术

在云计算时代，人们只需通过远程租用计算资源、网络资源、存储资源，就可以获取所需要的计算和信息处理服务。这种方式消除了个人或企业为使用信息技术而进行硬件采购、软件安装、系统维护和信息中心（或机房）构建的环节，故可大大降低经济和时间成本，提高设备性价比和信息系统的灵活性。

云计算创新的使用模式使用户可通过互联网随时获得近乎无限的计算能力和丰富多样的信息服务，并且使用户可以对计算和服务自由取用、按需使用、按量付费。当下的云计算融合了以**虚拟化**、**服务管理**自动化和标准化为代表的大量新技术，借助虚拟化技术可实现系统的伸缩性和灵活性，提高资源利用率，简化资源和服务的管理和维护成本；利用信息服务自动化技术将资源封装为服务并交付给用户，降低信息系统的运营成本；而标准化技术方便了服务的开发和交付，缩短了用户系统的上线时间。

云计算能成功应用和发展得益于以下几个方面：宽带网络普及和互联网架构的完善，数据中心技术的成熟，虚拟化技术的快速发展，Web 技术、多租户技术、服务技术和开源技术的成熟，以及云操作系统的出现和快速发展。当然，云计算技术目前还处在快速发展中，新的概念、观点、产品和技术依然不断涌现和发展，各大厂商也在审时度势，纷纷制定相应的技术发展战略，以期在云计算时代再度绽放。

3.1 基础技术

3.1.1 宽带网络和互联网架构

在云计算中，所有提供给用户的服务都是通过互联网来进行的，因此，优质高速、安全可靠的网络通信技术就成为云计算基本的使能技术之一。云计算要求随时随地、能够使用各种终端接入云计算服务，而目前包括宽带在内的各种网络技术的快速发展使得云计算可大面积落地和普及，这主要表现在高速网络交换设备的出现，以及高效网络路由算法的逐渐成熟。

（1）高速网络交换设备

云计算提供商，尤其是"公有云"的服务提供商，需要构建规模庞大的服务器群，以向成千上万的用户提供各种层次的云计算服务，这些服务器集群所在的地方通常称为数据中心。每个数据中心有少则数万台、多则百万台的服务器设备，它们之间要传递消息和协同工作，就必然需要高速的内部交换网络。

据估算，超大型数据中心网络核心层的交换机的数据吞吐量需要达到太比特每秒（Tbit/s）级，甚至拍比特每秒（Pbit/s）级。也就是说，要想让云计算服务成为可能，必须先设计、制造传输速率更高的网络交换设备（简称高速网络交换设备），这样才能使云计算技术具备初步的可行性。

从硬件设备来看，目前一些 Tbit/s 级的高速网络交换设备已经研制生产出来并投入使用。例如，思科公司生产的 Nexus 7000 系列交换机，它的数据吞吐量能达到 15 Tbit/s。但是，高速网络交换设备需要消耗更多的能量。同样以 Nexus 7000 系列交换机为例，这一款交换机的占地面积达 0.40 m²，功耗超过 18 kW。单台设备看起来似乎并没有多大，但考虑数十万台服务器之间需要成千上万台如此规模的交换机，那么随着设备数量的快速增加，数据中心的占地面积、能源消耗、制冷散热等方面的问题会被快速放大。

虽然高速网络交换设备的成熟使得云计算成为现实，但在设计、制造高速网络交换设备的同时，又减小设备体积，降低设备能耗，成为未来云计算必须解决的一个难题。

（2）高效网络路由算法

用户通过各种终端连接到互联网中来获取云计算服务。他们不知道自己的计算资源到底存在于哪个真实的物理位置，也不管这些资源离自己的物理距离是远还是近，都希望能够"及时地"获得响应，因此，高效网络路由算法是直接影响云计算技术能否为用户提供快速响应能力的基本技术。

从软的视角来看，如何实现在保证用户通过网络获取服务的同时，又能保持网络带宽、降低网络时延、减少分组丢失？为此，人们需要不断改进的路由算法和网络协议。目前，针对新的全球网络结构，尤其是移动蜂窝网络，有许多研究人员不断提出新的、更好的网络路由算法，其中包括微软亚洲研究院提出的等价多路径路由（equal-cost multi-path routing，ECMP）技术、美国加利福尼亚大学圣迭戈分校提出的集中式数据流调度器 Hedera 等。这些路由算法虽然有的已经成为云计算的基础算法，但仍然存在不足，要么计算复杂度高，要么会带来拥塞以致无法保证服务质量。高效网络路由算法还在进一步研究之中。目前的云计算环境中大量使用了软件定义网络（software defined network，SDN）路由算法和防火墙技术。

3.1.2　数据中心技术

云计算服务的计算资源是由大量在地理位置上相对集中的服务器集群来提供的，这些服务器集群常常被建设成相对集中的数据中心。传统的数据中心是指数据集中存储、计算和交换的中心，用于集中放置信息技术资源，其中包括服务器、数据库、网络与通信设备，以及软件系统等。而数据中心技术是对数据中心各种设备进行集中式的部署、管理、维护、协同工作等技术的总称。数据中心的发展如图 3-1 所示，数据中心从一台设备增加到成千上万台设置，一直朝着底层分散、高层抽象的目标发展。

现代数据中心中大量使用了虚拟化、集成、软件定义资源等技术，从而完成了云计算最为核心的资源池构建工作。正是得益于数据中心技术的不断完善，云计算也得到了不断发展和完善。

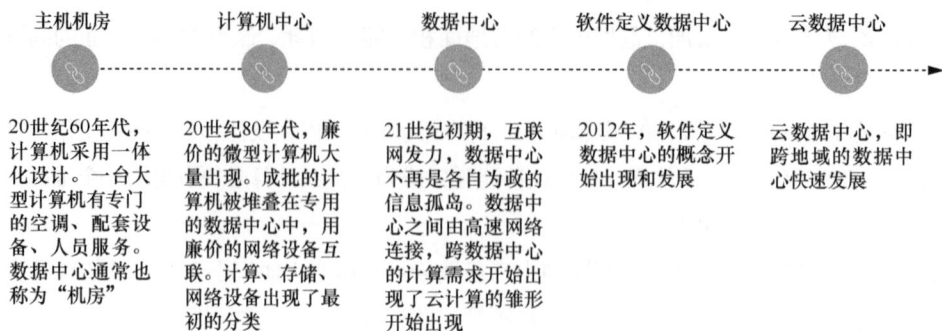

主机机房	计算机中心	数据中心	软件定义数据中心	云数据中心
20世纪60年代，计算机采用一体化设计。一台大型计算机有专门的空调、配套设备、人员服务。数据中心通常也称为"机房"	20世纪80年代，廉价的微型计算机大量出现。成批的计算机被堆叠在专用的数据中心中，用廉价的网络设备互联。计算、存储、网络设备出现了最初的分类	21世纪初期，互联网发力，数据中心不再是各自为政的信息孤岛。数据中心之间由高速网络连接，跨数据中心的计算需求开始出现了云计算的雏形开始出现	2012年，软件定义数据中心的概念开始出现和发展	云数据中心，即跨地域的数据中心快速发展

图 3-1　数据中心的发展

2012 年以后，随着软件定义计算、软件定义存储、软件定义网络等一系列"软件定义"新技术的蓬勃发展，软件定义数据中心（software defined data center，SDDC）逐渐出现在人们的视野中。如图 3-2 所示，在软件定义数据中心中，我们可以发现虚拟化的本质，即将一种资源或能力以软件的形式从具体的设备中抽象出来，并作为服务提供给用户。当这种思想应用到计算节点时，计算本身就变成了一种资源，算力被以虚拟机的形式从物理机器中抽象出来，并按需分配给用户使用。当虚拟化思想应用到存储时，数据的保存和读写能力就是一种资源，而对数据的备份、迁移、优化等控制功能是另一种资源，这些资源以各种软件和协议的方式抽象出来，通过编程 API 或特定的用户界面提供给用户使用。当虚拟化思想应用于网络时，软件定义网络就出现了，我们可以通过 API 定义虚拟交换机、虚拟路由器、虚拟防火墙等虚拟网络设备（如 vAD、vAF、vSSL、aRouter、aSwitch）来提供给用户使用。

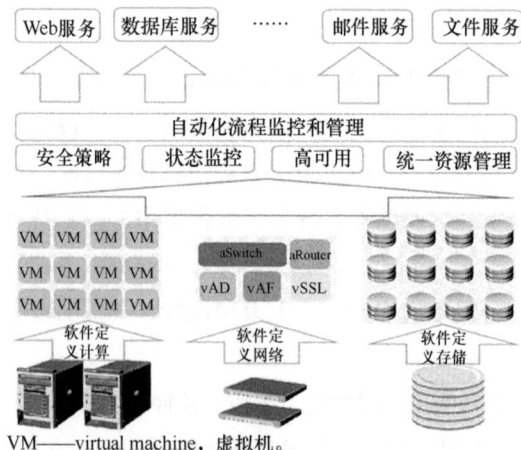

VM——virtual machine，虚拟机。

图 3-2　软件定义数据中心分层模型

3.1.3 虚拟化技术

我们为什么要进行虚拟化？虚拟化肯定要以牺牲一定的性能为代价，那么为什么不直接开发需要的程序完成计算和数据处理服务呢？这些问题的答案就不是技术层面所能理解的了，这是典型的**路径依赖**，就像马屁股的宽度间接决定了现在铁路轨道的宽度，甚至火箭推进器的宽度一样。经过几十年的发展，我们已经有了成千上万的软件系统，这些系统是建立在为数不多的几种操作系统上，我们大多数人已经完全依赖这些操作系统和软件系统，所以通过虚拟化直接使用这些操作系统和软件系统是性价比最高、成本最低的技术手段。

虚拟化技术最早出现在 20 世纪 60 年代的 IBM 大型机系统中，在 20 世纪 70 年代的 System 370 系列中逐渐流行起来，这些机器通过一种叫作虚拟机监控器（virtual machine monitor，VMM）[1]的程序在物理硬件之上生成许多可以运行独立操作系统软件的虚拟机实例。

随着近年多核系统、集群、网格以及云计算的广泛部署，虚拟化技术在商业应用上的优势日益体现。对于桌面用户而言，利用虚拟化技术可以在一台设备上同时运行 Windows 和 Linux 操作系统。对于服务器而言，虚拟化技术能够创建多个虚拟服务器，每个虚拟服务器上可以运行不同的操作系统及其应用程序，这样，10 台或更多的物理服务器能够减少为一台物理服务器。在一台服务器上运行 10 个或更多虚拟机，从而提高服务器的利用率，节约大量成本。

因为虚拟化技术支持托管多个操作系统，这些操作系统能够同时运行各种服务器应用程序，如 Web 服务器、电子邮件程序、数据库和其他有用的服务程序，所以各个操作系统之间都是相互独立的。一个操作系统中的故障不会影响另一个操作系统，从而增强系统安全性和可靠性，即一台物理服务器可以拥有过去一个机房多个服务器的功能。

在计算机科学领域中，虚拟化不仅仅局限于虚拟机的概念，还代表着对计算资源的抽象。例如，早期对物理内存的抽象产生了虚拟内存技术，使应用程序认为自己拥有连续可用的地址空间。然而，实际上应用程序的代码和数据可能是多个碎片页或段，甚至被交换到磁盘、闪存等外部存储器上。即使物理内存不足，应用程序也能顺利执行。

虚拟化技术对于开发人员来说也非常重要。Linux 内核占据了一个单一的地址空间，这意味着内核或任何驱动程序的故障都会导致整个操作系统的崩溃。虚拟化技术意味着用户

---

1 VMM 是一种运行在基础物理服务器和操作系统之间的中间软件层，可允许多个操作系统和应用共享硬件。VMM 在很多场合中也称为 Hypervisor。

可以运行多个操作系统，即使其中一个系统由于某个故障崩溃了，VMM 和其他操作系统也依然可以继续运行，这种方式使内核的调试变得类似于用户空间应用程序的调试。

从商业角度来看，使用虚拟化技术的大部分原因可以归结于降低成本和节能。简单来说，如果对一台服务器没有得到充分利用的系统进行虚拟化，将其虚拟为多个系统使用，这可大大提高系统的利用率，同时减少物理服务器的数量，进而节省大量电力、空间、制冷和管理成本。

虚拟化技术支持动态迁移（live migration）技术，允许操作系统及其应用程序快速迁移到新的服务器上，从而实现在可用硬件上的负载均衡，进一步改善服务器的利用率。我们可以通过不同层次的抽象来实现相同的虚拟化的结果，Linux 常用的 3 种虚拟化方法分别为硬件仿真、完全虚拟化（full virtualization）/超虚拟化（para virtualization），以及操作系统级虚拟化。

总而言之，虚拟化是现代云计算的基石。没有完善的虚拟化技术，就不会有当下的云计算技术。

3.1.4　其他技术

在软件服务和用户接入端，云计算主要得益于以下技术的发展和完善。

（1）Web 技术

云计算中大量使用基于无状态协议的 Web 技术构建的分布式应用，我们大多通过浏览器使用云计算服务。由于无状态协议快速访问服务具有很高的可访问性，因此基于 Web 的应用出现在所有云计算环境中。Web 技术架构的 3 个基本组成元素——统一资源定位符（URL）、超文本传输协议（HTTP）和标记语言（如 HTML、XML）——已经成为互联网和云计算世界中通用的组件和语言。

（2）多租户技术

多租户设计的目的是使多个用户在逻辑上可以同时访问同一个应用，但不会意识到还有其他租户的存在，而且每个租户不会访问到不属于自己的数据和配置信息。多租户一般具有使用隔离、数据安全、可恢复性、应用升级、可扩展性、使用计费、数据层隔离等特点。和虚拟化技术一样，多租户技术也是早期大型计算机中使用的技术。在云计算中，该技术再次开花结果了。

（3）服务技术

云计算的理念是要提供像电、自来水一样的公共服务，所以服务技术是云计算的基石，是云计算存在和发展的前提条件。在云计算环境下，比较突出的服务技术包括

Web 服务、REST 服务、服务代理和服务中间件。

（4）开源技术

开源，即开放一类技术或一种产品的源代码、源数据、源资产等，可以是各行业的技术或产品，其范畴涵盖文化、产业、法律和技术等多个社会维度。开源技术已在云计算领域得到了广泛使用。在云计算时代，开源已经不仅是一种开放源代码的软件产品，而已经成为一种方法论，一种构造大规模复杂软件的协作方式。

正是以上多种技术的快速发展，云计算应用才成为现实。云计算也步入普通大众的视野，成为信息技术未来发展的主旋律。

云计算技术还在不断地发展和融合，云服务提供商也在不断尝试新的技术和服务。早期亚马逊公司的云计算 AWS（Amazon Web Services）着力的是 IaaS 的底层建设，而现在亚马逊的云计算也在往上层发展，比如 Amazon Appstore 就属于 PaaS 层面的项目，Amazon Cloud Drive 和 Cloud Player 则属于 SaaS 层面的项目。微软公司的云计算最初则侧重于 PaaS 和 SaaS。在 PaaS 方面，微软公司通过 Windows/SQL Azure，将自己的开发及部署平台提供给独立软件开发商（independent software vendors，ISV），即第三方开发人员，ISV 在这个平台上开发自己的软件和服务，供自己或其他用户使用。在 SaaS 方面，微软公司的 Bing、Windows Live、Microsoft Office 365、XBox Live 等产品属于这一类型，这些产品直接以服务的形式提供软件，供用户使用。云计算提供商的有些服务还提供了软件开发工具包（software development kit，SDK），从而使得第三方开发人员可以快速进行二次开发。

经过近 20 年的发展，华为云也已经从最初的 IaaS 提供商演变成"深耕数字化，一切皆服务"的一站式解决方案提供商，所提供的服务包括基础计算服务、数据库服务、人工智能计算服务、云应用开发与运维服务、云企业应用、云存储、云视频和云Stack 等，囊括了 IaaS、PaaS、SaaS 等多个层面的服务内容。

此外，云计算提供商的有些服务还提供了软件开发工具包，从而使得第三方开发人员可以快速进行二次开发。

3.2　虚拟化技术详解

至此，我们已经知道虚拟化技术是云计算的基础，下面介绍虚拟化相关理论和技术。按照前文介绍的内容，一切计算皆进程，云计算也不例外，只不过云计算中数据的存储和运算可能不在本地，而是在云中，即远端的数据中心。建设现代数据中心的经验和抽象再次验证了我们提出的 C（code）+ E（energy）= W（world）这一理论。数据中心需要大量电力供应，同时存储大量数据代码和指令代码，因此目前数据中心发展的重点有两个：一个是节能，通过技术降低能耗，这属于 E（energy）研究领域；另一个是通过软件定义计算、网络、存储等服务，这属于 C（code）研究领域。

E（energy）研究领域不属于本书介绍范围。对于 C（code）研究领域，本书主要探讨两个问题，一个是各种资源如何虚拟化，即资源池化（也就是 code 化）；另一个是 code 如何存储和传输。

在云计算中，数据、应用和服务都存储在云中，云就是用户的超级计算机，因此，云计算要求所有的资源能够被这个超级计算机统一管理。但是，各种硬件设备间的差异使这些设备之间的兼容性很差，这对统一的资源管理提出了挑战。而解决该问题的关键技术就是虚拟化技术和标准化技术。

虚拟化技术可以将物理资源等底层架构进行**抽象**，使设备的差异和兼容性对上层应用透明，从而允许云上层软件对底层千差万别的资源进行统一管理。此外，虚拟化技术也简化了应用程序的编码工作，使开发人员可以仅关注业务逻辑，而不需要考虑底层硬件资源的供给与调度。在虚拟化技术中，这些应用和服务驻留在各自的虚拟机上，有效地形成了隔离，一个应用的崩溃不至于影响其他应用和服务的正常运行。不仅如此，运用虚拟化技术还可以随时方便地进行资源调度，实现资源的按需分配。应用和服务既不会因缺乏资源而性能下降，也不会因长期处于空闲状态而造成资源浪费。虚拟机的易创建性使应用和服务可以拥有更多的虚拟机来进行容错和灾难恢复，从而提高自身的可靠性和可用性。

可以看出，虚拟化技术是云计算中主要的支撑技术之一，是实现 IaaS 的基础。它能够对硬件资源（CPU、内存、存储等）进行抽象，屏蔽物理设备的复杂性，并提供分割、重新组合等服务，以达到最大化利用物理资源的目的。云计算中所说的虚拟化通常指服务器虚拟化，即通过使用控制程序隐藏特定计算机平台的实际物理特性，为用户体提供抽象的、统一的、模拟的计算环境（即虚拟机）。

3.2.1　计算虚拟化

在没有虚拟化技术时，一台物理主机上只能运行一个操作系统，各种应用程序在操作系统的管理下运行。有了虚拟化技术后，一台物理主机可以被抽象、分割成多个虚拟的逻辑计算机，可以支持多个操作系统及其之上的运行环境和应用程序，提高了物理主机计算资源的利用率。传统计算机和虚拟化计算机的区别如图 3-3 所示。

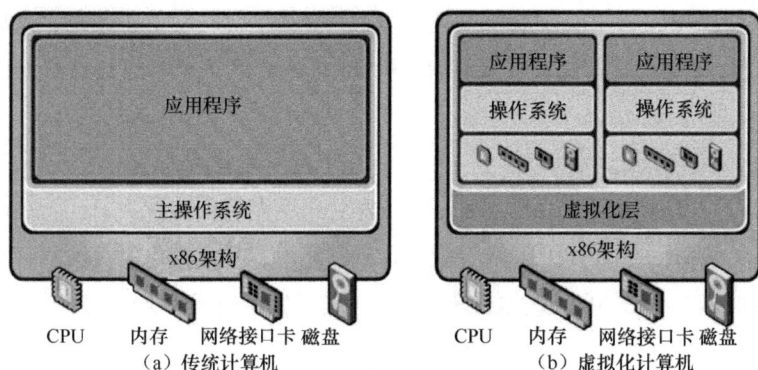

图 3-3 传统计算机和虚拟化计算机的区别

传统的虚拟化主要通过 VMM 虚拟化层实现。它向下掌控实际的物理资源，向上呈现给虚拟机多份逻辑资源，并通过将虚拟机对物理资源的访问进行截取和重定向，让虚拟机以为自己正在独占物理资源。VMM 运行的实际物理环境称为宿主机，其上虚拟出来的逻辑主机称为客户机或虚拟机。

根据虚拟化层是直接位于硬件之上还是在宿主操作系统之上这个标准，我们将传统虚拟化架构又划分为裸金属虚拟化架构和寄居虚拟化架构。随着云计算技术的快速进步，虚拟化架构又增加了操作系统虚拟化架构，这是一种轻量级的新虚拟化技术。上述虚拟化架构及其对比如图 3-4 所示。

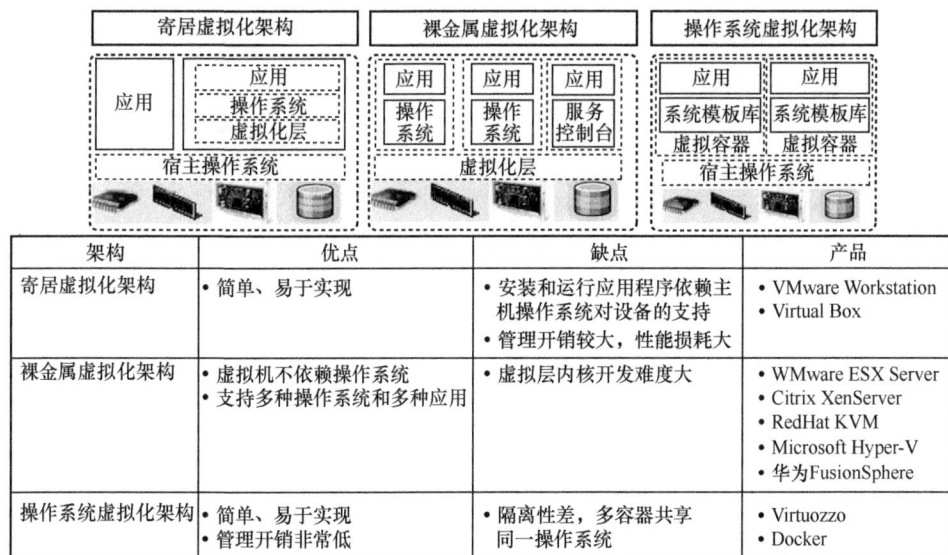

架构	优点	缺点	产品
寄居虚拟化架构	• 简单、易于实现	• 安装和运行应用程序依赖主机操作系统对设备的支持 • 管理开销较大，性能损耗大	• VMware Workstation • Virtual Box
裸金属虚拟化架构	• 虚拟机不依赖操作系统 • 支持多种操作系统和多种应用	• 虚拟层内核开发难度大	• WMware ESX Server • Citrix XenServer • RedHat KVM • Microsoft Hyper-V • 华为FusionSphere
操作系统虚拟化架构	• 简单、易于实现 • 管理开销非常低	• 隔离性差，多容器共享同一操作系统	• Virtuozzo • Docker

图 3-4 虚拟化架构及其对比

在裸金属虚拟化架构中，Hypervisor 也称为本地或裸机 Hypervisor。这类虚拟化层直接部署在硬件之上，没有所谓的宿主机操作系统，可直接控制硬件资源以及客户机。典型代表是 VMware ESX Sever、Citrix XenServer、Microsoft Hyper-V、华为 FusionSphere 等虚拟化软件。

在寄居虚拟化架构中，Hypervisor 运行在一个宿主操作系统之上，比较典型的有 Virtual Box、VMware Workstation 等虚拟化软件。也有将虚拟化层直接部署在操作系统中的，如 KVM 和 XEN。这类 Hypervisor 通常是宿主机操作系统的一个应用程序，和其他应用程序一样受宿主机操作系统的管理。

新虚拟化技术指的是一种轻量级的隔离和封装技术，即容器技术（一种基于操作系统的虚拟化技术）。近年来随着容器和容器编排技术的流行，操作系统虚拟化架构的应用在逐渐增加，并有超过基于 VMM 虚拟化的趋势。为了区别于操作系统虚拟化，我们也将基于 VMM 的虚拟化称为传统虚拟化。对于既支持基于 VMM 的虚拟化又支持基于容器的操作系统虚拟化，我们称之为混合虚拟化。

本章中的虚拟化默认指基于 VMM 的虚拟化，即传统虚拟化技术。基于容器的新虚拟化技术我们后面章节介绍。

1. 虚拟化技术特征

虚拟化技术具有 4 个特征：分区、隔离、封装、相对于硬件独立，如图 3-5 所示。

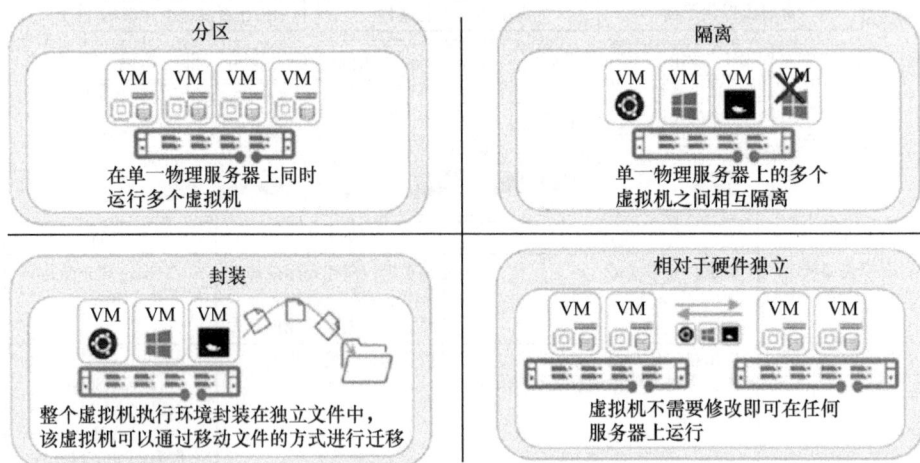

图 3-5　虚拟化技术特征

分区指虚拟化技术为多个虚拟机划分服务器资源的能力。每个虚拟机运行一个独立的操作系统，用户只能看到虚拟化层为它提供的虚拟硬件，并认为这些虚拟硬件运行在自己的专用服务器上。而服务器的物理系统资源，如处理器、内存、硬盘、网络等是以可控和可编程方式分配给多个虚拟机的。

隔离指同一台服务器之上的多个虚拟机是相互隔离的。虚拟化技术支持多种类型的隔离，例如故障隔离、病毒隔离、性能隔离、冲突隔离等。故障隔离指一个虚拟机的崩溃或故障不会影响同一服务器上的其他虚拟机。病毒隔离指一个虚拟机与其他虚拟机中的病毒相互隔离，就像每个虚拟机都位于单独的物理机上一样。性能隔离指管理员可以为每个虚拟机指定最大和最小资源使用率，以确保单个虚拟机不会占用过多资源，从而确保多个虚拟机的可用性。冲突隔离指把多个负载应用分布在不同的虚拟机中，从而避免访问冲突和实现负载均衡。

如果多个虚拟机内的进程或者应用程序之间需要相互访问，则只能通过所配置的网络接口进行通信，这就如同采用虚拟机之前的几台独立物理机之间的通信。

封装指整个虚拟机（包括硬件配置、BIOS 配置、CPU 状态、内存状态、磁盘状态、网络状态、操作系统及应用、数据等）对外表现为一个实体（如同独立于硬件的一组文件或者一个逻辑分区）。由于整个虚拟机可以按标准规范保存在文件中，因此简单的文件移动和复制操作可方便地实现虚拟机的迁移和复制。同时，服务器虚拟化将物理机的硬件封装为标准化的虚拟硬件设备，并提供给虚拟机内的操作系统和应用程序，从而保证虚拟机的兼容性。

相对于硬件独立指虚拟机有特定的软件规范标准，不依赖具体硬件，不需要修改即可在任意服务器上运行。

2．虚拟化的优点

在云数据中心提供的云工作模式中，无论是时开时停模式、用量迅速增长模式，还是瞬时暴涨模式或周期性增减模式，都需要云环境提供的自动伸缩的弹性能力来调配计算资源。而虚拟化，正是保证弹性计算关键技术。虚拟化有以下优点。

灵活性和可扩展性：用户可以根据需求进行动态资源分配和回收，以满足动态变化的业务需求，同时也可以根据不同的产品需求规划不同的虚拟机规格，在不改变物理资源配置的情况下进行规模调整。

更高的可用性和更好的运维手段：虚拟化提供了热迁移、快照、热升级、容灾自动恢复等运维手段，可以在不影响用户使用的情况下对物理资源进行删除、升级或变更，从而提高业务连续性，同时实现自动化运维。

提高安全性：虚拟化提供了操作系统级的隔离，同时实现了基于硬件提供的处理器操作特权级控制，比简单的共享机制具有更高的安全性，可实现对数据和服务进行可控和安全的访问。

更高的资源利用率：虚拟化可支持实现物理资源和资源池的动态共享。基于目前的技术，这种动态共享可以通过编程自动化实现，从而大大提高资源的利用率。

3. 服务器虚拟化

大多数情况下，计算虚拟化主要指服务器虚拟化，即通过使用控制程序隐藏特定计算平台的实际物理特性，为用户提供抽象的、统一的、模拟的计算环境（即虚拟机）。虚拟机运行的操作系统称为客户操作系统（guest OS），运行 VMM 的操作系统称为主机操作系统（host OS）。

服务器虚拟化主要包括 CPU 虚拟化、内存虚拟化，以及设备与 I/O 虚拟化。

（1）CPU 虚拟化

CPU 虚拟化技术把物理 CPU 抽象成虚拟 CPU，一个物理 CPU 在任意时刻只能运行一个虚拟 CPU 的指令，每个虚拟机的 guest OS 可以使用一个或多个虚拟 CPU。在这些虚拟机之间，虚拟 CPU 的运行相互隔离，互不影响。

基于 x86 的操作系统被设计成直接运行在物理机器上，这些操作系统在设计之初都假设其完整地拥有底层物理硬件，尤其是 CPU。在 x86 架构中，处理器有 4 个运行级别，通常应用程序代码运行在最低级别 Ring 3 上，不能执行控制和修改 CPU 状态的特权指令或敏感指令。如果要执行这些指令，如访问设备、内存管理、中断处理等，则需要执行系统调用。执行系统调用时，VMM 或操作系统会对这些指令作特殊处理，将这些指令的运行级别从 Ring 3 切换为 Ring 0，并跳转到系统调用对应的内核代码位置上进行执行，完成设备访问后再从 Ring 0 返回 Ring 3。这个过程也称作用户态和内核态的切换。图 3-6 展示了 x86 架构下的 CPU 虚拟化技术，并将没有虚拟化作为对比。根据实现原理的不同，VMM 有全虚拟化、半虚拟化、硬件辅助虚拟化 3 种技术。

1998 年，VMware 公司攻克了 x86 架构对虚拟化的限制问题，使用了优先级压缩技术和二进制翻译技术，使 VMM 运行在 Ring 0 级别上，达到了隔离和性能要求，并将操作系统移到比应用程序所在的 Ring 3 级别高、比 VMM 所在 Ring 0 级别低的用户层（Ring 1 或 Ring 2 级别）。guest OS 指令经过 VMM 进行捕获和模拟执行，因此客户机和物理机上的操作系统完全一致，不需要做任何改动，所有软件都能在虚拟机上运行，这便是全虚拟化。

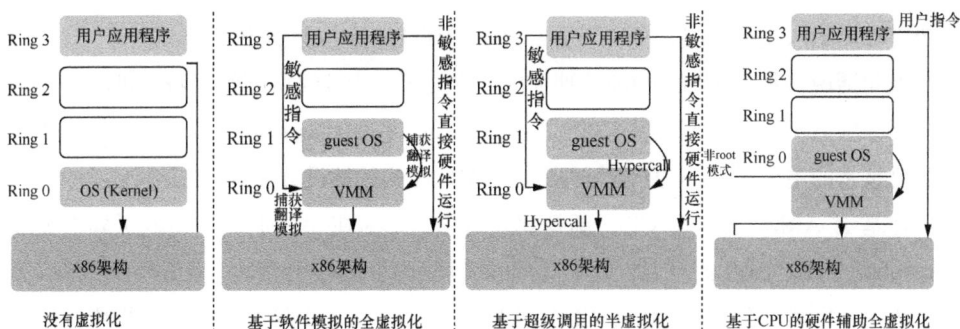

图 3-6 x86 架构下的 CPU 虚拟化技术

虚拟化软件层对操作系统的指令会进行翻译并将结果缓存供之后使用，而对用户级指令无须修改就可以运行，因此具有和物理机一样的执行速度。但是，虚拟化层要模拟出完整的且和物理平台一模一样的平台给客户机，这增加了虚拟化层的复杂度。

早期在硬件虚拟化兴起之前，基于软件模拟的全虚拟化在性能上完败于 VMM 和 guest OS 协同运行的半虚拟化。直到 2006 年，随着以 Intel VT-x、Intel TV-d 为代表的硬件虚拟化技术的兴起，基于 CPU 的硬件辅助全虚拟化的性能超过了半虚拟化的性能。

典型的全虚拟化软件有 Microsoft Virtual PC、Microsoft Virtual Server、VMware WorkStation。

与全虚拟化不同，半虚拟化通过修改 guest OS 内核来解决虚拟机执行特权指令问题。在半虚拟化中，被虚拟化平台托管的 guest OS 需要进行修改，将其所有的敏感指令替换为对底层虚拟化平台的超级调用。虚拟化软件同样为其他关键的系统操作如内存管理、中断处理、计时等操作提供了超级调用接口。

换句话说，半虚拟化下的客户机知道自己运行在虚拟化环境中，并做出相应的修改以配合 VMM。这样一方面可以提升性能和简化 VMM 软件复杂度，另一方面也不需要太依赖硬件虚拟化的支持，从而使其软件设计可以跨平台且是优雅的。本质上，半虚拟化弱化了对虚拟机特殊指令的被动拦截要求，将其转化成 guest OS 的主动通知。但是，半虚拟化需要修改 guest OS 的源代码来实现主动通知。

典型的半虚拟化软件有 Citrix Xen、VMware ESX Server 和 Microsoft Hyper-V。

随着虚拟化技术的不断推广和应用，硬件辅助虚拟化应运而生。第一代硬件辅助虚拟化技术包括 Intel VT-x 和 AMD-v，两者都针对特权指令，为 CPU 添加了一个新的执行模式（root 模式），即 VMM 运行在一个新增的 root 模式下，特权指令和敏感指令都自动陷入虚拟化层，不再需要二进制翻译或半虚拟化修改。

换句话说，基于 CPU 的硬件辅助虚拟化技术是指计算机硬件本身提供能力让客户机指令独立执行，而不需要 VMM 截获重定向。它的性能接近于原生系统（不使用虚拟化技术的主机系统），并极大地简化了 VMM 的软件设计架构。

在基于 ARM 架构的 CPU 虚拟化技术中，华为在 ARMv8 中引入了异常等级（exception level，EL）的概念，每个异常等级表示不同的特权级别。ARMv8 将特权等级分为 4 个等级，分别是 EL 0、EL 1、EL 2、EL 3。这 4 个等级的优先级排序具体为 EL 0 < EL1 < EL 2 < EL 3。由于 ARMv8 中 ARM TrustZone 的广泛使用，因此整个系统被分为两个模式：一个是 normal world，另一个是 secure world。基于 ARM 架构的华为鲲鹏（Kunpeng）虚拟化技术如图 3-7 所示。

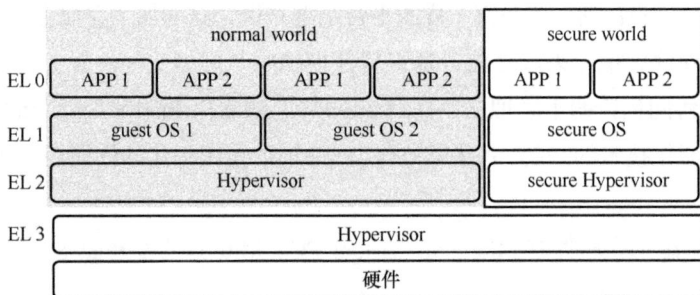

图 3-7　基于 ARM 架构的华为鲲鹏（Kunpeng）虚拟化技术

normal world 代表的是传统的、正常的模式，比如安卓手机中 Linux 就运行在 normal world 模式下。secure world 代表的是安全模式，比如安卓手机中高通公司的可信执行环境 QSEE 就运行在 secure world 模式下。

ARM 架构中 CPU 的虚拟化，就是让多个客户操作系统分时运行在同一个 CPU 上，它们都有自己独立的物理地址空间，Hypervisor 帮助多个虚拟机进行上下文切换。这种方式和 Linux 进程的概念非常相似，只不过保存的上下文寄存器不一样。这里涉及两个重要的寄存器，分别是 HCR_EL2 和 ESR_EL2，其中，HCR_EL2 用于配置虚拟机的参数，它就是产生陷井（trap）的条件，即什么情况下产生 trap，什么情况下不产生 trap。图 3-8 展示了一个运行两个虚拟机的 ARM 架构下 CPU 虚拟化示例，WFI（wait for interrupt）指令是说明自己工作做完了，是 idle 状态[1]了。

1　idle 状态指系统、设备或人在未执行任务时的闲置或低功耗模式。

CPU虚拟化技术

ARM架构下的CPU虚拟化是通过硬件trap和软件模拟来完成的

① HCR_EL2 hypervisor configuration register
• 配置虚拟机，以产生硬件trap的条件
• 有非常丰富的组合，如TLB/cache的操作、ID寄存器的访问和一些特殊指令
[TLB/cache ops, ID groups, Instructions]

② ESR_EL2 exception syndrome register
• 当trap发生时，确定虚拟机产生硬件trap的原因

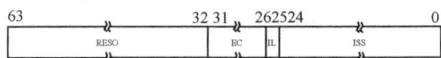

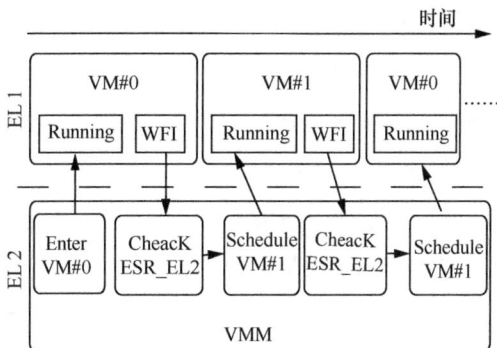

图 3-8 ARM 架构下 CPU 虚拟化示例

（2）内存虚拟化

内存虚拟化技术是把物理机的真实物理内存统一管理起来，将它们封装成多个虚拟的物理内存，供若干个虚拟机使用，使得每个虚拟机感觉拥有独立的内存空间。在内存虚拟化中，VMM 要能够管理物理机上的内存，并按每个虚拟机对内存的需求划分机器内存，同时保持各个虚拟机对于内存的访问是互相隔离的。

内存虚拟化的目的是给 guest OS 提供一个从地址 0 开始的连续内存空间，同时在多个客户机之间实现隔离和调度。内存虚拟化技术如图 3-9 所示。

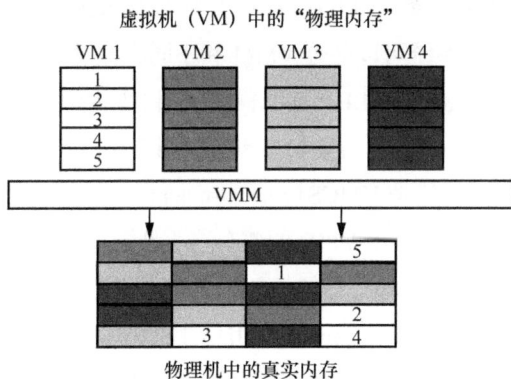

图 3-9 内存虚拟化技术

传统的操作系统对内存管理有两个默认规则：①内存都是从地址 0 开始的；②内存都是连续的。引入虚拟化技术后，操作系统的内存管理会出现两个问题：①物理内存的地址 0 只有 1 个，无法同时满足所有 guest OS 从地址 0 开始的要求；②对于多个 guest OS 连续分配的物理内存的要求，虽然系统可以满足，但这会导致内存使用效率不高、缺乏灵活性。

内存虚拟化的核心技术就是引入一层新的地址空间——客户机物理地址空间。guest OS 以为自己运行在一个真实的物理地址空间中，实际上它通过 VMM 来访问内存地址，不会感知内存虚拟化的存在。VMM 来需要维护从客户机地址到宿主机物理地址之间的映射关系，在提供硬件辅助虚拟化之前，这个维护映射关系的页表叫影子页表（shadow page table，SPT）。内存虚拟化如图 3-10 所示。由于内存访问和更新频繁，影子页表中对应关系的维护会非常复杂，开销也大。当客户机较多时，影子页表占用的内存较大也是一个问题。

Intel CPU 在硬件设计时引入扩展页表（extend page table，EPT），将客户虚拟机地址到宿主机地址的转换通过硬件来实现。如图 3-11 所示，客户机 CR3 寄存器将客户机虚拟地址转化为客户机物理地址，然后通过查询 EPT 实现客户机物理地址到宿主机物理地址的转化。EPT 的控制权在 VMM 中。只有当 CPU 工作在非 root 模式时，它才参与内存地址的转换。使用 EPT 后，客户机在读/写 CR3 寄存器和执行 INVLPG 指令时不会导致虚拟机退出，客户机页表结构自身导致的页表故障也不会导致虚拟机退出。引入硬件上对 EPT 的支持简化了内存虚拟化的实现复杂度，同时也提高了内存地址转换效率。

此外，内存虚拟化还引入虚拟处理器标识（virtual processor identifier，VPID），以在硬件级别对翻译后备缓冲器（translation lookaside buffer，TLB）资源管理进行优化。在没有 VPID 时，不同客户机的逻辑 CPU 在切换执行时需要刷新 TLB，而 TLB 的刷新会让内存访问效率下降。VPID 在硬件上为 TLB 增加一个标志，可以识别不同虚拟处理器的地址空间。系统可以区分 VMM 和不同虚拟机上不同处理器的 TLB，在逻辑 CPU 执行切换时不会刷新 TLB，而只需要使用对应的 TLB。

当 CPU 运行在非 root 模式下且虚拟机执行控制寄存器的"enable VPID"比特位被置为 1 时，当前 VPID 的值是 VMCS（virtual-machine control data structure）中 VPID 执行控制域的值，其值是非 0 的。VPID 的值在这 3 种情况下是 0。第一种情况是在非虚拟化环境中执行时，第二种情况是在虚拟化环境根模式下执行时，第三种情况是在虚拟化环境非根模式下执行，但"enable VPID"控制位被置 0 时。

内存虚拟化后，系统可根据需求提供多种内存复用技术和灵活自动的内存复用策略。对于某些物理内存资源比较紧张的场景，如果用户希望运行超过物理内存能力的虚拟机，以达到节省成本的目的，则可用内存复用策略动态地对内存资源进行分配和复用。内存复用策略在通过内存复用技术提升物理内存利用率的同时，尽可能降低对虚拟机性能的影响。客户无须关心何时调用和怎么调用几种复用技术，只需简单配置和开启复用策略，就能达到提升虚拟机密度的目的。

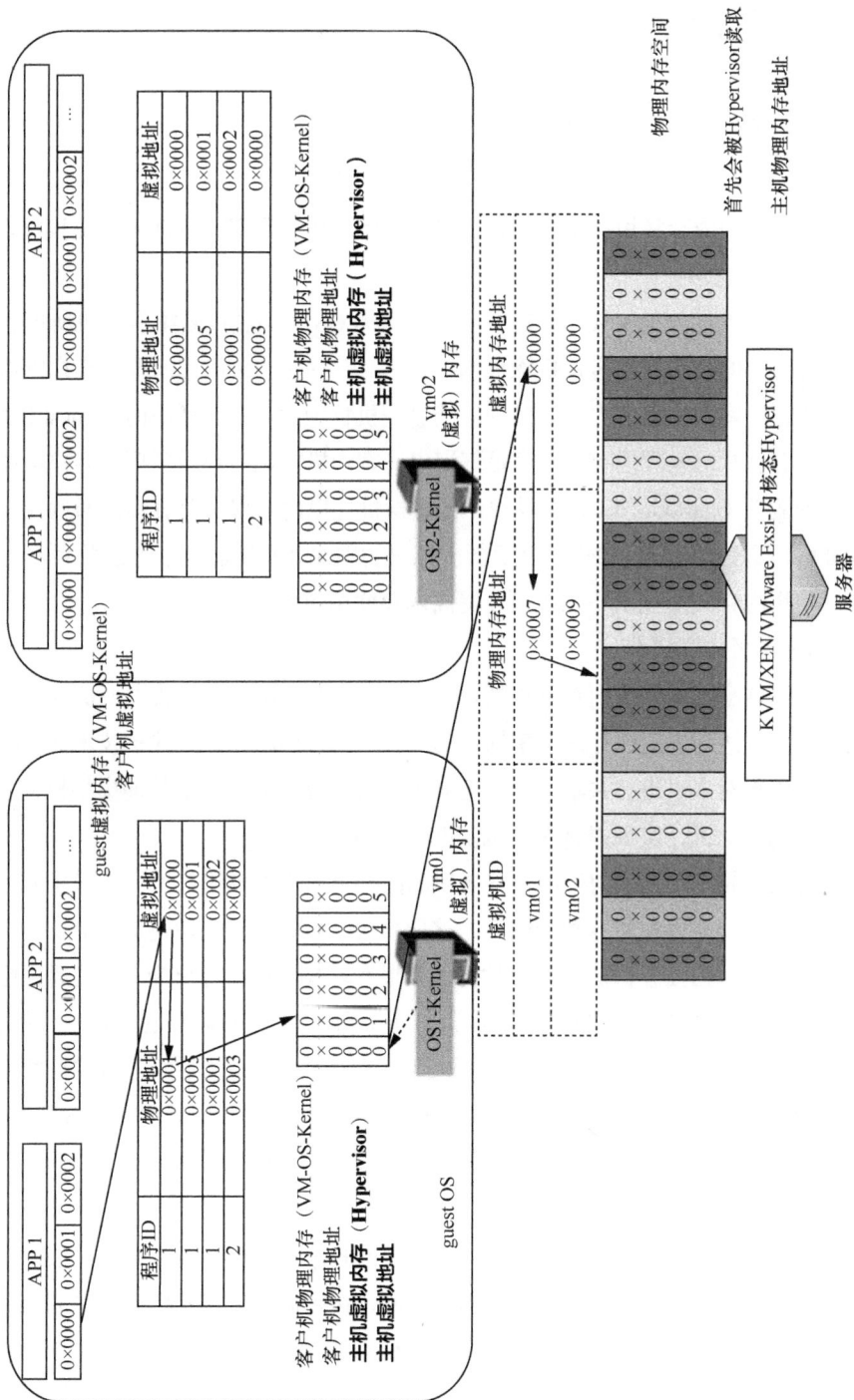

图 3-10 内存虚拟化

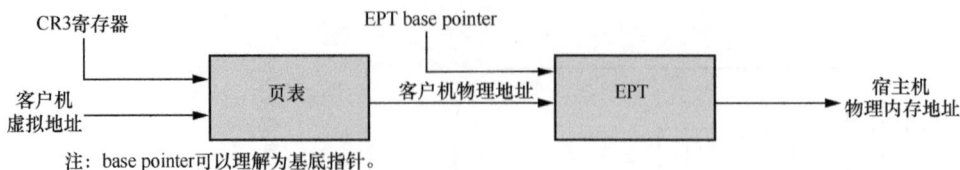

注：base pointer可以理解为基底指针。

图3-11　硬件辅助内存虚拟化

虚拟化软件的内存复用技术有 3 种：内存气泡、内存零页共享和内存交换技术。

① 内存气泡技术

内存气泡技术是一种 VMM 通过"诱导"guest OS 来回收或分配客户机所拥有的宿主机物理内存的技术。当客户机物理内存足够时，guest OS 从其闲置的客户机物理内存链表中返回客户机物理内存给气泡。当客户机物理内存资源稀缺时，guest OS 必须回收一部分客户机物理内存，以满足气泡申请客户机物理内存的需要。客户操作系统通过气泡驱动（balloon driver）模块从源虚拟机处申请可用内存页面，通过授权表（grant table）授权给目标虚拟机，并更新虚拟机物理地址和机器地址映射关系表。

通过使用内存气泡技术，系统可以提高内存使用效率。

② 内存零页共享技术

内存零页共享技术作为内存复用技术的一种，能有效识别和释放虚拟机内未分配使用的零页，以达到提高内存复用率的目的。客户机开启内存零页共享技术后，能实时从虚拟机内部对零页进行共享，从而把其占用的内存资源释放给其他虚拟机使用，以创建更多的虚拟机，实现提高虚拟机密度的目的。

与内存气泡技术不同，内存零页共享后的内存页对于虚拟机来说还是可用的，虚拟机可以随时根据需要收回这部分内存，这使得用户体验相对来说更加友好。

用户进程定时扫描虚拟机的内存数据，如果发现其数据内容全为 0，则通过修改 P2M 映射形式把它指向一个特定的零页，从而做到在物理内存中仅保留一个零页备份。虚拟机的所有零页均指向该页，从而达到了节省内存资源的目的。当零页数据发生变动时，Xen 将动态分配一个内存页给虚拟机，使修改后的数据有内存页进行存储，因此对于 guest OS 来说，整个零页共享过程是完全无感知的。

③ 内存交换技术

内存交换技术作为内存复用技术的一种，通过 Hypervisor 把虚拟机内存数据交换到存储介质上的交换文件中，从而释放内存资源，达到提高内存复用率的目的。由于内存气泡和内存零页共享的内存页数量与虚拟机本身的内存使用情况强相关，因此它们的效果不是很稳定。内存交换技术可以弥补上述不足，虽然这种技术可以保证释放一定量的内存空间（理论上所有虚拟机内存都能交换出来），但同时会带来一定程度的虚拟机性能下降。

内存交换触发时，根据用户需要告知 Hypervisor 向某个虚拟机交换出一定量的内存页出来。Hypervisor 按一定的选页策略从虚拟机中选择相应数量的内存页后，把内存页数据保存到存储介质的交换文件中，同时释放原先存储数据的那些内存页，供其他虚拟机使用。当虚拟机读/写的内存页正好是被换出的内存页时，Hypervisor 在缺页处理时会重新为其分配一页内存页，然后从存储介质上的交换文件中把相应的内存页交换回新分配的内存页中，同时再选择一页内存页交换出去，从而保证在虚拟机对内存页正常读/写的同时，稳定交换内存页的数量。这个过程与内存零页共享一样，对 guest OS 是透明的。

（3）设备 I/O 与虚拟化

除了处理器与内存外，服务器中其他需要虚拟化的关键部件还包括 I/O 设备。I/O 设备虚拟化技术把物理机真实设备统一管理起来，并将它们包装成多个虚拟设备给若干个虚拟机使用，响应每个虚拟机的设备访问请求和 I/O 请求。设备 I/O 虚拟化，尤其是对磁盘及网络的 I/O 处理，和 CPU 虚拟化、内存虚拟化共同决定了虚拟机最主要的性能指标。

通常情况下有如下 4 种设备 I/O 与虚拟化方式。

① 设备模拟

在 VMM 中模拟一个传统的 I/O 设备，比如，基本的 I/O 设备键盘和鼠标，或一个千兆网卡，或一个集成开发环境（integrated development environment，IDE）磁盘控制器，这些在客户虚拟机中暴露为对应的虚拟硬件设备（通过 VMM 模拟）。虚拟机中的 I/O 请求都由 VMM 捕获并模拟执行后返回给客户机。这一类 I/O 设备虚拟化通常兼容性较好，并且不需要额外驱动，但具有性能较差、模拟设备的功能特性支持不够多的缺点。

② 前后端驱动接口

在 VMM 与客户机之间定义的一种全新的适合于虚拟化环境的交互接口，即为前后端驱动接口。比如使用广泛的 virtio 在客户机中暴露为 virtio-net、virtio-blk 等网络和磁盘设备，在虚拟化层中实现相应的 virtio 后端驱动。这一类 I/O 设备虚拟化技术在性能上较设备模拟得到了大幅提升，并且能适应动态迁移，是目前云计算平台使用最为广泛的一种 I/O 设备虚拟化技术，但是，该技术属于半虚拟化技术，需要在客户机中安装驱动。当输入/输出压力大时，后端驱动的 CPU 资源占用会较高，这时通常结合数据平面开发套件（data plane development kit，DPDK）和存储性能开发套件（storage performance development kit，SPDK）技术来提升性能。

③ 设备直接分配

将一个物理设备直接分配给虚拟机使用,即为设备直接分配。这种方式下 I/O 请求的链路中很少需要或根本不需要 VMM 参与,所以其性能很好,但需要硬件设备的特性支持。这种设备一般只能分配给一个客户机,很难支持动态迁移。设备直接分配体现在 Intel 平台上,那就是 VT-d(virtualization technology for directed I/O)特性,BIOS 中可以看到相关的参数配置。

④ 设备共享分配

设备共享分配是设备直接分配的一个扩展。在这种方式下,如果一个具有特定特性的物理设备可以支持多个虚拟机功能接口,那么它可以将虚拟功能接口独立分配给不同客户机使用。这做到了单个物理设备的共享并提供了很好的性能,但需要硬件设备的特性支持,也很难支持动态迁移。单根 I/O 虚拟化(single root I/O virtualization,SR-IOV)是这种方式的一个标准规范。对于实现了 SR-IOV 规范的设备,它有一个功能完整的 PCI-e 设备会成为物理功能(physical function,PF)。在使用了 SR-IOV 之后,物理功能会派生出若干个虚拟功能(virtual function,VF)。虚拟功能看起来依然是一个 PCI-e 设备,拥有最小化的资源配置以及独立的资源,可以作为独立的设备直接分配给客户机使用。

图 3-12 展示了 I/O 设备虚拟化原理。

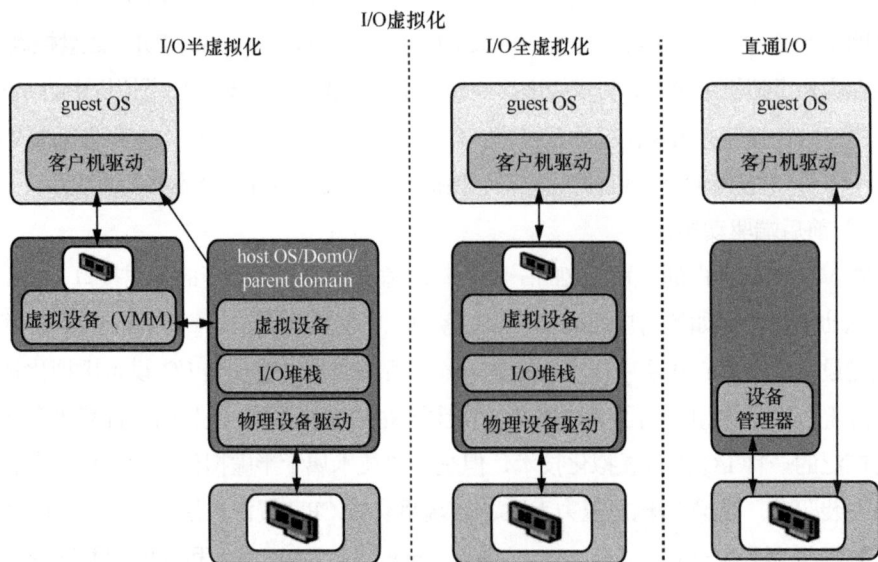

图 3-12 I/O 设备虚拟化原理

为了更好地帮助读者理解和掌握本小节内容，我们设置了一个应用实践，详见本书配套资源。

3.2.2　网络虚拟化

网络虚拟化要解决的是虚拟机之间如何通信，以及虚拟机如何同外部计算机通信的问题。传统的网络虚拟化通常包括虚拟局域网（virtual local area network，VLAN）和虚拟专用网。VLAN 技术可以将一个物理局域网划分成多个 VLAN，甚至将多个物理局域网中的节点划分到一个 VLAN 中，使得 VLAN 中的通信方式类似于物理局域网的方式，并对用户透明。虚拟专用网对网络连接进行了抽象，允许远程用户访问组织内部的网络，就像物理上连接到该网络一样。虚拟专用网帮助管理员保护信息技术环境，防止来自互联网或互联网中不相干网段的威胁，同时使用户能够快速、安全地访问应用程序和数据。虚拟专用网在大量的办公环境被使用过，曾经是移动办公的一个重要支撑技术。

随着服务器虚拟化和存储虚拟化技术的迅速发展，服务器内开始集成各种虚拟化软件，一台物理服务器上可以同时运行多个虚拟机实例，以最大限度地利用计算资源。同时，随着云服务被越来越广泛地使用，用户可以方便地从云服务提供者那里直接获取虚拟机的租用服务，从而大大节省自建和运维成本。用户可以不用关注虚拟机所在物理服务器的具体型号、具体位置甚至实现方式，而转为专注于其自身业务的快速部署和上线应用，这对网络虚拟化提出了新的要求。传统的网络虚拟化技术，已经越来越难以满足云计算时代下各种用户的需求。例如被广泛使用的 VLAN 技术虽然可以在物理交换机上通过划分多个 VLAN 来隔离，并虚拟出多个逻辑网络，但是其设计和配置通常基于固定的规划以及网络和服务器的位置不会频繁变更的假设为前提。而面对云化的数据中心，大量虚拟机动态的生命周期变化以及弹性漂移和伸缩的特点，对网络提出了更高的按需配置和随时变动的需求。传统的通过静态方式的 VLAN 规划和配置已经越来越难以满足诉求，在全系统范围内能够与硬件相解耦，同时能灵活、自动、弹性地适应虚拟化业务，以及提升对网络资源的利用率已成为云计算时代下对网络虚拟化的强烈诉求，这种诉求直接导致 SDN 技术的出现和成熟。

1. SDN 基础架构

经过几十年的高速发展，互联网已经从最初满足"尽力而为"的简单数据传输服务逐步发展成能够涵盖文本、语音、视频等多媒体业务的复杂网络通信系统。随着云计算技术的发展，SDN 成为另一种网络解决方案，它将网络控制平面与数据平面分离的理念为网络的发展提供了可能。SDN 通过将网络中的数据平面和控制平面分离开，来实现对网络设备的灵活控制。

SDN 的标准化组织开放网络基金会（Open Networking Foundation，ONF）提出的 SDN 体系结构包括 3 个层次：基础设施层（infrastructure layer）、控制器层（controller layer）、应用层（application layer）。同时，它还提出了包含控制器层与基础设施层的网络设备进行通信的南向接口（south bound interface，SBI）和控制器与上层的应用服务进行通信的北向接口（north bound interface，NBI）的两个接口层次。

网络设备的所有控制逻辑已经集中在 SDN 的中心控制器中，这使得网络的灵活性和可控性得到显著增强。开发人员可以在控制器上编写功能，例如负载均衡、防火墙、网络地址转换（network address translation，NAT）、虚拟网络等功能，进而控制下层的设备。可以说，SDN 本质上是通过虚拟化及其 API 暴露硬件的可操控成分来实现硬件的按需管理，体现了网络管理可编程的思想和核心特性。

北向接口的出现繁荣了 SDN 中的应用。北向接口主要是指 SDN 中的控制器与网络应用之间进行通信的接口，一般表现为控制器为应用提供的 API。北向接口可以将控制器内的信息暴露给 SDN 中的应用以及管理系统，它们可以利用这些接口去进行如请求网络中设备的状态、网络视图、操纵下层的网络设备等操作。利用北向接口提供的网络资源，开发人员可以定制自己的网络策略并与网络进行交互，充分利用 SDN 带来的网络可编程的优点。

SDN 的核心思想是打破原有网络硬件系统对网络系统抽象分层的束缚，从系统构建的视角（而非数据传输的视角）将网络系统自底向上地抽象为 3 个平面，即我们常说的数据平面、控制平面和应用平面，如图 3-13 所示。

然而，在传统的网络系统设计中，控制平面并不具有很强的可控性。因为决定网络数据转发控制的逻辑是由网络硬件在其专用集成电路（application specific integrated circuit，ASIC）芯片决定的。除非设备厂商更新固件或更换芯片，否则这些控制逻辑只能通过少数配置参数进行修改。即便不追求计算机编程中所谓的图灵完备，添加一个全新的转发协议也是无法做到的。

即便网络设备支持控制逻辑的修改，要实现快速灵活的控制逻辑切换，仍面临一个挑战：位于单个网络设备上的控制平面无法获取整个网络的信息，只能通过分布式协议和相邻的网络设备进行信息交换，因此它难以做出快速准确的决策。为了应对这个挑战，SDN 对现有的网络架构进行了如下改进。

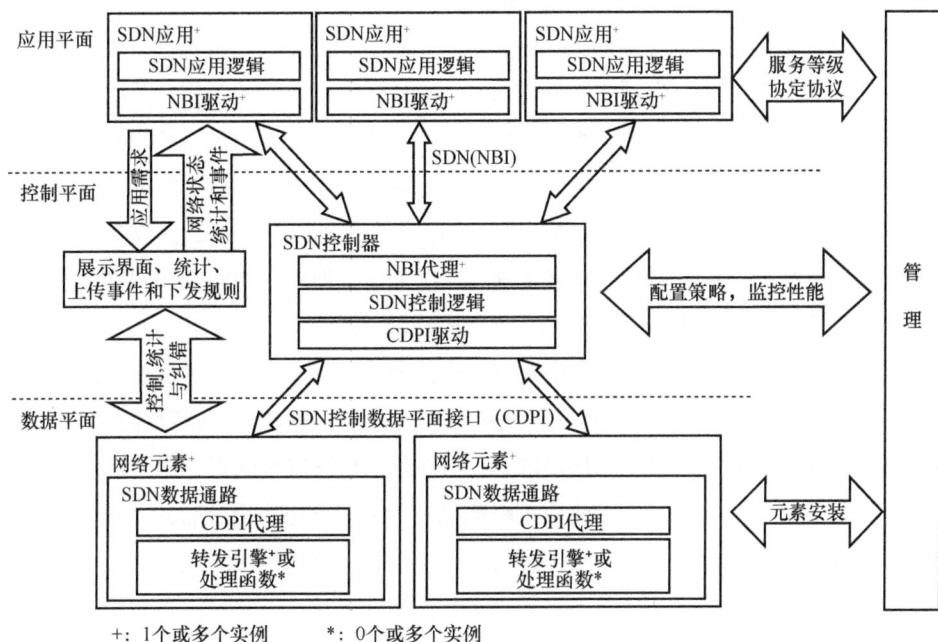

图 3-13　SDN 的 3 个平面

① 数据平面与控制平面分离。数据平面由控制平面转发表中的数据包组成。控制逻辑被分离并在准备转发表的控制器中实现。这些交换机大大简化了数据平面（转发）逻辑，降低了交换机的复杂度和成本。

② 构建全局的控制平面抽象。美国国防部自 20 世纪 60 年代初期开始资助开发阿帕网（ARPANET）的研究，以应对整个全国通信系统可能中断的威胁。如果电信中心高度集中并由一家公司拥有，则它会极易受到攻击，因此，ARPANET 研究人员从一开始就提出了一种完全分布式的架构。在这种架构中，即使许多路由器变得不可用，通信仍有可能继续，路由算法会保证找到可用传输路径（如果存在的话）。传统的数据和控制平面都是分布式的，例如，每台路由器都通过路由表参与到路径的发现算法中。路由器会与邻居和邻居的邻居交换可达信息，依次类推，最终找到可用传输路径。这种分布式控制模式是互联网设计的支柱之一，很多年持续是互联网设计毋庸置疑的原则。

对于传统的网络控制而言，集中式控制一直被认为是不合理的设计。然而来到云计算时代，人们有了另外的理由来支持网络的集中式控制。事实上，大多数组织和团队使用集中式控制这种运行机制。例如，一名员工生病了，他会打电话给老板，老板会安排人在他缺席的情况下继续推进他的工作。现在考虑一下，如果一个完全分布的团队遇到这种情况，则会发生什么。假如员工小张生病了，公司规定如果他要请假，他必须给他的所有同事打电话告知这件事，并交代如何接替他的工作。而他的同事们又需要告诉他们所有其他同事，小张生病不能来上班了。经过了足够长的时间，终于每个人都知道小张生病了，且都会决定下一步该如何做，以保证目前的项目进度，直到小张康复回到岗位。这种方式是相当低效的，但目前的互联网控制协议就是这样工作的。相比之下，集中式控制使网络系统可以比分布式架构更快地感知网络状态，并基于状态的变化对网络进行动态调整，大大提高效率。

当然，相比于分布式设计，集中式有规模扩展的问题。对于这种情况，我们需要将网络划分为足够小以具有共同控制策略的子集或区域，这就如同新冠肺炎疫情期间我国实行的网格化管理，只要网格足够小，出现疫情后该网格的影响也会足够小。集中式控制的明显优势在于状态变化或策略变化的传播速度比完全分布式系统快得多。例如，主控制器发生故障，则备用控制器可用于接管。值得一提的是，数据平面仍然是完全分布式的。

在传统网络中，网络采用分布式控制面，报文从源到目的地的转发行为由各个网络节点自己独立控制和完成，每个网络节点都需要独立的配置。SDN 框架中的网络、控制面与转发面是分离的，转发面与具体协议无关。图 3-14 形象地展示了 SDN 的特点和价值。

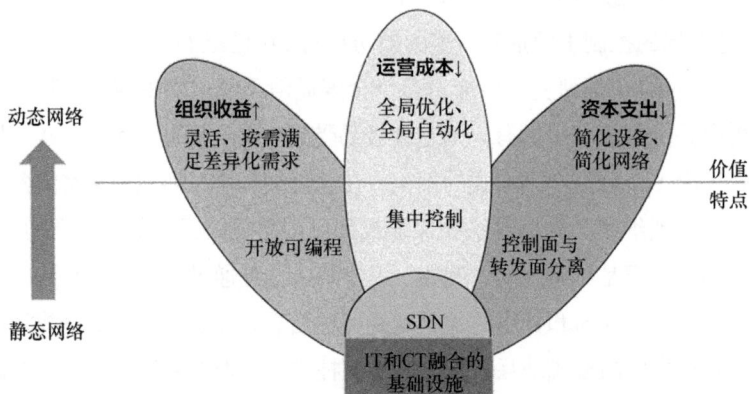

图 3-14　SDN 的特点和价值

对于 SDN，业界并无标准的理解，具体理解与所运行的网络领域，以及所使用的策略和协议相关。图 3-15 展示了几种 SDN 技术路线。

OpenFlow模式	Overlay模式	设备API模式
单点设备内部可编程 ●网络维度 　■ 网络设备底层转发平面可编程 　■ 控制灵活性很大 ●用户使用维度 　■ 使用难度很大	数据中心虚拟网络的可编程 ●网络维度 　■ 基于服务器或网络设备的可编程，提供虚拟化网络的可编程 　■ 控制灵活性较大 ●用户使用维度 　■ 使用难度较小	单点设备外部接口的可编程 ●网络维度 　■ 设备而非网络可编程，基于局部而非整体视角解决问题 　■ 控制灵活性适中 ●用户使用维度 　■ 使用难度适中

图 3-15　SDN 技术路线

SDN 本质上具有控制和转发分离、设备资源虚拟化和通用硬件及软件可编程三大特性，这带来了一系列好处，具体如下。

设备硬件归一化：硬件只关注转发和存储能力，与业务特性解耦，可以采用相对廉价的商用架构来实现。

网络的智能性全部由软件实现：网络设备的种类及功能由软件配置而定，对网络的操作控制和运行由服务器作为网络操作系统（network operating system，NOS）来完成。

对业务响应相对更快：可以定制各种网络参数，如路由、安全、策略、QoS、流量工程等，并实时配置到网络中，缩短开通具体业务的时间。

2．基于 OpenFlow 的 SDN 系统架构

SDN 系统架构通常包括 SDN 通用网络交换机、SDN 控制器和 SDN 网络应用程序三部分。SDN 的控制平面被集中在一个中央控制器中，网络管理员轻松通过简单的更改控制程序来实现控制的更改。实际上，通过不同的 API 调用，网络管理员可以轻松实现各种策略，并在系统状态或需求发生变化时动态更改它们。

SDN 的集中式可编程控制平面也称为 SDN 控制器，是 SDN 最重要的组成部分，包括一组规范化的 API 定义和外部的通信方式。这些 API 功能分为三部分：南向 API 用于同硬件基础设施进行通信，北向 API 用于同网络应用程序通信，东西向 API 用于允许来自相邻域或不同域的不同控制器相互通信。控制平面可以进一步细分为管理程序层和控制系统层。可编程控制平面允许将网络划分为多个虚拟网络，这些虚拟网络可以具有完全不同的策略，但共享同样的硬件基础结构。相比之下，若使用完全分布式的控制平面，动态改变策略将变得非常困难和缓慢。目前已经有大量的开源或商用

SDN 控制器被开发出来，被广泛使用的 SDN 控制器包括 Floodlight、OpenDaylight、开放网络操作系统（open NOS，ONOS）和 OpenControl。

SDN 的北向 API 目前尚未被标准化，每个控制器都有着不同的编程接口规范。在此 API 标准化之前，SDN 应用程序的开发将受到限制。而东西向 API 并不是让所有控制器都支持。只有类似 OpenDaylight 和 ONOS 这种着眼于大规模网络控制的平台，才有针对东西向 API 的设计，因为它们需要考虑分布式部署场景来提升规模的可扩展性。

南向 API 由于需要与底层硬件设备交互，因此更需要标准化的定义。在众多 SDN 控制器的南向 API 中，OpenFlow 目前最受欢迎并被广泛使用，由 ONF 进行标准化。因为 OpenFlow 提供了一种基于流的网络控制，具有良好的可编程性，因此它通常作为通用的南向控制 API 被使用。所有的 SDN 控制器都有对它的实现。

当然也存在一些设备专用的南向 API，例如思科公司的 OnePK。这些南向 API 通常适用于各个供应商的传统设备。许多先前存在的控制和管理协议，如可扩展消息和表示协议（extensible messaging and presence protocol，XMPP）、路由系统接口（interface to the routing system，I2RS）、软件驱动网络协议（software driven network protocol，SDNP）、主动虚拟网络协议（active virtual network protocol，AVNP）、简单网络管理协议（simple network management protocol，SNMP）、网络配置（Net-Conf）、转发和控制元素分离（forwarding and control element separation，ForCES）、路径计算元素（path computation element，PCE）和内容分发网络互连（content delivery network interconnection，CDNI）均可以作为南向 API。它们在不同的 SDN 控制器上都有实现和支持。但是，考虑这些 API 都是针对其他特定应用开发的，它们作为通用南向控制 API 的适用性是有限的。SDN 控制器基本架构如图 3-16 所示。

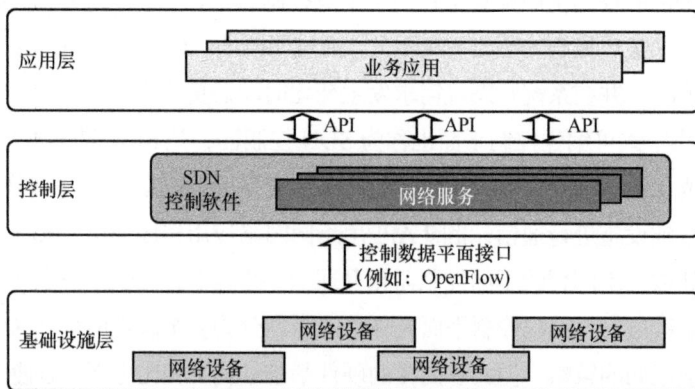

图 3-16　SDN 控制器基本架构

3. Overlay SDN

Overlay SDN 由于可以在现有网络的架构上叠加虚拟化技术，因此在对基础网络不进行大规模的修改下实现应用在网络上的承载，并能与其他网络业务分离。Overlay 的网络是物理网络向云和虚拟化的延伸，使云资源池化能力可以摆脱物理网络的重重限制，是实现云网融合的关键。

由于软件更具灵活性，以及 CPU 能力的不断增强，再加上服务器虚拟化技术的助力，现在网络设备由软件实现的趋势越来越明显，从最基本的交换机到防火墙和负载均衡器等，无不如此。

vSwitch 出现得最早是因为虚拟机迁移后配置在网络设备上的相关策略无法随之迁移，因此服务器虚拟化厂商就在 Hypervisor 上内嵌了 vSwitch 功能，由 vSwitch 取代原来的物理接入交换机，执行基本的二层（L2）转发和接入策略执行功能。后来发现，接入策略等本来就是通过 IT 系统下发的，vSwitch 和虚拟机等也是由 IT 系统进行管理的，由 vSwitch 来执行策略为整个策略管理和部署带来了简化。另外，采用软件实现的 vSwitch 可以快速实现各种新的转发技术，满足当前解决数据中心网络遇到的各种问题的要求。渐渐地，vSwitch 成为 Hypervisor 的一个重要部件。

目前的虚拟化主机软件在 vSwitch 内支持虚拟扩展局域网（virtual extensible local area network，VXLAN），使用 VXLAN 隧道端点（VXLAN tunnel end point，VTEP）封装和终结 VXLAN 的隧道。为了使得 VXLAN Overlay 网络更加简化运行管理，便于云的服务提供，各厂家使用集中式控制模型，将分散在多台物理服务器上的 vSwitch 构成一个大型的、虚拟化的分布式 Overlay vSwitch。只要在分布式 vSwitch 范围内，虚拟机在不同物理服务器上的迁移便被视为在一个虚拟的设备上迁移，如此大大降低了云中资源的调度难度和复杂度。

为了更好地帮助读者理解和掌握本小节内容，我们设置了一个应用实践，详见本书配套资源。

3.2.3　存储虚拟化

随着信息业务和数据中心技术的不断发展，网络存储系统已逐渐成为企业的核心存储平台。大量高价值数据积淀下来，围绕这些数据的应用对平台的要求也越来越高，不仅体现在存储容量上，还体现在数据访问性能、数据传输性能、数据管理能力、存储扩展能力等多个方面。可以说，存储网络平台综合性能的优劣将直接影响到整个系统是否能正常运行。正是这个原因，虚拟化技术的又一子技术——存储虚拟化技术应运而生。

存储虚拟化要解决的问题是虚拟机进行计算时，从哪里读取程序和数据，计算完成后把结果数据又存储到哪里去。通过前面内容的学习，读者应该明白虚拟机可能只是宿主机上的一个进程，它可能无法直接访问硬件存储系统，它看到的硬盘或者光盘仅仅是宿主机系统中的一个文件而已，这实际上就是虚拟存储化技术的应用。当然，存储虚拟化技术并不只有文件这一种应用形式。

按照存储设备链接方式，计算机存储可分为 3 种。

第一种存储是直连式存储（direct access storage，DAS），即主机系统通过总线直接连接存储设备。早期的主机系统以及现在的许多中小企业依旧采用这种方式，即购买的服务器中已经带有大容量磁盘，系统和数据直接通过系统总线在本地存储设备上进行读/写。这是一种传统的存储方式。

第二种存储是存储区域网络（storage area network，SAN）。SAN 在数据包中封装小型计算机系统接口（small computer system interface，SCSI）指令和数据后，通过网络将其发送到存储设备上，存储设备根据指令进行读/写数据。SAN 体系中包含数据产生者（主机/服务器）、数据传递者（高速网络交换机）、数据存储者（具体的存储设备）。

第三种存储是网络附接存储（network attached storage，NAS），通过网络和存储设备为用户提供文件级别存储。NAS 包括存储器件（例如磁盘阵列、CD/DVD 驱动器、磁带驱动器或可移动的存储介质）和内嵌系统软件，可提供跨平台文件共享功能。

这 3 种存储模型都可以给虚拟机提供虚拟化存储支持，它们的原理示意如图 3-17 所示，性能比较如表 3-1 所示。

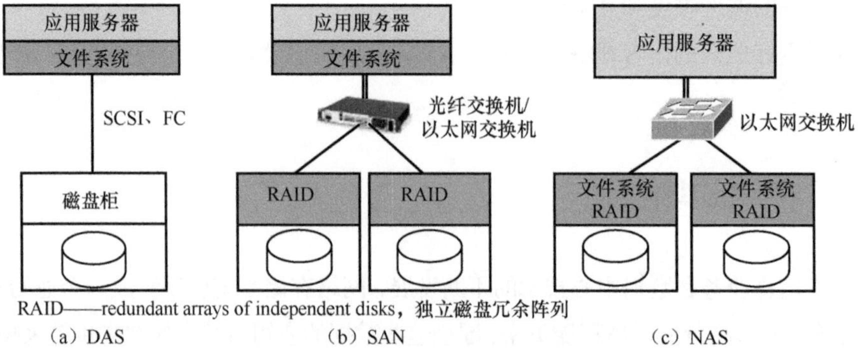
应用服务器
文件系统
SCSI、FC
磁盘柜
应用服务器
文件系统
光纤交换机/
以太网交换机
RAID
RAID
应用服务器
以太网交换机
文件系统
RAID
文件系统
RAID
RAID——redundant arrays of independent disks，独立磁盘冗余阵列
（a）DAS
（b）SAN
（c）NAS

图 3-17　3 种存储模型原理示意

表 3-1 3 种存储模型性能比较

存储种类		传输类型	数据类型	典型应用	优点	缺点
DAS		SCSI、SATA、SAS	块级	任何应用	易于理解、兼容性好	难管理、扩展性有限、存储空间利用率不高
NAS		IP	文件级	文件服务器	易于安装、成本低	性能较低、对某些应用不适合
SAN	FC-SAN	FC	块级	数据库应用、虚拟化	高扩展性、高性能、高可用性	设备较昂贵、配置复杂、互操作性存在不足
	IP-SAN	IP	块级	视频监控	高扩展性、成本低	性能较低

注：SATA——serial advanced technology attachment interface，串行先进技术总线附属接口；

SAS——SAN attached storage，SAN 附接存储。

传统的独立磁盘冗余阵列（RAID）技术是存储虚拟化技术的雏形。它通过将多块物理磁盘以阵列的方式组合起来，为上层提供一个统一的存储空间。对操作系统及上层的用户来说，他们并不知道服务器中有多少块磁盘，只能看到一块大的"虚拟"的磁盘，即一个逻辑存储单元。RAID 技术之后出现的是 NAS 和 SAN，其中，NAS 将文件存储与本地计算机系统解耦合，把文件存储集中在连接到网络上的 NAS 单元，如 NAS 文件服务器。

其他网络上的异构设备都可以通过标准的网络文件访问协议，如 UNIX 操作系统下的网络文件系统（network file system，NFS）和 Window 操作系统下的服务器信息块（server message block，SMB），它们上面的文件可按照权限进行访问和更新。与 NAS 不同，虽然同样将存储从本地系统上分离，集中在局域网上供用户共享与使用，但 SAN 一般是由磁盘阵列连接光纤通道组成的，服务器和客户机通过 SCSI 协议进行高速数据通信，SAN 用户感觉这些存储资源和直接连接在本地系统上设备是一样的。存储的共享在 SAN 中是磁盘区块级别的，而在 NAS 中是文件级别的。

目前，不限于 RAID、NAS 和 SAN，存储虚拟化被赋予了更多的含义。存储虚拟化可以使逻辑暂存储单元在广域网范围内整合，并且不需要停机就可以从一个磁盘阵列换到另一个磁盘阵列上。此外，存储虚拟化还可以根据用户的实际使用情况来分配存储资源。例如，某用户申请的磁盘容量为 300 GB，存储系统给用户的标称容量分配为 300 GB。在实际运行中，系统会根据用户使用情况动态分配使用容量，确保在不影响用户用量的情况下提高存储利用率。而当用户实际使用量增加时，再适当分配新的存储空间，这样有利于提升存储资源利用率。

SAN 是为了优化 DAS 而被提出。它并没有试图在功能上将应用服务和存储服务完全解耦，而是希望服务器与存储设备之间通过专用光纤网络实现高速互连。SAN 架构如图 3-18 所示。

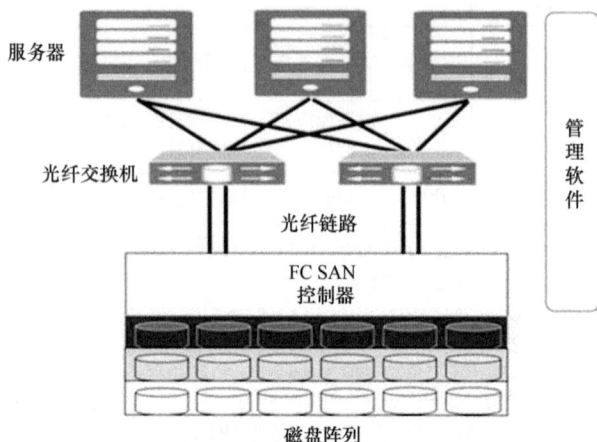

图 3-18　SAN 架构

一个 SAN 系统通常包括服务器连接器件、存储网络连接器件、存储设备和管理软件四部分，其中的存储网络连接器件又可以细分为光纤通道集线器、光纤通道交换机和存储路由器等设备。

从设计角度来看，只要购买一台 NAS 服务器，通过标准网络协议加入网络，就可以享受文件级的存储服务了。但是，如果打算采用 SAN 设计存储网络，则不仅需要购买服务器连接器件、存储网络连接器件、存储设备和管理软件，还需要事先规划设计好存储网络的结构。从使用上来看，SAN 采用专用的光纤网络实现数据存/取，能够获得高性能；而 NAS 服务器与应用服务器共用一套网络，性能比拼上明显无法占据上风。

SAN 与 NAS 并不是两种互相竞争的技术，二者通常相互补充以提供对不同类型数据的访问。SAN 针对海量的面向数据块的数据传输，NAS 则提供文件级的数据访问和共享服务。越来越多的数据中心采用 SAN＋NAS 的方式实现数据整合、高性能访问以及文件共享服务。在实际应用中，用户应该根据实际情况选择适合自己的技术。近些年来，随着主流 NAS 厂商开始向自己已有 NAS 设备增加类似 SAN 的光纤通道和 iSCSI 功能，NAS 和 SAN 之间的界限已经越来越模糊。也许在不久的将来，两者将会迎来越来越多的重叠。

不管使用哪种方式的存储，最终在虚拟机层面使用的磁盘存储一般是存储虚拟化后提供的文件或协议接口，虚拟机不直接和底层存储硬件交互，只在虚拟化层以上工作。

为了更好地帮助读者理解和掌握本节内容，我们设置了一个应用实践，详见本书配套资源。

3.3 云服务管理机制

理解了云的底层实现是建立在虚拟化和高速网络交换的基础上之后，接下来我们介绍云中上层的监控、运维和管理机制。

近年来，随着云计算技术的不断发展，云管理机制逐渐成为一个重要的话题。云管理平台（cloud management platform，CMP）是指对云计算环境中的资源进行管理的方法和策略，其中包括虚拟化、自动化、安全性、性能优化等方面。

对于私有云来讲，虚拟化技术是云管理机制中的核心技术。虚拟化技术可以将CPU、内存、存储等物理资源划分成多个虚拟资源进行管理，从而提高资源利用率和系统的灵活性。同时，自动化技术也是云管理机制的重要组成部分。自动化技术可以通过自动化部署、自动化维护等方式，提高云计算环境的管理效率和可靠性。

对于公有云来说，公有云平台已经将各种管理任务封装为标准的服务。用户在使用公有云时虽然也会涉及管理工作，但其管理工作大多是账号管理、账单管理、权限管理等。而公有云上的资源开通、架构设计、迁移等属于服务范畴，用户根据业务需求进行使用即可，不需要负责管理工作。

在混合云中，大部分企业内部既存在传统架构，也存在云架构采买，所使用的设备以及软件厂商和型号各异。不同的企业又存在环境上的差异，同时私有云的需求和服务也有差异，因此需要一个云管理平台，从资源池规划、服务目录管理、配置管理数据库（configuration management database，CMDB）、流程管控、监控容量等多方面对数据中心进行管理和治理。

云管理机制中的安全性也是不可忽视的问题。云计算环境中的数据和应用程序需要得到保护，防止被未经授权的人员访问、篡改或者破坏，因此云管理机制中需要采取多种安全措施，如数据加密、身份认证、访问控制等，保障云计算环境的安全性。

此外，性能优化也是云管理机制中的重要问题。在云计算环境中，资源需要进行动态调配，以满足不同应用程序的需求。同时，应用程序还需要进行性能测试和优化，以提高系统的响应速度和稳定性。

综上所述，云管理机制是云计算环境中的基础和关键，需要从虚拟化、自动化、安全性、性能等方面进行全面管理和优化，以提高云计算环境的效率和安全性。

3.3.1 远程管理系统

由于云端远离管理员，因此对于云计算资源的管理大都通过特定的远程管理系统完成。远程管理系统向外部的云资源管理者提供工具和用户界面，来配置并管理基于云的 IT 资源。远程管理系统一般包含 3 种管理子系统：资源管理系统、服务等级协定（service level agreement，SLA）管理系统、计费管理系统，如图 3-19 所示。通过远程管理系统，用户通常能够执行的任务包括：

- 配置和建立云服务；
- 为按需云服务提供和释放 IT 资源；
- 监控云服务的状态、使用情况和性能；
- 监控 QoS 和 SLA 的实行；
- 管理租赁成本和使用费用；
- 管理用户账户、安全凭证、授权和访问控制；
- 跟踪租赁服务内部和外部的访问；
- 规划与评估 IT 资源供给；
- 容量规划。

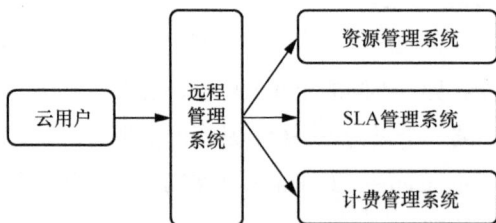

图 3-19　远程管理系统

远程管理系统一般提供两种入口：第一种是使用与管理入口，该入口有详细配置的控制台界面，是让具备一定技术技能的专业人员使用的；第二种是为非专业人士提供的自助服务入口，提供快速选择界面或向导来管理资源。远程管理系统入口如图 3-20 所示，图 3-21 展示了华为云自助管理界面。

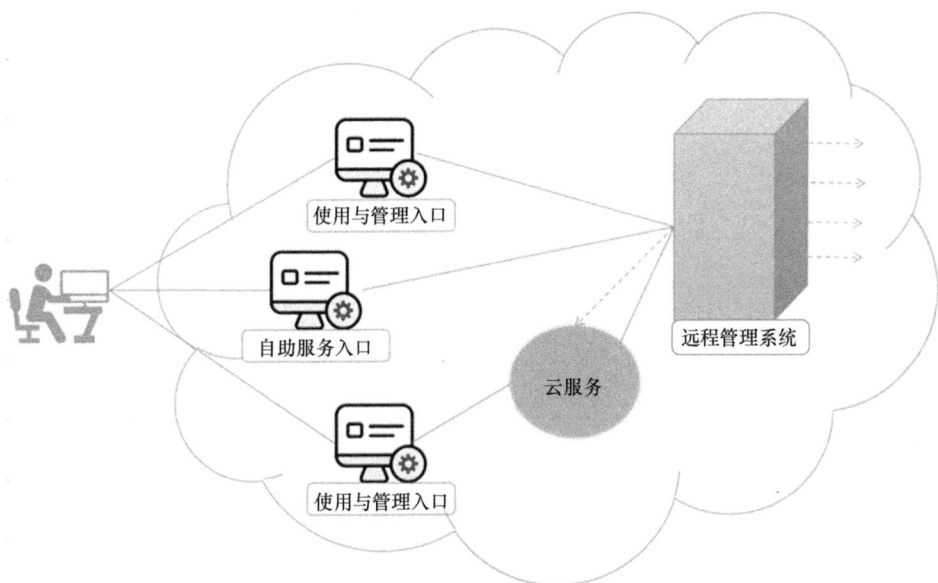

图 3-20　远程管理系统入口

图 3-21　华为云自助管理界面

（1）资源管理系统

资源管理系统帮助云用户协调和分配 IT 资源，以便响应用户和云提供者执行的各种管理操作，如图 3-22 所示。该系统的核心是虚拟基础设施管理器（virtualized infrastructure manager，VIM），它用于协调服务器硬件，这样就可以在最合适的底层物理服务器上创建虚拟服务器实例。

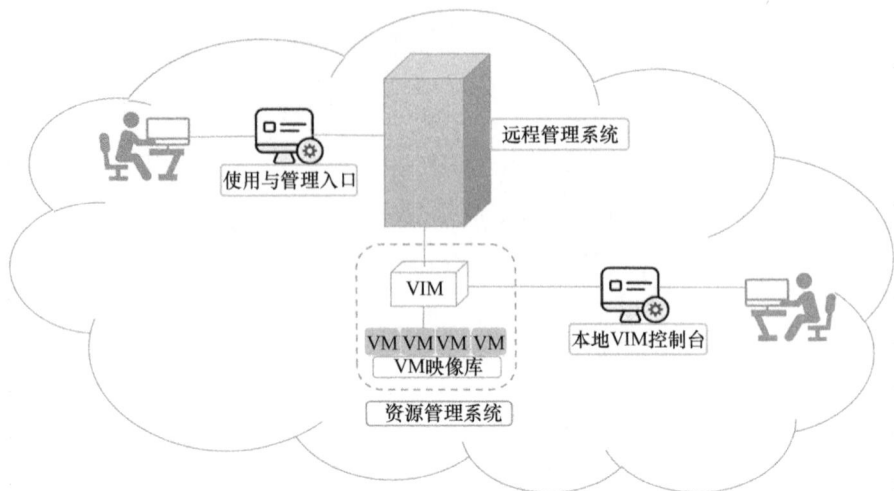

图 3-22　资源管理系统

通过资源管理系统可以实现的自动化任务包括：

- 创造预构建实例的虚拟 IT 资源模板，如虚拟服务器镜像；
- 在可用的物理基础设施上分配和释放虚拟 IT 资源，以响应虚拟 IT 资源实例的开始、暂停、继续和终止；
- 在有其他机制参与的条件下，协调 IT 资源；
- 在云服务实例的生命周期内，强制执行使用策略与安全规定；
- 监控 IT 资源的操作条件。

（2）SLA 管理系统

SLA 管理系统代表的是一系列商品化的可用云管理产品。这些产品提供的功能包括：SLA 数据的管理、收集、存储、报告以及运行时通知。收集 SLA 数据还需要一个或多个 SLA 监控机制。SLA 管理系统常常会包含一个库，用于存储和检索被收集的基于预定义指标和报告参数的 SLA 数据，并用这些数据判断监控指标与供给合同中的 SLA 条款是否一致。SLA 管理系统如图 3-23 所示。

（3）计费管理系统

计费管理系统专门用于收集、处理和使用数据，以为云服务提供商和用户提供计费服务。它需要付费监控器收集运行时的使用数据，然后为计费、报告和开发票等服务提供数据支持。

计费管理系统允许指定不同的定价规则，也可以针对每个用户或每个 IT 资源自定义定价模型，例如，可以是固定费率、按使用量付费，也可以是两者的综合。计费管理系统还可以采用使用前支付和使用后支付两种形式。计费管理系统通常包含按使用付费计量库以及定价与合同管理器这两个组件，通过这两个组件实现对所用的资源进行计费，如图 3-24 所示。

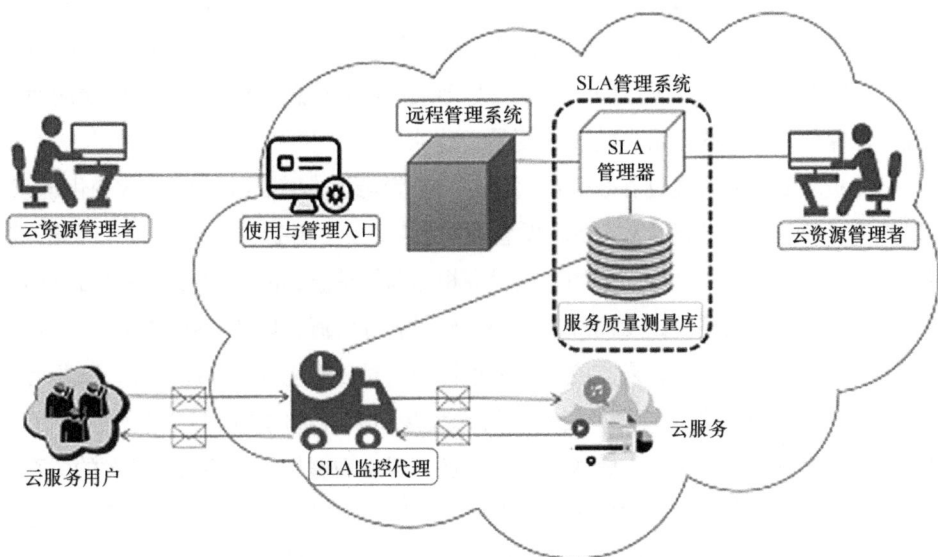

图 3-23　SLA 管理系统

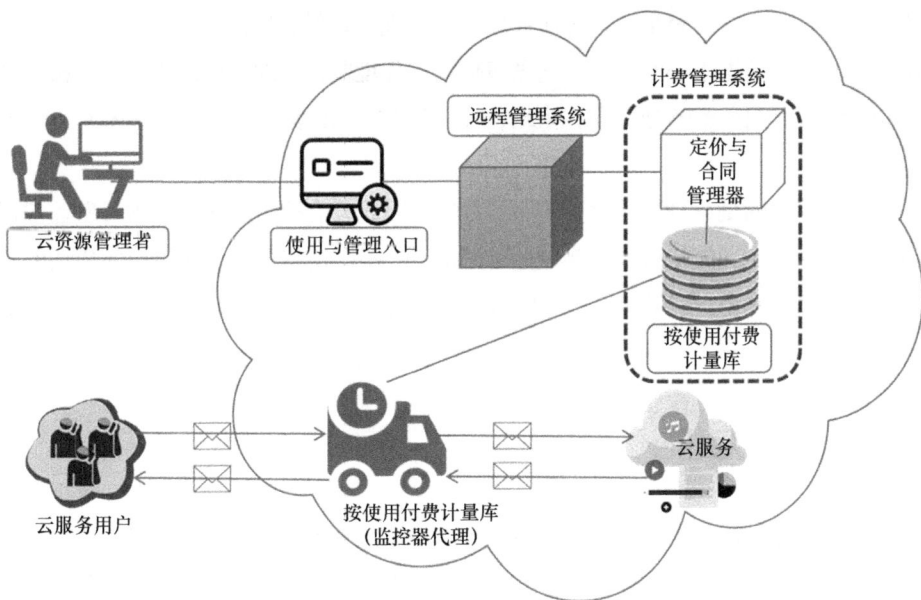

图 3-24　计费管理系统

3.3.2　云监控

为了保证云应用和云服务的性能和正常运行，开发者必须依据应用程序、服务设计和实现机制来估算工作负载，确定所需资源和容量，避免资源供应不足或供应过量。同时，管理者能通过监控平台即时获取云基础架构资源信息，掌握云平台资源的使用情况，以保证云平台的正常运转。这便是云监控。

虽然负载估计值可通过静态分析、测试和监控得到，但实际上系统负载变化迅速、难以预测。云服务提供商通常负责资源管理和容量规划，并提供 QoS 保证，因此，监控对于云服务提供商是至关重要的。提供商根据监控信息追踪各种 QoS 参数的变化，观察系统资源的利用情况，从而准确管理基础设施和资源，以便遵守 SLA。

在私有云和混合云中，云监控主要是指管理员对云环境进行监控管理，以及用户以自助服务方式进行监控管理。云平台可以发现所有开通的虚拟机以及资源使用情况，自动提供虚拟资源和物理资源的映射，还可以发现虚拟资源和物理资源的关系，例如服务器集群、资源池、虚拟主机、虚拟机的运行情况。云监控的指标涵盖了运行状态、存储、网络、CPU、内存等各方面的性能和状态参数。

云监控可以让用户及管理员自己设置监控阈值，当资源使用低于阈值时会自动产生告警并发送到事件告警平台，方便管理员统一查看管理。从管理员的角度看，云平台的监控是对云数据中心的监控，这里包括物理环境监控、虚拟化环境监控、操作系统及组件监控、业务影响分析等。除此之外，对于支撑云数据中心的机房本身也需要做监控管理。

云计算提供的是一种按量付费的服务模式，因此云监控中还必须使用付费监控器机制，按照预先定义的定价参数测量基于云的 IT 资源使用情况。使用期间生成的日志可以用于计算费用，这里的日志主要包括请求/响应消息数量、传送的数据量、带宽消耗量等。

3.3.3　云自动运维

在传统数据中心中，开发好的业务一般会交给运维人员，由运维人员保障其可用性，通常需要从服务器、网络、存储、应用几方面进行运维和管理。新的数据中心中，有成千上万的虚拟机和虚拟设备正在运行，靠传统的人工进行运维基本不可能，所以现在的数据中心都使用自动化运维工具。

上了云平台之后，云平台本身有资源集中和资源池化的要求，IT 企业面临众多挑战，例如，不断增加的复杂性、成本削减要求、合规要求以及更快响应业务需求的压力。许多 IT 企业艰难地应对这些挑战，并承认目前的运营方法根本无法让他们取得成功。手动操作具有被动性，需要大量人工，容易出错，而且严重依赖高素质人员。同时，通过单点解决方案或基于脚本的方法也难以解决手工运维的种种问题，因此企业开始转而寻找能够利用一个集成式平台来满足其所有服务器管理与合规需求的综合解决方案。

云平台可以集成配置自动化与合规保证的独特架构，使 IT 企业能够实施基于策略的自动化解决方案来管理其数据中心，同时确保其关键业务服务的最长正常运行时间。另外，由于用户继续采用虚拟化和基于云计算的技术，服务器自动化运维为跨越所有主要虚拟平台管理物理服务器和虚拟服务器提供了单一平台。在可靠、安全模型的支持下，这种解决方案使企业能够通过满足其在配置、指标和合规 3 个领域的需求而大大降低运营成本，提高运营质量，实现运营合规。

那么运维自动化应涵盖哪些方面呢？自动化开通资源解决了从手动到自动的资源创建过程。那么在资源创建后呢？在资源创建后，更多时间是如何进行运维和保障，而在弹性自服务方式开通时，用户所面对的资源是呈几何倍数增长的。在这种情况下，云平台的自动化运维就显得格外重要，可以从以下几方面考虑运维的自动化。这里应该注意，云平台本身涉及很多自动化技术，这里主要说明管理员端自动化运维以及要考虑的方面。

- 配置：配置管理任务在数据中心执行的活动中通常占有相当高的比例，包括服务器打补丁、配置、更新和报告。通过对用户隐藏底层复杂性，云平台能够确保变更和配置管理活动的一致性。同时，在安全约束的范围内，它可以提供关于被管理服务器的足够详细的信息，从而确保管理活动的有效性和准确性。

- 合规：大多数 IT 组织在需要使其服务器配置满足一些策略要求。无论是监管、安全，还是运营方面，云平台应该可以帮助 IT 组织定义和应用配置策略，从而实现并保持合规。当某个服务器或应用程序配置背离策略时，它会自动生成并打包必要的纠正指令，而且这些指令可以自动或手动部署在服务器上。

- 补丁：云平台的自助服务往往会让管理员担心服务器成倍增长所带来的可控性问题，尤其是漏洞给企业的生产安全带来的隐患。云平台给管理员提供便捷的补丁自动下载、自动核查现有操作系统补丁状态、自动安装和出具报告等功能，对于不同平台的操作系统都可以实现联网，自动获取补丁库。

- 自动发现：对于弹性云环境，资源变化相当频繁。如主机漂移等会给企业的资产维护带来不确定性，尤其是运维人员想了解当下哪些服务器装了哪些操作系统及其版本，以及上面运行的组件软件（包括组件间访问关系），这些都给运维人员对资产的管理提出了挑战。云平台运维应该可以自动扫描基础架构，能发现服务器、网络、存储的配置信息，并可以自动生成应用组件拓扑。

对于一般云用户而言，云服务提供商都会提供相应的运维管理页面，让用户通过该页面完成对资源的监控和维护管理。图 3-25 展示了华为云的运维管理页面。

图 3-25　华为云的运维管理页面

3.4　云安全

虽然虚拟化和云计算可以帮助企业打破 IT 基础设施与用户之间的黏合性，但随之而来的安全威胁也严重影响着用户对这种新的计算模式的认可度。云计算资源共享的特性促使人们尤其关心安全问题，例如，云计算中心本身安全不安全、如何获得安全的云服务、云计算为改善安全能做出什么贡献等，都已成为云计算研究中关于安全的热点问题。对 SaaS 提供商更是如此。例如在云计算的使用中，用户在某些方面失去了对资源的控制，因此必须重新评估用户自身的安全模式。和云计算的定义一样，云安全也没有统一的定义，但已有定义基本上差不多。总而言之，云安全就是确保用户在稳定和私密的情况下，在云计算中心上运行应用软件，并保证存储于云中的数据的完整性和机密性。

云安全是我国企业提出的概念,在国际云计算领域独树一帜。"云安全"(cloud security)技术是网络时代信息安全的最新体现,它融合了并行处理、网格计算、未知病毒行为判断等新兴技术和概念,其中,未知病毒行为判断是指通过网状的大量客户端对网络中软件行为的异常监测,获取互联网中木马、恶意程序的最新信息,传送到服务器端进行自动分析和处理,再把病毒和木马的解决方案分发到每一个客户端。

未来杀毒软件将无法有效地处理日益增多的恶意程序。来自互联网的主要威胁正在由计算机病毒转向恶意程序及木马,在这样的情况下,采用特征库判别法显然已经过时。应用云安全技术后,识别和查杀病毒不再仅仅依靠本地硬盘中的病毒库,而是依靠庞大的网络服务,实时进行采集、分析及处理。整个互联网就是一个巨大的"杀毒软件",参与者越多,每个参与者就越安全,整个互联网就会更安全。

3.4.1 基本术语和概念

保密性:是指事物只有被授权方才能访问的特性。

完整性:是指未被非授权方篡改的特性。

真实性:是指事物由经过授权的源提供的特性。

可用性:是指在特定时间段内可以访问和可以使用的特性。

威胁:潜在的安全性隐患,可能试图破坏隐私并导致危害。

漏洞:是一种可能被利用的弱点,产生原因可能是安全控制保护不够。

风险:是指执行一个行为带来损失或危害的可能性。

安全控制:是指用来预防或响应安全威胁,以及降低或避免风险的对策。

安全机制:对策通常以安全机制的形式来描述。

安全策略:是指进一步定义如何实现和加强安全控制和安全机制的规则和规章。

3.4.2 威胁作用者

威胁作用者主要指引发威胁的实体,因为它能够实施攻击。它可能来自内部,可能来自外部,也可能来自软件程序,还可能是人为的攻击。威胁作用者主要包括以下几种。

匿名攻击者：是云中没有权限的、不被信任的云服务用户。它通常是一个外部软件程序，通过公网发动网络攻击。

恶意服务作用者：能截取并转发云内的网络流量。它通常是带有被损害的或恶意逻辑的服务代理，也可能是能够远程截取并破坏消息内容的外部程序。

授信的攻击者：试图利用合法的证书，把云提供者共享的 IT 资源作为攻击目标。

恶意的内部人员：通常是云提供者的现任或前任雇员，有极大的破坏性。

3.4.3　云安全威胁

流量窃听：当数据在传输到云中或在云内部传输时（通常是从云用户到云提供者）被恶意的服务作用者截获，用于非法的信息收集。此攻击会破坏保密性。

恶意媒介：消息被恶意服务作用者截获并且篡改，从而破坏数据的保密性和完整性。它通常会在消息转发到目的地之前插入有害的数据。

拒绝服务：拒绝服务的攻击目标是使 IT 资源过载，从而无法正确运行。一般方式是通过伪造重复通信请求，使得网络流量过载，过量消耗的内存资源，进而降低服务器响应敏捷性，使其性能下降。此攻击可破坏可用性。

授权不足：错误地授予了攻击者访问权限，或者授权太宽泛导致攻击者能够访问本应该受到保护的 IT 资源。这种攻击的一种常见变种是弱认证。此攻击可破坏真实性。

虚拟化攻击：拒绝利用虚拟化平台中的漏洞来危害虚拟化平台的保密性、完整性和可用性。

信任边界重叠：恶意的云服务用户通过设定共享的 IT 资源，意图损害其他共享同一个信任边界的云服务用户的 IT 资源。此攻击可破坏保密性、真实性、完整性或可用性。

有缺陷的实现：云服务部署不合规范的设计、实现或配置会有不利的后果，而不仅仅是运行时的异常和失效。

安全策略不一致：从把 IT 资源放到公有云提供者的那一刻起，用户就需要接受信息安全方法与传统的方法可能不完全相同，以及第三方引入的不同安全策略。这些不同都使云资产保护标准进一步复杂化。

合约：云用户需要很小心地检查云提供者提出的合约和 SLA，确保资产安全措施和其他相关保障措施令人满意。

风险管理：包括风险评估、风险处理、风险控制。

数据泄露：存储在云服务器上的数据被他人窃取或泄露，尤其是一些敏感数据被非法采集和使用，导致大量用户隐私暴露，企业数据被滥用。

系统漏洞：是指应用软件或操作系统软件在逻辑设计上的缺陷或错误，被不法者利用，通过网络植入木马、病毒等方式来攻击或控制整个计算机，窃取计算机中的重要资料和信息，甚至破坏系统。

3.3.4 关键技术

用户数据安全、隐私保护以及云服务的版权保护需求是云计算产业发展无法回避的核心问题，目前云安全与保障的技术体系如图 3-26 所示，这说明云计算时代用户面临的安全问题远远多于早期的问题安全风险。

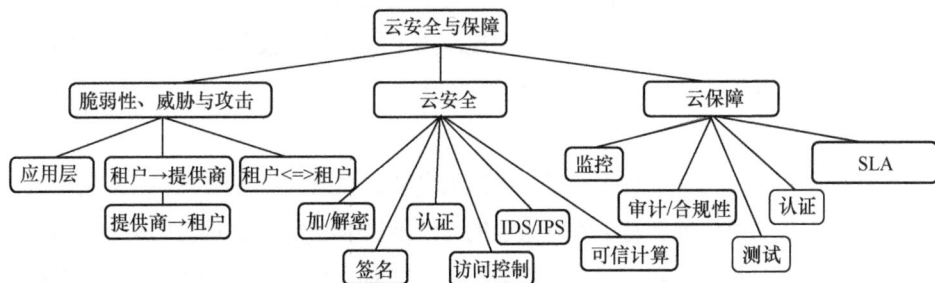

IDS：intrusion detection system，入侵检测系统
IPS：intrusion prevention system，入侵防御系统

图 3-26　云安全与保障的技术体系

利用传统的信息安全技术解决云计算安全问题是最直接的做法。传统的信息安全是指信息系统的硬件、软件、数据等的安全，它们不会遭到偶然或者恶意的破坏、更改、泄露，整个系统仍可以连续可靠正常地运行。它的目标是确保信息的真实性、保密性、完整性、可用性、不可抵赖性、可控制性、可审查性等。它面临的主要信息安全威胁是信息被窃取、伪造、篡改、恶意攻击、行为否认、非授权访问、传播病毒等，主要来源于人为错误、黑客攻击、自然灾害、意外事故、信息丢失、计算机犯罪、内/外部泄密、电子谍报、网络协议自身缺陷等。

云计算安全近年已成为学术界和工业界的研究热点。例如，信息安全领域顶级会议 CCS（ACM Conference on Computing and Communication Security）自 2009 年设立云计算安全研讨会（Cloud Computing Security Workshop，CCSW）以来，专门讨论云计算面临的安全问题及其解决方案。2009 年成立的云安全联盟在其发布的《云安全指南》中，着重总结了云计算的技术架构模型、安全控制模型及相关的合规性模型之间的映射关系，围绕 13 个识别出来的关注点，从云用户角度阐述了可能存在的商业隐患、安全威胁，并推荐了需要采取的安全措施。

云计算带来了新的技术，同时也导致出现了新的安全问题，已有的安全手段并不能解决新出现的安全问题。云服务致使用户丧失了对软件和数据的物理安全保护能力，不可靠的云服务提供商更是成为潜在的安全隐患，这也是一些企业不愿将重要数据和应用部署在云端的主要原因。

随着云计算与软件即服务模式的成熟发展，云计算安全需求的重点体现在以下几个方面。

（1）可信访问控制

由于无法信赖服务商会忠实地实施用户定义的访问控制策略，所以在云计算模式下，研究者关心的是如何通过非传统访问控制类手段来实施数据对象的访问控制。得到关注最多的是基于密码学方法来实现访问控制。

（2）密文检索与处理

数据变成密文后会失去许多特性，导致大多数的数据分析方法失效。密文检索有两种典型的方法，第一种是基于安全索引的方法通过为密文关键词建立安全索引，检索索引查询关键词是否存在；第二种是基于密文扫描的方法对密文中每个单词进行比对，确认关键词是否存在并统计其出现的次数。

（3）数据存在与可使用性证明

由于大规模数据导致通信代价巨大，用户不可能将数据下载后再验证其正确性，因此，云用户需在取回很少数据的情况下，通过某种知识证明协议或概率分析手段，以高置信概率判断远端数据是否完整。

（4）数据隐私保护

云中数据隐私保护涉及数据生命周期的每一个阶段，它的重要性不言而喻。

（5）虚拟安全技术

虚拟化技术是实现云计算的关键核心技术，使用虚拟化技术的云计算平台上的云架构提供者必须向其客户提供安全性和隔离保证。

（6）云资源访问控制

当云用户跨域访问资源时，需在域边界设置认证服务，对访问共享资源的用户进行统一的身份认证管理。在跨多个安全域的资源访问中，各域都有自己的访问控制策略，在进行资源共享和保护时必须对共享资源制定一个公共的、双方都认同的安全性访问控制策略。

（7）可信云计算

将可信计算技术融入云计算环境，以可信赖的方式提供云服务已经成为云安全研究领域的一大热点。

3.5　云管理平台

了解了云中层的监控、自动运维和云安全概念后，我们来到云的最上层。从上层抽象的视角来看，云的中、下层可以抽象为一个巨大的资源池。资源池中资源互相关联，可以被监控和管理，并且具有高可用、高可靠、可以按策略弹性伸缩和漂移等特点。为了使资源便于使用和管理，大家希望开发一个云管理系统来对这个巨大的资源池进行协同和管理，这类似于前期计算机中操作系统的功能。目前，发展得比较好管理平台为 OpenStack，后面会有专门的章节介绍 OpenStack，此处只做简要说明。

OpenStack 是一个云平台管理的项目，它不是一个软件。这个项目由几个主要的组件组合而成，完成一些具体的工作。OpenStack 最初是由 Rackspace 和 NASA 共同开发的云计算平台，帮助服务商和企业内部实现类似于 Amazon EC2 和 Amazon S3 的云基础架构服务（IaaS）。OpenStack 最初只包括两个主要模块：Nova 和 Swift，前者是 NASA 开发的虚拟服务器部署和业务计算模块，后者是 Backpack 开发的分布式云存储模块，两者可以一起用，也可以分开单独用。随着开源社区大量用户的贡献，至 2024 年已经形成 30 多个模块，常用的模块组件如下。

① Keystone：认证管理服务，提供其余所有组件的认证信息/令牌的管理、创建、修改等，使用 MySQL 等数据库存储认证信息。

② Glance：镜像管理服务，提供虚拟机部署所需的镜像管理，包含镜像的导入、格式以及制作相应的模板。

③ Nova：计算管理服务，提供对计算节点 Nova 的管理，使用 Nova-API 进行通信。

④ Neutron：网络管理服务，提供对网络节点的网络拓扑管理，同时提供 Neutron 在 Horizon 的管理界面。

⑤ Horizon：控制台服务，提供 Web 形式的对所有节点的所有服务管理，通常该服务以仪表盘（dashboard）的方式呈现。

⑥ Cinder：块存储服务，提供相应的块存储，同时提供 Cinder 在 Horizon 中的管理面板。

⑦ Swift：对象存储服务，提供相应的对象存储，同时提供 Swift 在 Horizon 中的管理面板。

⑧ Trove：唯一开源的数据库，提供相应的数据库服务，同时提供 Trove 在 Horizon 中的管理面板。

⑨ Heat：提供基于模板来实现云环境中资源的初始化，依赖关系处理、部署等基本操作，也可以解决自动弹性伸缩、负载均衡等高级特性。

⑩ Centimeter：提供对物理资源以及虚拟资源的监控，并记录这些数据，并对数据进行分析，在一定条件下触发相应的动作。

OpenStack 云计算管理平台基于 Linux 操作系统内核，但 OpenStack 云计算管理平台不仅仅适合 Linux 应用程序，由于 OpenStack 云计算管理平台开源性，现在可以与其他平台整合使用，如 Windows 和 VMware 等。

OpenStack 云计算管理平台整合发生在两个层级。OpenStack 云计算管理平台较低级别有计算节点，它们是运行虚拟机的服务器，称为实例。在 OpenStack 云计算管理平台中，OpenStack 云计算管理平台计算机节点可以是任何内容，例如 Linux、Windows 等操作系统，以及 VMware vSphere 平台。OpenStack 云计算管理平台更高层级是需要被最终用户部署的实例。任何 OpenStack 云计算管理平台的操作系统都可以在这个层级使用 OpenStack 云计算管理平台进行部署。

当迁移到 OpenStack 云计算管理平台时，OpenStack 云计算管理平台存储与网络需要更灵活。要获得更大的 OpenStack 云计算管理平台自由，就需要实施 OpenStack 云计算管理平台软件定义存储，由 OpenStack 云计算管理平台提供用于扩展的存储卷；还需要 OpenStack 云计算管理平台 SDN 来定义子网，并允许实例表现得好像它们在同一个物理子网中，即使 OpenStack 云计算管理平台甚至可能不在同一个数据中心中。

选择 OpenStack 云计算管理平台作为数据中心部署有两个原因：每个 IT 厂商都有与 OpenStack 云计算管理平台的集成解决方案，这意味着用户可以自由选择最佳的 OpenStack 云计算管理平台产品且无厂商限制。另外，OpenStack 云计算管理平台是免费的，用户不必支付高昂的费用，就能创造可以承载数千实例的 OpenStack 云计算管理平台。和 Linux 服务器操作系统一样，OpenStack 云计算管理平台也有专门的企业支持服务，这也意味着用户可以在需要的情况下购买 OpenStack 云计算管理平台企业环境与支持。

3.6 虚拟化发展趋势

从当前的云计算应用和整体的虚拟化技术应用及发展来看，以下几个方面可能会成为虚拟化技术的发展方向。

平台开放化：作为基础平台，封闭架构会带来不兼容性，无法支持异构虚拟机系统，也难以支撑开放合作的产业链需求。随着云计算时代的来临，虚拟化管理平台逐步走向开放和开源平台架构，所有厂商的虚拟机可以在开放的平台架构下共存，不同的应用厂商可以基于开放平台架构不断地丰富云应用。目前，OpenStack 就是建立在开源的基础上的，可以接入管理各大厂商提供的虚拟化技术。

混合云化：出于对数据安全的考量，大量的政府、企业整体 IT 架构构建在自有的数据中心（私有云）上。同时为了提高弹性服务并借助公有云服务和访问的便利性和灵活性，企业和政府利用类似于虚拟专用网（virtual private network，VPN）、IP 隧道等技术，把自己的 IT 架构变成叠加在公有云上的"私有云"，这样既享受了公有云的服务便利性，又可以保证私有数据的安全性。这种混合云化技术是未来的一大发展方向。

虚拟轻量化：基于 Kubernetes 的容器技术得以迅速发展。该技术优于传统基于虚拟机的虚拟化技术并成为云原生时代以及未来的事实标准。本质上，容器化是操作系统虚拟化技术的一种形式，可以让用户在使用相同共享操作系统的隔离用户空间中运行应用程序。而且对于操作系统的类型也没有限制，包括常见的 Linux、Windows、macOS 等操作系统。应用程序容器是一个完全打包、可迁移的可执行环境，效率大大高于虚拟机系统。传统虚拟机和容器的比较如图 3-27 所示。未来企业通过将大型应用分解为较小的独立组件、微服务，并将每个组件部署在容器中，这个过程可以由 Kubernetes 完成，最大限度地减少开发维护人员的工作，从而更加便携和高效。

虚拟桌面普及化：随着云计算、云存储的普及和桌面连接协议的标准化，未来的桌面办公和个人娱乐将会逐渐云化。目前，桌面虚拟化连接协议有 VMware 和 Teradici 共同开发的 PCoIP（PC over IP）、Citrix 的独立计算结构（independent computing architecture，ICA）、微软的远程桌面协议（remote desktop protocol，RDP）、华为的 HDP（Huawei discovery protocol）等。多种连接协议在公有桌面云场景下将带来终端兼容性的复杂化，终端将需要支持多种虚拟化客户端软件。对于嵌入式的云终端来说，它限制了客户采购的选择性和替代性。未来，桌面连接协议标准化将解决终端和云平台之间的广泛兼容性，形成良性的产业链结构。

架构	启动时间	是否可超分	资源占用量	内存占用	运行密度	是否拥有独立操作系统
虚拟机  APP 1 / APP 2 / APP 3 Bins/Libs / Bins/Libs / Bins/Libs guest OS / guest OS / guest OS Hypervisor 主机操作系统 基础设施	分钟级	是	大	一般为吉字节（GB）级	可在单机上运行几个虚拟机	是
容器 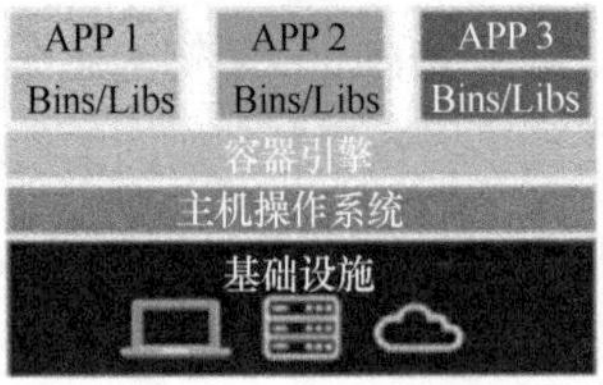 APP 1 / APP 2 / APP 3 Bins/Libs / Bins/Libs / Bins/Libs 容器引擎 主机操作系统 基础设施	秒级	否	小	一般为兆字节（MB）级	可在单机上运行上百个	否，共用宿主机内核

图 3-27　传统虚拟机和容器的比较

虚拟化客户端硬件化：当前的桌面虚拟化和应用虚拟化技术相对于富媒体的客户体验和传统的个人计算机终端还是有一定的差距的，主要原因是对于 2D/3D 视频、Flash 等富媒体缺少硬件辅助虚拟化支持。随着虚拟化技术越来越成熟及广泛应用，终端芯片将逐步加强对于虚拟化的支持，从而通过硬件辅助处理来提升富媒体的用户体验。特别是对于平板计算机、智能手机等移动终端设备，如果它们对虚拟化指令有较好的硬件辅助支持，则将大大虚拟化技术在移动终端的落地。

云管理平台操作系统化：从发展趋势来看，OpenStack 将越来越像一个云操作系统，它可以帮助我们管理整个数据中心的大型计算、存储和网络资源池，所有这些资源都通过一个 dashboard 进行管理，该 dashboard 为管理员提供控制，同时授权用户通过 Web 界面控制资源。

云计算时代是开放、共赢的时代，作为云计算基础架构的虚拟化技术，将会不断有新的技术变革，逐步增强开放性、安全性、兼容性，提升用户体验。

3.7 本章小结

本章介绍了云计算相关的基础理论和技术，从云使能技术的成熟，到云计算的底层核心技术——虚拟化技术，再到中层的云管理、自动运维和云监控技术以及云中的安全概念和技术，最后介绍了上层的开源云管理平台 OpenStack，也指出 OpenStack 最终会变成一个云操作系统。通过本章的学习，读者对云计算的整个架构应该有一个比较清晰的了解。此外，我们还针对虚拟化技术设置了一些实践（见本书配套资源）。相信通过这些实践，读者可对云计算的底层核心有深刻的理解。

习 题

一、单选题

1. 多租户的特点不包括（　　）。

A. 使用隔离　　　B. 数据安全　　　C. 可移植性　　　D. 可恢复性

2. （　　）不是 Web 技术的基本组成元素。

A. 统一资源定位符（URL）　　　　　B. WWW

C. 超文本传输协议（HTTP）　　　　　D. 标记语言（HTML、XML）

3. 云计算环境下的服务技术不包括（　　）。

A. REST 服务　　　B. 服务代理　　　C. Web 服务　　　D. 通信服务

4. 在局域网络内的某台主机上用 ping 命令测试网络连接时，发现网络内部的主机都可以连通，但不能与公网连通，其问题可能是（　　）。

A. 主机 IP 地址设置有误

B. 没有设置连接局域网的网关

C. 局域网的网关或主机的网关设置有误

D. 局域网 DNS 服务器设置有误

5. 局域网的网络地址 192.168.1.0/24,局域网络连接其他网络的网关地址是 192.168.1.1,

那么主机 192.168.1.20 访问 172.16.1.0/24 网络时，其路由设置正确的是（　　　）。

 A. route add–net 192.168.1.0 gw 192.168.1.1 netmask 255.255.255.0 metric 1

 B. route add–net 172.16.1.0 gw 192.168.1.1 netmask 255.255.255.255 metric 1

 C. route add–net 172.16.1.0 gw 172.16.1.1 netmask 255.255.255.0 metric 1

 D. route add default 192.168.1.　0 netmask 172.　168.　1.　1 metric 1

6. DNS 主要负责主机名和（　　　）之间的解析。

 A. IP 地址   B. MAC 地址   C. 网络地址   D. 主机别名

7. 云计算技术的研究重点是（　　　）。

 A. 服务器改造   B. 将资源虚拟化并整合

 C. 网络设备和网络协议改进   D. 如何建造数据中心

8. 虚拟化和云计算平台的关系是（　　　）。

 A. 没有任何关系

 B. 使用云计算必须使用虚拟化

 C. 虚拟化可以实现云计算底层资源池化

 D. 虚拟化用来管理云计算

9. 虚拟化资源指一些可以实现一定操作具有一定功能，但其本身是（　　　）的资源，如计算池、存储池和网络池，以及数据库资源等，通过软件技术来实现相关的虚拟化功能包括虚拟环境、虚拟系统、虚拟平台。

 A. 虚拟   B. 真实   C. 物理   D. 实体

10. 与 SaaS 不同的，这种"云"计算形式把开发环境或者运行平台也作为一种服务给用户提供，即（　　　）。

 A. 基于平台服务   B. 软件即服务

 C. 基于 Web 服务   D. 基于管理服务

二、多选题

1. 互联架构的基本组成部分包括（　　　）。

 A. 无连接分组交换   B. 面向连接的分组交换

 C. 基于路由器的互联   D. 基于交换机的互联

2. 现代数据中心集中存储的 IT 资源包括（　　　）。

 A. 服务器   B. 数据库

 C. 网络与通信设备   D. 软件系统

3. 采用标准化和模块化技术，对数据中心而言可以获得的优势有（　　）。

A. 可扩展性　　　B. 价格便宜　　　C. 可增长性　　　D. 快速更换

4. 下列物理 IT 资源（　　）可以转换为虚拟 IT 资源。

A. 服务器　　　B. 存储设备　　　C. 网络　　　D. 电源

5. 使用虚拟机可以带来的优点包括（　　）。

A. 自动管理　　　B. 硬件无关性　　　C. 服务器整合　　　D. 资源复制

6. 远程管理系统一般包括（　　）。

A. 资源管理系统　　　　　　　　　B. 安全管理系统

C. SLA 管理系统　　　　　　　　　D. 计费管理系统

7. 远程管理系统的入口包括（　　）。

A. 使用与管理入口　　　　　　　　B. 运行与监控入口

C. 自助服务入口　　　　　　　　　D. 人工服务入口

8. 通过远程管理系统，云用户通常能够执行的任务包括（　　）。

A. 配置和建立云服务　　　　　　　B. 监控云服务的状态、使用和性能

C. 管理租赁成本和使用费用　　　　D. 规划与评估 IT 资源供给

9. 资源管理系统可以实现自动化任务包括（　　）。

A. 管理虚拟 IT 资源模板　　　　　B. 分配和释放虚拟 IT 资源

C. 协调 IT 资源　　　　　　　　　D. 监控 IT 资源

10. 云安全的基本特性包括（　　）。

A. 保密性　　　B. 完整性　　　C. 真实性　　　D. 可用性

11. 影响云服务基本安全的包括下列选项（　　）。

A. 威胁　　　B. 漏洞　　　C. 缺陷　　　D. 风险

12. 云计算中，I/O 虚拟化方式有（　　）。

A. 完全虚拟化　　　　　　　　　　B. 半虚拟化

C. 嵌套虚拟化　　　　　　　　　　D. 硬件辅助的虚拟化

13. 学习云计算应该首先打牢底层基础知识循序渐进,底层基础内容包含(　　)。

A. 计算机基础　　　　　　　　　　B. 网络技术基础

C. 存储技术基础　　　　　　　　　D. 虚拟化技术基础

E. Linux 操作系统基础

14. 主要的云使能技术包括（　　）。

A. 宽带网络和互联网技术　　　　　B. 数据中心技术

C. 虚拟化技术

D. Web、多租户、服务技术

15. 云计算关键技术包括（　　）。

A. 分布式存储

B. 虚拟化

C. 分布式计算

D. 多租户

16. 数据中心选址时应该注意（　　）。

A. 要选择自然灾害较少发生的地方

B. 要选择气温比较低的地方

C. 要选择电力资源比较丰富的地方

D. 要选择人类聚居的地方

17. 云数据中心的特征有（　　）。

A. 高设备利用率

B. 高可用性

C. 绿色节能

D. 人工化管理

18. 云计算关键技术之一的软件定义架构，包括（　　）。

A. 软件定义计算

B. 软件定义存储

C. 软件定义网络

D. 软件定义数据中心

19. 云管理平台的作用包括（　　）。

A. 将各种接口、工具和流程进行组合以提供定义的服务

B. 将软件和硬件进行组合

C. 自动化各种工作流程

D. 提供平台的监控、运维、扩展、计费等功能

三、判断题

1. 所有的云都必须连接到网络，所以云对网络互联是固有依赖。

2. 资源管理系统帮助协调 IT 资源，以便响应云用户和云提供者执行的管理操作。

3. 资源管理系统的核心是 VMM（Hypervisor）。

4. SLA 管理系统是远程管理系统的一个必备组成部分，代表一系列商品化的可用云管理产品。

5. SLA 数据用来判断监控指标与供给合同中的 SLA 条款是否一致。

6. SLA 管理系统常常会包含一个库，用于存储和检索被收集的基于预定义指标和报告参数的 SLA 数据。

7. 云计算就是一个分布式计算技术。

8. 云计算的基本原理为：利用非本地或远程服务器（集群）的分布式计算机为互联网用户提供服务（计算、存储、软硬件等服务）

四、简答题

1. 简述计算机虚拟化技术以及常见的虚拟化软件。

2. 什么是无连接分组交换？

3. 请说明云中常用的存储技术 SAN 和 NAS 的异同。

4. 请根据自己的理解，简述云计算与虚拟化之间的关系。

五、实践题

1. 因为 KVM 和 Xen 不能同时安装在一个系统中，所以在计算虚拟化实验中，读者可以在启动 SUSE 虚拟机时选择第三项，完成基于 Xen 虚拟化技术的虚拟机的创建，并尝试在虚拟机中安装软件和操作系统。

2. 在网络虚拟化实验基础上设计一个实验，实现三层路由转发，让 VLAN 10、VLAN 20 中的物理机、虚拟机都可以互通，甚至可以接入互联网。

3. 自主探索 FreeNAS 存储实践中，在 Windows 中连接 NFS 共享存储。另外，在 Windows 和 Linux 中通过 FTP 使用 FreeNAS 的共享存储。

第 4 章

分布式存储 Ceph

　　Ceph 可以称为存储领域的 "Linux"。Ceph 是一个开源的、提供软件定义的、统一的分布式存储解决方案，即能够同时提供块存储、文件存储和对象存储。由于其高性能、高可靠性、高扩展性以及一开始就和 OpenStack 云计算平台的紧密结合特性，它在云计算领域占据了绝对领导地位，且在大数据领域也有着广阔的应用前景。

4.1　Ceph 简介

　　就目前的发展来看，Ceph 已经是一个震撼了整个存储行业的热门的软件定义存储（software defined storage）系统。它是一个开源项目，提供软件定义的、统一的分布式存储解决方案，其设计初衷是提供一个高性能、可大规模扩展、无单点故障的分布式存储系统。一开始它就运行在较为廉价的通用商用硬件上，具有高度可伸缩性，容量可扩展至 EB 甚至更大级别。由于其开放性、可扩展性和可靠性，Ceph 逐渐成为存储行业的翘楚。在云计算和软件定义基础设施时代，Ceph 为云计算提供了一个完全由软件定义的存储系统，无论在公有云、私有云，还是混合云中，它都有着广泛的应用场景，当下诸多商业分布式存储也是基于 Ceph 二次开发后的产品。

Ceph 是由加利福尼亚大学圣克鲁斯分校的 Sage Weil 在 2003 年开发的，这是他的博士学位项目的一部分。初始的项目原型是包含大约 40000 多行 C++代码的 Ceph 文件系统，并于 2006 年作为参考实现和研究平台遵循 GNU 宽通用公共许可证（lesser general public license，LGPL）开源。2003—2007 年是 Ceph 的研究开发时期，这一时期它的核心组件逐渐形成，同时开源社区对项目的贡献也开始逐渐变大。2007—2011 年，随着 Ceph 的成熟，一家名为 DreamHost 的公司参与进来，对其进行孵化。在这一时期，Ceph 逐渐成形，已有组件变得更加稳定可靠，各种新特性也已经实现。2012 年 4 月，Sage Weil 在 DreamHost 的资助下成立了一家新公司——Inktank，提供 Ceph 专业服务和技术支持，并在 2014 年 4 月被红帽公司收购。

早在 2008 年 5 月，Sage Weil 就发布了 Ceph 0.2 版本，之后开发速度逐渐加快，版本发布时间缩短，现在每隔一个月都会有新版本的更新。2012 年 7 月，Sage Weil 宣布最重要的一个版本 Argonaut（0.48 版本）发布，其版本发布命名规则和 OpenStack 规则相像，依据字母表的顺序往后排列。截至本书完稿，最新版本为 Quincy 版本。官方只对 Pacific 和 Quincy 版本定期进行后端报告和安全修复，之前的旧版本不再提供后端报告和安全修复。

4.2 Ceph 的特点

Ceph 具有以下特点。

- 高性能：Ceph 摈弃了传统集中式存储元数据寻址的方案，采用可扩展哈希下的受控复制（controlled replication under scalable hashing，CRUSH）算法，数据分布均衡，并行度高。它支持上千个存储节点的规模，支持 EB 级数据规模。
- 高可靠性：通过副本来保证数据的可靠性，同时支持纠删码，以进一步节省物理存储空间。

- 高度自动化：具有数据自动复制、自动均衡、自动故障检测和自动故障恢复功能。总体而言，这些自动化功能既保证了系统的高度可靠，也保障了在系统规模扩大之后，其运维难度仍能维持在一个相对较低的水平。
- 高可扩展性：理论上 Ceph 存储节点可以无限扩展，并随着存储节点数的增加，其性能也线性增长。
- 特性丰富：在一个统一的平台上同时支持块存储、文件存储和对象存储，以及支持多种语言驱动。

4.3　Ceph 的架构

Ceph 是在一个统一的系统中唯一地提供对象、块和文件存储，其实现核心是可靠的自主分布式对象存储（reliable autonomic distributed object store，RADOS）。Ceph 中的一切都是以对象的形式存储的，RADOS 负责存储这些对象，而不考虑它们的数据类型。RADOS 层确保数据的一致性和可靠性。对于数据一致性，它执行的操作有数据复制、故障检测和恢复，以及数据在集群节点间的迁移和再平衡。Ceph 架构如图 4-1 所示。

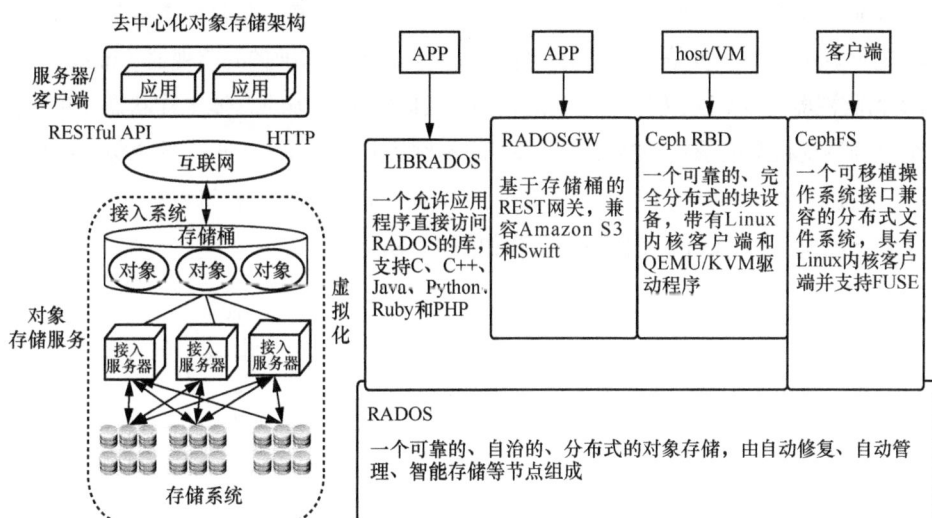

图 4-1　Ceph 架构

LIBRADOS 是一种用来简化访问 RADOS 的库，它目前支持 C、C++、Java、Python、Ruby、PHP 等语言。它提供 Ceph 集群的本地接口 RADOS，并且是其他服务（Ceph RBD

和 RADOSGW）的基础，以及为 CephFS 提供可移植操作系统接口（portable operating system interface，POSIX），LIBRADOS API 支持直接访问 RADOS，使得开发者能够创建自己的接口，访问 Ceph 集群存储。

RADOSGW 也称为 Ceph 对象网关，提供兼容 Amazon S3 和 OpenStack 对象存储 API（Swift）的 RESTful API。RADOSGW 还支持多租户和 OpenStack 的 Keystone 身份认证服务。

Ceph RBD 也称为 Ceph 块设备，它对外提供块存储，也可以被映射、格式化挂载到服务器，并且支持精简制备、克隆、快照等商业存储特性。

CephFS（Ceph 文件系统）提供了一个任意大小且兼容 POSIX 的分布式文件系统。CephFS 依赖 Ceph MDS 来跟踪文件层级结构，Ceph MDS 是 Ceph 元数据服务（metadata service），只为 Ceph 文件系统服务。启用 Ceph 文件系统的同时必须在集群中启用一个 Ceph MDS 守护进程。

一旦应用程序访问 Ceph 集群执行写操作，数据会以对象的形式被存储在 Ceph 对象存储设备（object storage device，OSD）中。这是 Ceph 集群中存储实际用户数据并响应客户端读操作请求的唯一组件。通常，一个 OSD 守护进程与集群中的一个物理磁盘进行绑定。

Ceph 底层是 RADOS，它由两种组件组成：一种是为数众多且负责数据存储和维护功能的 OSD，另一种是若干个负责完成系统状态检测和维护的监视器（monitor）。OSD 和监视器之间相互传输节点状态信息，共同得出系统的总体工作状态，并形成一个全局系统状态记录数据结构，即所谓的集群映射（cluster map）。这个数据结构和 RADOS 提供的特定算法相配合，便实现了 Ceph "无须查表，算算就好"的核心机制以及若干优秀特性。Ceph 工作原理示意如图 4-2 所示。

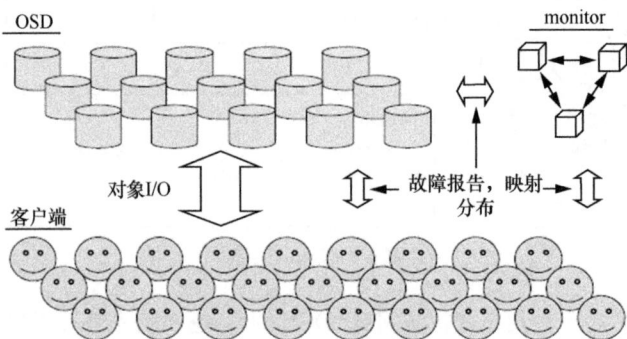

图 4-2　Ceph 工作原理示意

4.4　Ceph I/O 算法流程

Ceph 底层使用了对象存储，每一个对象（object）被视为一个文件（file）进行存储，在底层系统中，object 对应一个文件，采用对象存储（无分层无目录），如图 4-3 所示。

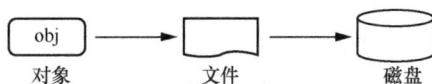

图 4-3　对象存储

每一个对象在集群内具有唯一的 ID。每个存储对象包括 ID、binary data 和 metadata，具体语义由客户端决定，其语义示例如图 4-4 所示。例如，在 CephFS 中，存储对象用于存储文件属性（文件所有者、创建日期、最后修改日期等）。

ID	binary data	metadata	
1234	0101010101010100110101010010 0101100001010100110101010010 0101100001010100110101010010	name1 name2 name$N$	value1 value2 value$N$

图 4-4　存储对象语义示例

Ceph I/O 算法流程如图 4-5 所示。

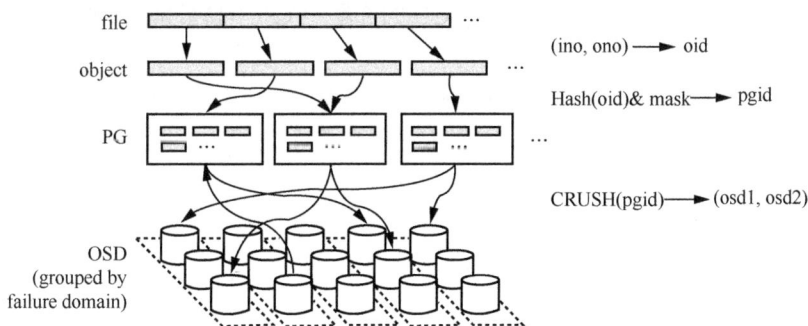

图 4-5　Ceph I/O 算法流程

第一次映射：实现 file→object 映射，即 ino（file 的元数据，file 的唯一 ID）+ ono（file 切分产生的某个 object ID，默认以 4 MB 切分一个块大小）= oid（object ID）。

object 的大小（size）由 RADOS 限制，以便实现底层存储的组织管理，比如 4 MB。

当上层应用向 RADOS 存入 size 很大的 file 时，file 会被切分成统一大小的一系列 object（最后一个 object 的大小可以不同）进行存储。

第二次映射：指定一个静态 Hash 函数来计算 oid 的值，将 oid 映射成一个近似均匀分布的伪随机值，然后和 mask 按位相与，得到 pgid，即 object→PG 映射，具体为

① Hash（oid）& mask→pgid；

② mask = $m - 1$，其中 m 表示 PG 总数，其值为 2 的整数幂。

第三次映射：归置组（placement group，PG），其作用是对 object 的存储进行组织和位置映射（类似于 Redis 集群中槽的概念）。一个 PG 中会有很多 object，但一个 object 只能被映射到一个 PG 中。同时，一个 PG 会被映射到 n 个 OSD 上，每个 OSD 会承载大量的 PG。在具体实践中，这里的 n 至少为 2，生产环境中至少为 3，即三副本存储。采用 CRUSH 算法，将 pgid 代入其中后得到一组 OSD，即 PG→OSD 映射，具体为：

$$CRUSH（pgid）\rightarrow（osd1,osd2）$$

4.5 Ceph 读/写数据流程

客户端首先访问 Ceph monitor，获取 cluster map 的一个副本，将数据转化为一个或多个对象，每个对象具有对象名称和存储池名称。然后，该对象以 PG 数为基数进行散列运算，在指定的 ceph 存储池中生成最终的 PG。最后，这个计算出的 PG 通过 CRUSH 查询来确定存储或获取数据的主→次→再次 OSD 的位置。Ceph 存储数据流程如图 4-6 所示。

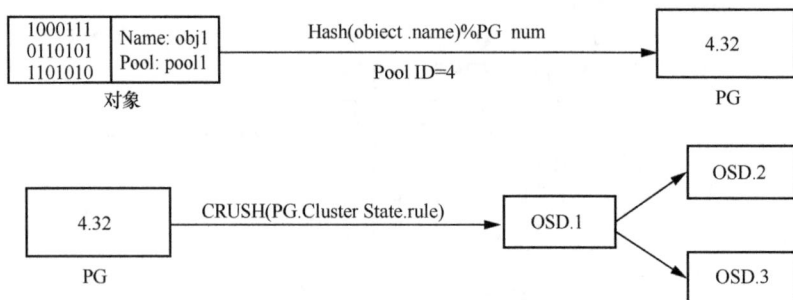

图 4-6 Ceph 存储数据流程

一旦客户端获得了精确的 OSD ID，它将会和这些 OSD 通信并存储数据。这些操作都是在客户端完成的，所以不会影响集群服务器端性能。

图 4-7 展示了 Ceph 读/写数据过程。可以看出，读数据只需要两步，而写数据的步骤较多，需要主 OSD 完成写入、其他相关 OSD 都完成副本复制写入，才算完成所有写数据步骤，因此 Ceph 读性能要优于写性能。

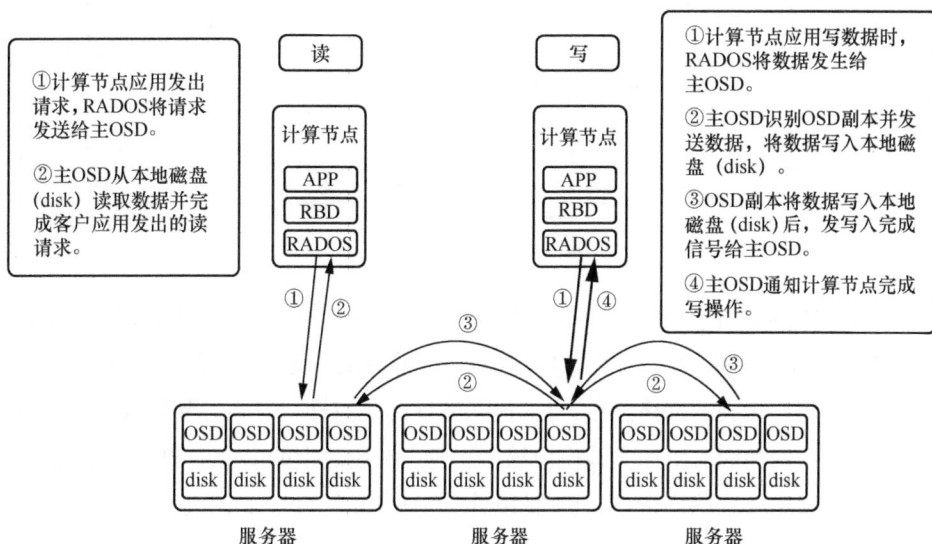

图 4-7　Ceph 读/写数据过程

4.6　Ceph 操作实践

Ceph 存储集群建立在商业硬件之上，这些商业硬件主要是行业标准服务器，装有提供存储容量的物理磁盘和标准网络基础设施。这些服务器运行标准 Linux 发行版及其之上的 Ceph 软件。

在物理磁盘方面，生产环境中主要使用较为廉价的大容量串行先进技术总线附属接口（serial advanced technology attachment interface，SATA）磁盘为主，通常还使用固态硬盘进行加速。Ceph 在底层使用了对象存储，对象存储的元数据保存在固态硬盘中，而数据保存在 SATA 硬盘中，故能提高对象存储的性能。Ceph 也支持基于硬盘类型的分层存储，即整个存储系统中既有高速固态的 SSD 存储 OSD，也有较高速度的 SAS 存储 OSD，还有大容量较为廉价的 SATA 存储 OSD，因此创建存储池（pool）时可通过缓存分层存储实现最佳性能。图 4-8 展示了 Ceph 网络拓扑。

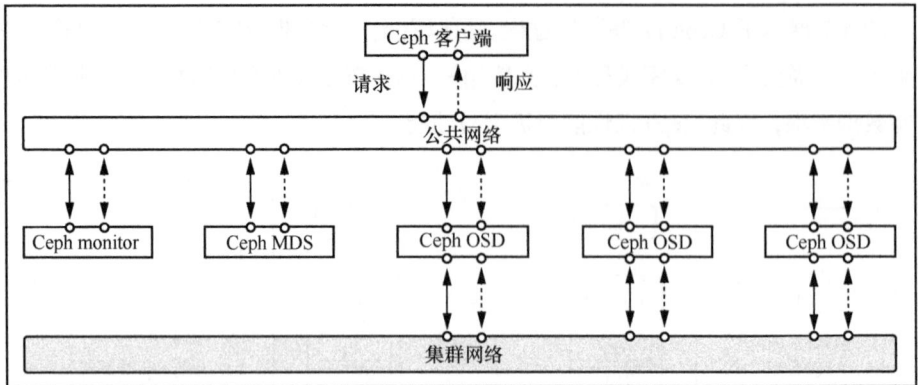

图 4-8　Ceph 网络拓扑

　　Ceph 存储系统至少需要一个公共网络（public network）和一个集群网络（cluster network），如图 4-8 所示。公共网络负责前端对外提供存储服务，集群网络负责后端用于处理与集群相关的网络流量，如处理 OSD 心跳信号、对象复制和恢复流量等，从而提高集群的性能。生产实践中应该根据每个节点之上的 OSD（即物理磁盘）传输速率和数量来决定网络带宽。例如 10 个 OSD，每个 OSD 的理论传输速率为 250 MB/s，则每个节点的理论传输带宽即为 $250 \times 10 \times 8 = 20000$ Mbit/s，理想的传输带宽即为 2×10 Gbit/s，即该节点至少配置 2 个 10 Gbit/s 端口，理想情况下前、后端均为 10 Gbit/s 端口。目前 25 G /40 G /100 G（这里的 G 表示 Gbit/s）接口较为昂贵（服务器端和交换机端），多个 10 Gbit/s 端口进行捆绑使用是成本较低的一种方式。

　　生产实践中 CPU 要保证可用核数大于 OSD 数，因为在生产实践中经常会将单个 OSD 绑定到一个 CPU 核上运行，以提高 OSD 性能。尽管 Ceph 默认使用的是多副本复制方式来保证其数据可靠性，但多副本的缺点是需要多占用两倍的存储空间来提供冗余。为了降低单位存储的存储费用，Ceph 从 Firely 发行版开始，也支持一种称为纠删码的数据保护方法。纠删码由于需要计算，因此会消耗一定的 CPU 计算能力，如果要在一些存储池中使用纠删码，则需采用较高主频的 CPU 以提高存储效率。内存方面除了系统和服务运行需要，每个 OSD 也经常会被预留一定的容量作为缓存，通常为 1～8 GB。

　　Ceph 监视器在较小规模存储集群中可与 OSD 部署在一起，在较大规模存储集群中可使用单独的服务器，且数量保持为奇数（如 3）。RADOSGW 也可单独部署。目前不推荐将 Ceph 文件存储和 iSCSI 服务用于生产环境中。

　　在本章配套的 Ceph 实践中，我们可以准备 3 个虚拟机，每个虚拟机有 2 块网卡，

1 块用于公共网络，1 块用于集群网络，并除了系统盘之外至少有 1 块磁盘用于创建 OSD。本实践的网络拓扑如图 4-9 所示。

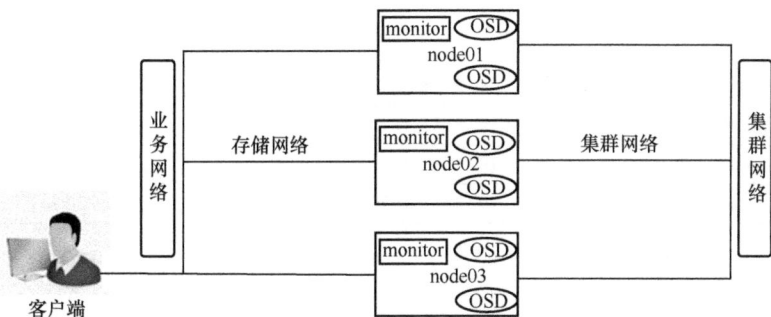

图 4-9　Ceph 实践的网络拓扑

首先，准备 3 个虚拟机完成 Ceph 的安装部署，建议操作系统镜像选择 openEuler 22.03 LTS 或 Ubuntu 22.04。实际生产环境中 Ceph 的部署还可以使用 deph-deploy 工具来完成。此处我们在学习过程中使用手工部署。对于安装部署的步骤和内容，读者还可以参考官方文档。

在开始安装部署之前我们先了解一些基本术语，具体如下。

唯一标识符 fsid：fsid 是集群的唯一标识符，表示 Ceph 存储集群主要用于 Ceph 文件系统时的文件系统 ID。通常我们使用 uuidgen 命令为集群生成一个唯一标识符。

集群名称 cluster name：Ceph 集群有一个集群名称，该名称是一个没有空格的简单字符串，默认的集群名称是 ceph。读者也可以指定不同的集群名称。当使用多个集群时，修改默认集群名称尤其有用，以方便清楚地了解使用的是哪个集群。

监视器名称 monitor name：集群中的每个监视器实例都有一个唯一的名称。通常情况下，Ceph monitor 名称是主机名。我们可以使用命令 hostname -s 命令查看主机名。

监视器映射图 monitor MAP：引导初始监视器需要生成监视器映射图。监视器映射图需要 fsid、群集名称、至少一个主机名及其 IP 地址。

监视器密钥环 monitor keyring：Ceph 默认使用 cephx 认证，通过密钥环（keyring）进行认证和授权。监视器通过密钥相互通信。应用时必须生成一个带有监视器密钥的密钥环，并在引导初始监视器时提供该密钥环。

管理员密钥环 administrator keyring：要使用 Ceph CLI 工具，必须具有客户端。引导阶段需要生成管理员用户 admin 及其密钥环，通过管理员 admin 对集群进行管理。在使用过程中，我们还会生成其他 client 用户，添加用户需要生成用户名及其对应的密钥环，以及相应的授权。

3 台虚拟机的配置信息如表 4-1 所示。

表 4-1　3 台虚拟机的配置信息

hostname	public-network（subnet-ceph）	cluster-network（subnet-c9aa）
node01	192.168.1.101	192.168.2.101
node02	192.168.1.102	192.168.2.102
node03	192.168.1.103	192.168.2.103

1．准备工作

在正式开始安装部署之前，每个节点先完成基本的准备工作，具体如下。

- 各节点网卡 IP 地址配置。
- 主机名命名和解析。
- 时区设置和时钟同步。
- 各节点间 SSH 免密认证。
- 系统升级和优化，包括关闭不必要的服务，如防火墙、SELinux（security-enhanced Linux），以及文件系统和 ulimit 的优化。生产环境还需对磁盘和网卡进行相关优化。
- 添加软件仓库（可选）。像 openEuler、Ubuntu 等发行版的 Linux 默认软件仓库已包含 Ceph 软件，可直接安装使用。默认软件仓库若没有 Ceph 的发行版，则需要手动添加。或需要安装更新版本的 Ceph 时手动添加软件仓库。

2．mon 节点部署

Ceph 集群的部署要从创建 mon 节点（即 monitor 节点）开始，mon 节点在一个集群中最少有一个或奇数个。有多个 mon 节点时则需要使用仲裁（quorum），Ceph 使用 Paxos 算法来确保仲裁的一致性。mon 节点的部署步骤如下。说明：本章的命令较多，为方便大家识别，前面有 "#" 的内容表示正式的命令，前面无 "#" 的内容表示说明或命令回显结果。

步骤 1：所有节点安装 Ceph，更新软件仓库并使用 yum 命令安装 Ceph 软件。

```
更新软件仓库
# yum update -y
安装 Ceph
# yum install ceph -y
查看 Ceph 版本，各节点须保持版本一致
```

```
# ceph -v
ceph version 16.2.7 (dd0603118f56ab514f133c8d2e3adfc983942503) pacific (stable)
```

步骤 2：在 node01 上安装 mon 节点。首先在初始节点 node01 上生成初始配置文件，生成一个 UUID 作为集群唯一标识符。

```
# uuidgen
79e959e7-a534-46ef-94b7-eaee96e4c4ee
```

创建/etc/ceph/ceph.conf 文件，文件中配置的内容如下。

```
# vi /etc/ceph/ceph.conf
[global]
fsid=79e959e7-a534-46ef-94b7-eaee96e4c4ee
mon initial members=node01
mon host=192.168.1.101
public network=192.168.1.0/24
cluster network=192.168.2.0/24
auth cluster required=cephx
auth service required=cephx
auth clientrequired=cephx
osd pool default size=3
osd pool default min size=2
osd pool default pg num=16
osd pool default pgp num=16
osd crush chooseleaf type=1
```

步骤 3：初始化添加 mon 节点。

```
创建 mon 密钥环
# ceph-authtool --create-keyring /tmp/ceph.mon.keyring --gen-key -n mon.
--cap mon 'allow *'
创建管理员 admin 密钥环
# sudo ceph-authtool --create-keyring /etc/ceph/ceph.client.admin.keyring --gen-
key -n client.admin --cap mon 'allow *' --cap osd 'allow *' --cap mds 'allow *'
--cap mgr 'allow *'
创建 OSD 引导密钥环
# sudo ceph-authtool --create-keyring /var/lib/ceph/bootstrap-osd/ceph.keyring
--gen-key -n client.bootstrap-osd --cap mon 'profile bootstrap-osd'
将 mon 密钥环和 OSD 引导密钥环添加到 admin 密钥环文件中
# sudo ceph-authtool /tmp/ceph.mon.keyring --import-keyring /etc/ceph/ceph.
client.admin.keyring
# sudo ceph-authtool /tmp/ceph.mon.keyring --import-keyring /var/lib/ceph/
bootstrap-osd/ceph.keyring
```

步骤 4：修改 mon 密钥环文件用户属主，生成监控映射（monmap），创建 mon 目录，初始化 mon 节点守护进程。

```
修改 mon 密钥环文件用户组
```

```
# chown ceph:ceph /tmp/ceph.mon.keyring
```
生成 monmap
```
# monmaptool --create --add node01 192.168.1.101 --fsid 79e959e7-a534-46ef-
94b7-eaee96e4c4ee /tmp/monmap
```
创建 mon 目录，默认集群名称为 ceph，当前节点名称为 node01
```
# sudo -u ceph mkdir /var/lib/ceph/mon/ceph-node01
# chown -R ceph /var/lib/ceph/mon/ceph-node01
```
初始化 mon 节点守护进程，默认集群名称为 ceph，使用 monmap 和 mon 密钥环进行初始化
```
# sudo -u ceph ceph-mon --mkfs -i node01 --monmap /tmp/monmap
--keyring /tmp/ceph.mon.keyring
```
查看/var/lib/ceph/mon/ceph-node01 目录是否有文件生成，正常会有 keyring、kv_backend、
store.db 这 3 个文件
```
# ls /var/lib/ceph/mon/ceph-node01/
```
为了防止重新被安装，创建一个空的 done 文件
```
# sudo touch /var/lib/ceph/mon/ceph-node01/done
```

步骤 5：启动服务，查看服务，设置开机启动。

```
systemctl start ceph-mon@node01
systemctl status ceph-mon@node01
systemctl enable ceph-mon@node01
```

步骤 6：使用 ceph -s 命令查看集群监控的情况，并消除告警，直至集群状态（health）
为 HEALTH_OK。运行结果如图 4-10 所示。

查看集群状态
```
# ceph -s
```
消除告警
```
# ceph config set mon mon_warn_on_insecure_global_id_reclaim_allowed false
# ceph mon enable-msgr2
```
再次查看集群状态，直至为 HEALTH_OK
```
# ceph -s
```

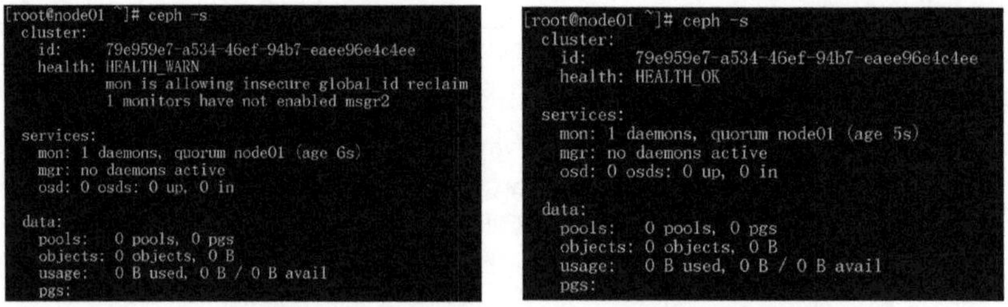

(a) 消除告警前   (b) 消除告警后

图 4-10   查看集群监控（1 个 mon 节点）

至此，初始节点（node01）安装部署完毕。ceph 配置文件和管理员密钥环可复制
到其他节点相应目录下，具体命令如下。

```
ls /etc/ceph/
```

```
scp /etc/ceph/* node02:/etc/ceph/
scp /etc/ceph/* node03:/etc/ceph/
```

如果其他节点也要启用 mon 服务，即添加新的 mon 节点（mon 节点一般为奇数个，中小型集群推荐 3 个），可按如下步骤启用。

步骤 1：登录新节点。

```
ssh node02
```

步骤 2：创建该节点的 mon 目录。

```
sudo -u ceph mkdir /var/lib/ceph/mon/ceph-node02
```

步骤 3：在临时目录下获取监视器密钥环和监视器运行图。

```
ceph auth get mon. -o /tmp/ceph.mon.keyring
ceph mon getmap -o /tmp/ceph.mon.map
```

步骤 4：修改监视器密钥环属主和属组为 ceph。

```
chown ceph:ceph /tmp/ceph.mon.keyring
```

步骤 5：初始化 mon 节点。

```
sudo -u ceph ceph-mon --mkfs -i node02 --monmap /tmp/ceph.mon.map
--keyring /tmp/ceph.mon.keyring
```

步骤 6：启动服务，查看服务并使能开机启动。

```
systemctl start ceph-mon@node02
systemctl status ceph-mon@node02
systemctl enable ceph-mon@node02
```

步骤 7：使用以下命令进行验证。

```
ceph -s
```

步骤 8：为了防止 Ceph 软件重新被安装在 mon 节点目录下，使用以下命令创建一个空的 done 文件。

```
sudo touch /var/lib/ceph/mon/ceph-node02/done
```

节点 node03 添加 mon 节点也按如上步骤进行操作，修改节点名称即可。3 个节点都安装监视器之后，查看集群状态以验证，得到的结果如图 4-11 所示。可以看出，此时 mon 服务有 3 个节点。

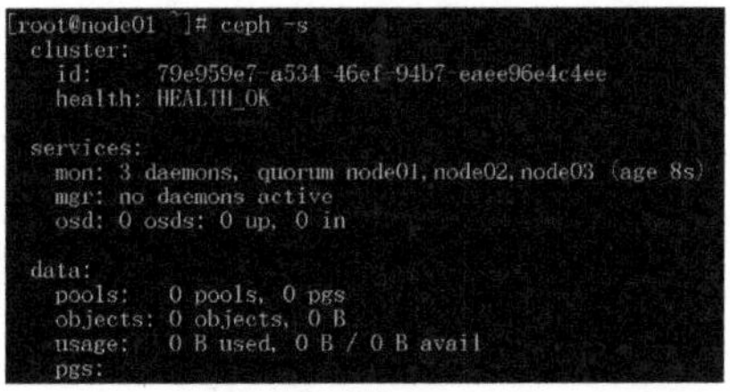

图 4-11　查看集群监控（3 个 mon 节点）

3 个 mon 节点能避免单独故障，提高系统可靠性。由于新增加了 mon 节点，因此在配置文件中添加以下配置（以 node01 为例），并将配置文件同步至其他节点。

```
vi /etc/ceph/ceph.conf
[global]
fsid=79e959e7-a534-46ef-94b7-eaee96e4c4ee
mon initial members=node01
mon host=192.168.1.101,192.168.1.102,192.168.1.103
# scp /etc/ceph/* node02:/ect/ceph/
# scp /etc/ceph/* node03:/ect/ceph/
```

3. OSD 部署

OSD 部署步骤如下。

步骤 1：首先将 OSD 引导密钥环文件/var/lib/ceph/bootstrap-osd/ceph.keyring、密钥环从初始 mon 节点（node01）复制到集群其他节点的相同目录下，或使用如下命令直接从集群导出。

```
导出 OSD 引导密钥环
# ceph auth get client.bootstrap-osd -o /var/lib/ceph/bootstrap-osd/ceph.keyring
确认 osd 引导密钥环是否存在
# ls -l /var/lib/ceph/bootstrap-osd/ceph.keyring
```

步骤 2：查看可用磁盘，并验证磁盘，确保磁盘为空闲状态。注意，此处一定要再三检查目标磁盘是否为期望的磁盘，如果操作的磁盘错了，分区表直接就没了。当前 OSD 磁盘盘符为 vdb。

```
查看磁盘
# ls /dev/vd*
lsblk
查看 OSD 所用磁盘 vdb 的信息
# fdisk -l /dev/vdb
清除磁盘分区信息（如果是全新硬盘则可跳过此处）
# dd if=/dev/zero of=/dev/vdb bs=512K count=1
```

步骤 3：创建 OSD 会使用到 LVM 卷工具，因此需先确保 LVM 卷工具已安装。

```
创建 OSD
# sudo ceph-volume lvm create --data /dev/vdb
```

当前版本默认底层默认存储机制为 BlueStore，其性能较早先的 FileStore 要好，并针对 SSD 磁盘做了优化。如有固态盘，则可用如下命令对 db 和 wal 使用单独存储空间进行加速。

```
# sudo ceph-volume lvm prepare --data {dev/vg/lv} --block.wal {partition}
--block.db { partition }
```

步骤 4：查看创建 OSD 结果。

```
查看 ceph-volume
# sudo ceph-volume lvm list
```

步骤 5：启动 osd 服务，并设置开机启动，其中 OSD 编码从 0 开始依次排列。

```
# systemctl start ceph-osd@0
# systemctl status ceph-osd@0
# systemctl enable ceph-osd@0
```

同样地，在 node02 和 node03 节点也添加 OSD，操作步骤同 node01。所有节点都添加好 OSD 后，使用以下命令查看 OSD 树和集群信息。

```
查看 OSD 树，会看到每个存储节点的 OSD
# ceph osd tree
查看 ceph 集群状态，此时会有警告，因为还未添加 mgr 进程
ceph -s
```

因为默认副本数为 3，所以最少需要 3 个节点和 3 个 OSD 磁盘。

4．添加 mgr

Ceph 管理进程（ceph-mgr，简称 mgr）主要负责持续监控当前集群的运行指标和运行状态，其中包括存储利用率、当前性能指标、系统负载。mgr 还通过基于 Python 的模块组管理和为外界提供统一的入口获取集群运行信息，包括一个基于 Web 的 dashboard 和 RESTful API。一个集群一般需要主备冗余的两个节点运行 mgr。只有当主 mgr 死掉，备用 mgr 才会被启用。

mgr 可以安装配置在任一节点上，我们在 node01 节点进行部署，步骤如下。

步骤 1：创建 mgr 密钥环，命令如下。

```
# ceph auth get-or-create mgr.node01 mon 'allow profile mgr' osd 'allow *' mds
'allow *'
```

步骤 2：创建 mgr 节点目录，节点目录默认名称为集群名称｜节点名称，命令如下。

```
# sudo -u ceph mkdir /var/lib/ceph/mgr/ceph-node01
```

步骤 3：获取 mgr 密钥环，并将其导出到节点目录下，默认名称为 keyring，命令如下。

```
# ceph auth get mgr.node01 -o /var/lib/ceph/mgr/ceph-node01/keyring
```

步骤 4：启动进程并设置自动启动，命令如下。

```
# systemctl start ceph-mgr@node01
# systemctl status ceph-mgr@node01
# systemctl enable ceph-mgr@node01
```

如果要安装备用 mgr，可按如上方法在另一个节点安装 mgr。当存在多个 mgr 时，只有一个 mgr 为主 mgr，其他为备用 mgr，只有当主 mgr 停止服务或死机时，备用 mgr 中的一个会切换为主 mgr，继续提供服务。我们再次查看集群监控，其结果如图 4-12 所示。

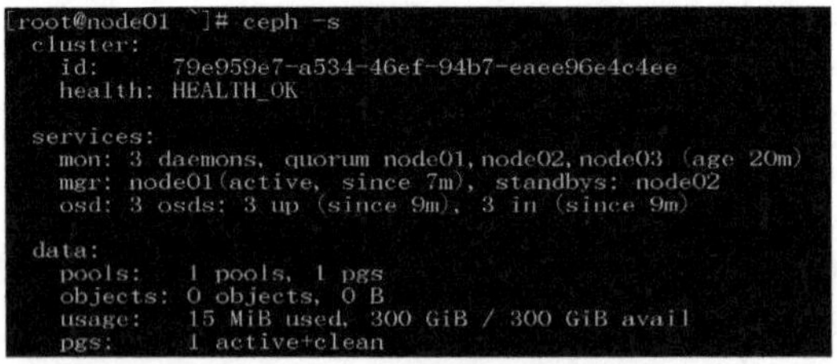

图 4-12　集群监控查看结果

在 mgr 所在节点可以安装 ceph-mgr-dashboard，以便于使用 Web 管理 dashboard，具体步骤如下。

步骤 1：在 mgr 所在节点安装 ceph-mgr-dashboard。

```
yum install -y ceph-mgr-dashboard
```

步骤 2：在 mgr 所在节点启用 dashboard。

```
开启 dashboard 模块
# ceph mgr module enable dashboard
使用自定义证书
# ceph dashboard create-self-signed-cert
创建证书文件
# openssl req -new -nodes -x509 \
-subj "/O=IT/CN=ceph-mgr-dashboard" -days 3650 \
-keyout dashboard.key -out dashboard.crt -extensions v3_ca
```

步骤 3：导入证书文件和私钥文件。

```
# ls
# ceph dashboard set-ssl-certificate -i dashboard.crt
# ceph dashboard set-ssl-certificate-key -i dashboard.key
```

步骤 4：设置 dashbaord 地址和端口，当启动 HTTPS 时 HTTP 不生效。

```
# ceph config set mgr mgr/dashboard/server_addr 172.16.1.11
# ceph config set mgr mgr/dashboard/server_port 8080
# ceph config set mgr mgr/dashboard/ssl_server_port 8443
```

步骤 5：创建密码文件，内容为 Web 管理员设置的用户密码，然后创建管理员用户 admin。

```
# vi /root/cephpasswd
# ceph dashboard ac-user-create admin -i /root/cephpasswd administrator
```

步骤 6：查看配置信息，如有错误可对配置信息进行删除、修改。

```
# ceph config dump
```

步骤 7：重启 mgr。

```
# systemctl reload ceph-mgr@node01
查看服务是否正常
# netstat -an | grep 8443
```

在浏览器上打开管理地址 https://IP:port，输入用户名 admin 和密码即可访问 Ceph dashboard。访问成功界面如图 4-13 所示。dashboard 的很多功能需要添加配置方可使用。

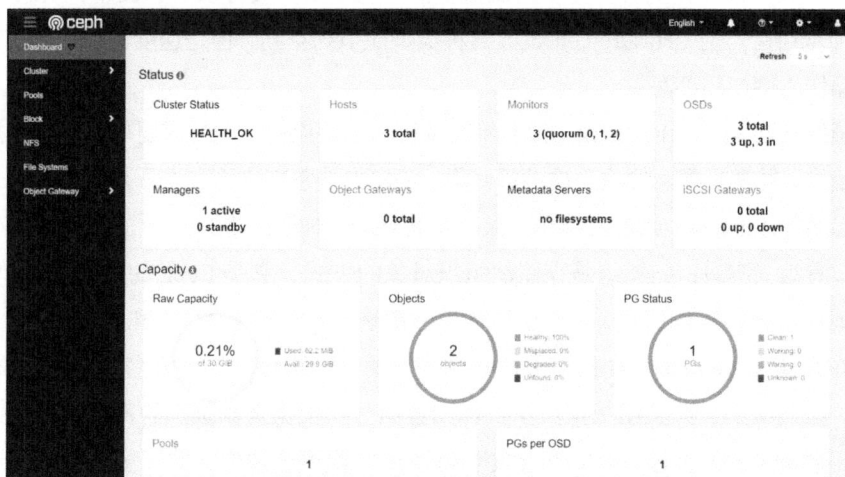

图 4-13　Ceph dashboard

5. Ceph RBD 的使用

Ceph RBD 提供可靠的分布式高性能块存储磁盘给客户端。RBD 使用 librbd 库，把一个块数据以顺序条带化的形式存储在 Ceph 集群的多个 OSD 上。RBD 是建立在 Ceph 的 RADOS 层之上的，因此每一个块设备都被分布在多个 Ceph 节点上，以提供高性能和可靠性。RBD 原生支持 Linux 内核，其驱动已经完美地集成在 Linux 内核中了。它还提供了如完整和增量快照（full and incremental snapshot）、自动精简配置（thin provision）、写时复制克隆（copy on write clone）、动态调整大小（dynamic resizing）等企业特性，还支持内存内缓存（in-memory caching），从而大大提高了性能。所有的这些特性使 RBD 成为 OpenStack 云平台的理想选择，和 Glance（镜像）、NOVA（计算）、Cinder（块存储）这些组件对接后，人们可以充分利用 Ceph 块存储写时复制（copy on write，COW），实现在很短的时间调度上千虚拟机。

Ceph RBD 常用的基本术语如下。

存储池（pool）：是 Ceph 存储数据时的逻辑分区，是 Ceph 中一些对象的逻辑分组。每个存储池包含一定数量的归置组（PG），PG 中的对象被映射到不同的 OSD 上，因此存储池是分布在整个集群的。除了隔离数据，对不同的存储池可以设置不同的优化策略，比如副本数、数据清洗次数、数据块、对象大小等。一个存储池里面有多个镜像（image），我们在使用块存储时使用的是 RBD 存储池中的镜像。存储池分为两种类型。第一种是复制型（replicated），对象具有多个备份，确保部分 OSD 丢失时数据不丢失。这种类型需要更多的磁盘空间，且复制份数可以动态调整，默认为 3。第一种是纠错码型（erasure-coded），这种类型能节约空间，但是速度慢，不支持所有对象操作（例如局部写）。

镜像（image）：RBD 存储池并不能直接用于块设备，而是需要事先在其中按需创建镜像，并把镜像文件作为块设备使用。镜像将被条带化为 N 个子数据块，每个数据块以对象（object）的形式存在，保存在 RADOS 对象存储中。

归置组（PG）：归置组是存储池组织对象的方式，它是 Ceph 的逻辑存储单元。存储池由若干归置组组成，归置组的数量会影响 Ceph 集群的行为和数据的持久性。数据在存储到 Ceph 时，先被打散成一系列对象，再结合基于对象名的散列（Hash）操作、复制级别、归置组数量产生目标归置组号。根据复制级别的不同，每个归置组在不同的 OSD 上进行复制和分发。可以把归置组想象成存储了多个对象的逻辑容器，这个容器映射到多个具体的 OSD。归置组存在的意义是提高 Ceph 存储系统的性能和扩展性。如果没有归置组，就难以管理和跟踪数以亿计的对象，它们分布在数百个 OSD 上。对 Ceph 来说，管理归置组比直接管理每个对象要简单得多。每个归置组需要消耗一定的系统资源，其中包括 CPU、内存等。集群的归置组数量应该被精确计算得出。通常来说，增加归置组的数量可以减少 OSD 的负载，但是这个增加应该有计划地进行。一个推荐配置是每个 OSD 对应 50~100 个归置组。如果数据规模增大，在集群扩容的同时归置组数量也需要调整。CRUSH 算法会管理归置组的重新分配。

每个存储池应该分配的归置组（PG）数量与 OSD 的数量、复制份数、存储池数量有关，具体计算方式如下。

① Total PG = ((Total_number_of_OSD * 100)/ max_replication_count)/ pool_count，其中，Total_number_of_OSD 表示 OSD 总数、max_replication_count 表示数据复制的最大次数，pool_count 表示存储池的数量。这个计算式用于估算 Ceph 存储集群中的

总放置组数目（total PG），可以得到一个合理的 PG 总数，有助于平衡集群的性能和容错能力。

② 上式计算的结果向上取靠近 2 的 N 次乘方的值。比如 OSD 总数是 160，复制份数是 3，存储池数量也是 3，那么按上式计算出的结果是 1777.7（近似值）。取跟它接近的 2 的 N 次乘方是 2048，那么每个存储池分配的 PG 数量就是 2048。

③ PGP（placement group for placement）是为了管理 placement 而存在的专门的归置组，它和归置组的数量应该保持一致。PGP 相当于归置组存储的一种 OSD 排列组合。下面举个例子。假设集群有 3 个 OSD，即 osd1、osd2 和 osd3，副本数为 2，如果 pgp = 1，那么归置组存储的 OSD 的组合就有 1 种，可能是[osd1, osd2]，那么所有的归置组主、从副本都会存储到 osd1 和 osd2 上。如果 pgp = 2，那么其 OSD 组合可能有两种，分别是[osd1, osd2]和[osd1, osd3]，归置组的主、从副本会落在[osd1, osd2]或者[osd1, osd3]上。可以发现，这和我们数学中的排列组合很像，所以 PGP 就是归置组对应的 OSD 排列组合。如果增加存储池的 pg_num，就需要同时增加 pgp_num，保持它们大小一致，这样集群才能正常平衡。在更改存储池的归置组数量时，需同时更改 PGP 的数量。

对于块存储使用的存储池，我们都将它们初始化为 RBD 类型。存储池还可以根据应用类型初始化为 cephfs 和 rgw 类型，分别对应文件存储池和对象存储池。为了节省归置组数，RBD 设置的 PG 和 PGP 数为 16。

```
查看集群存储池
# ceph osd lspools
创建默认 RBD 存储池（实验环境 OSD 数量有限，PG 数量受限，创建存储池时须限制每个存储池的 PG 数量）
# ceph osd pool create rbd 16 16
对存储池进行初始化
# rbd pool init rbd
```

rbd 命令还可用于创建、查看及删除块设备相对应的镜像，以及克隆镜像、创建快照、将镜像回滚到快照和查看快照等管理操作。以下命令展示了创建、查看镜像操作，查看镜像信息命令的执行结果如图 4-14 所示。

```
创建镜像，镜像 size 单位为 MB
# rbd create --size 1024 rbd/image1
查看存储池中的镜像，RBD 不指定存储池时默认为 RBD 存储池
# rbd ls rbd
# rbd ls
查看镜像信息
# rbd info rbd/image1
```

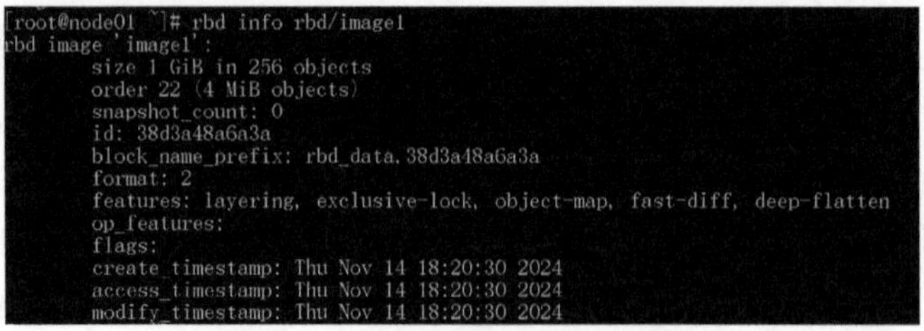

```
[root@node01 ~]# rbd info rbd/image1
rbd image 'image1':
        size 1 GiB in 256 objects
        order 22 (4 MiB objects)
        snapshot_count: 0
        id: 38d3a48a6a3a
        block_name_prefix: rbd_data.38d3a48a6a3a
        format: 2
        features: layering, exclusive-lock, object-map, fast-diff, deep-flatten
        op_features:
        flags:
        create_timestamp: Thu Nov 14 18:20:30 2024
        access_timestamp: Thu Nov 14 18:20:30 2024
        modify_timestamp: Thu Nov 14 18:20:30 2024
```

图 4-14　查看镜像信息命令执行结果

镜像信息中部分参数的说明如下。

- size：镜像的大小与被分割成的条带数。
- order 22：条带的编号，有效范围是 12～25，对应 4 KB～32 MB（图 4-14 中为 MiB，余同）。其中的 22 代表 2 的 22 次乘方，这样刚好是 4 MB。
- id：镜像的 ID 标识。
- block_name_prefix：名称前缀。
- format：默认为 2，即使用了 rbd2 格式。此格式增加了克隆支持，使得扩展更容易，还允许以后增加新功能。
- features：开启的特性。默认开启了 layering（支持分层和快照特性）、exclusive-lock（支持独占锁）、object-map（支持对象映射）、fast-diff（快速计算差异）、deep-flatten（支持快照扁平化操作）。
- op_features：可选的功能特性。

以下命令展示了修改镜像大小，创建、查看、保护快照，以及用快照克隆子镜像等操作。

```
修改镜像大小
# rbd resize --size 2048 rbd/image
创建快照
# rbd snap create rbd/image1@2023
查看镜像及其快照
# rbd ls -l rbd
对快照进行保护
# rbd snap protect image1@2023
使用快照克隆一个新的子镜像
# rbd clone rbd/image1@2023 rbd/image1_clone
可以通过查看克隆镜像会看到它有父镜像，parent 为 rbd/image1@2023
# rbd info rbd/image1_clone
```

云计算 Ceph RBD 镜像 rbd2 格式支持 layering 特性，这一特性支持以写时复制（COW）的方式从 RBD 镜像快照快速创建克隆。这以特性也称为快照分层（snapshot layering）。分层特性允许客户端创建多个 Ceph RBD 克隆实例，这在以 QEMU/KVM 为主要技术的各种云计算平台中非常有用。快照是只读的，并且对快照内容进行了保护。但是，COW 克隆是完全可写的，这些快照用于孵化实例。在对接了 Ceph 的 OpenStack 云计算平台中，生成的虚拟机实例正是 Glance 保存在 Ceph 存储池中镜像的快照的一个 COW 克隆，而这个镜像的快照是受到保护的一个镜像快照。如果要删除这个镜像，首先得取消镜像快照的保护，再删除其所有快照，此时方能删除镜像，实现命令如下。镜像、快照和克隆的关系如图 4-15 所示。

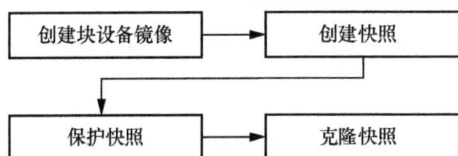

图 4-15　镜像、快照和克隆的关系

```
删除 image1_clone 镜像
# rbd rm rbd/image1_clone
取消快照保护
# rbd snap unprotect image1@2023
删除镜像快照
# rbd snap rm rbd/image1@2023
删除镜像
# rbd rm  rbd/image1
```

　　如果要让克隆的子镜像独立于它的父镜像，则需要将父镜像信息合并（flatten）到子镜像中，实现代码如下。合并操作的时间长短取决于父镜像快照的数据量大小。一旦合并完成，两个镜像之间将不会存在任何依赖关系。

```
rbd flatten rbd/image1_clone
rbd info rbd/image1_clone
```

　　客户端使用 RBD 时需要先在集群上创建客户端账户并授权。Ceph 提供 none 和 Cephx 这两种身份认证模式。

　　none：在该模式下，任何用户可以不经过身份认证就访问集群。如果确信网络非常安全，则可以禁用验证，即采用此模式来节省计算成本。

　　Cephx：Ceph 提供了 Cephx 身份认证功能来验证用户和守护进程，其中的 Cephx 协议并不加密数据。默认情况下，Ceph 集群启用 Cephx 模式。

　　注意：CephX 身份认证功能仅限制在 Ceph 的各组件之间，不能扩展到其他非 ceph 组件；Ceph 只负责认证授权，不能解决数据传输的加密问题。

要访问 Ceph 集群，客户端将调用 Ceph 客户端和集群的 mon 节点 Geph 通信。一个客户端可以连接任何一个 mon 节点来开始身份认证。Ceph 身份认证过程具体如下。

① 客户端发送用户名给 Geph mon 节点。双方都有密钥副本，不需要发送密钥。

② Geph mon 节点为该用户产生一个会话密钥，并用该用户的密钥对会话密钥进行加密，之后发回给客户端。

③ 客户端使用它的密钥对接收到的加密会话密钥进行解密，得到会话密钥。该会话密钥会在当前会话中一直保持有效。

④ 客户端使用该会话密钥申请一个 ticket。

⑤ Geph mon 节点为该会话产生一个 ticket，并用该用户的密钥对它进行加密，之后发给客户端。

⑥ 客户端使用它的密钥对接收到的加密 ticket 进行解密，得到 ticket。

⑦ 客户端使用该 ticket 请求数据。

⑧ 如果客户端访问的是块存储等设备，则它直接向 Geph OSD 发送请求。如果客户端访问的是 CephFS，则它会向 Geph MDS 节点发送请求。

Cephx 协议会对客户端和 Ceph 集群节点之间的通信进行身份认证。在最初的身份认证之后，客户端和 Ceph 节点之间传递的所有消息都会被这个 ticket 签名，然后这些消息会被 Geph mon 节点、Geph OSD 和 Geph MDS 节点使用共享的密钥进行验证。客户端访问 Ceph 时序图如图 4-16 所示。Cephx ticket 是会过期的，因此一个攻击者无法使用一个过期的 ticket 或者会话密钥来获取 Ceph 集群的访问权限。

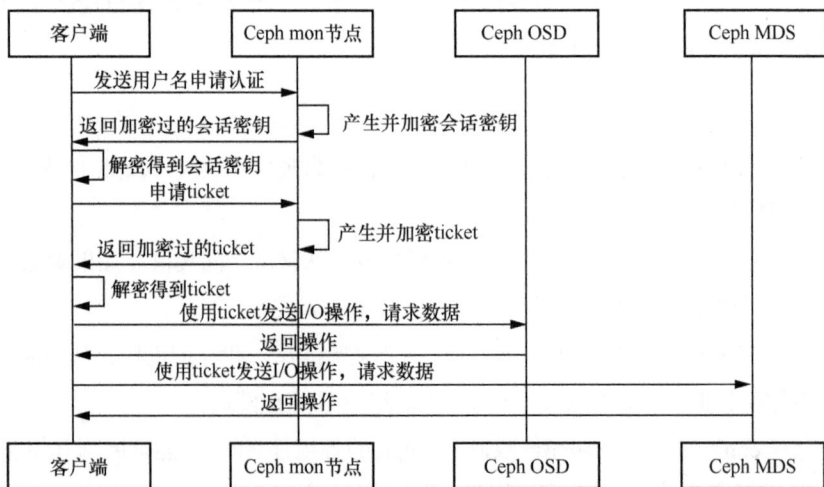

图 4-16　客户端访问 Ceph 时序图

用户通过身份认证后，会被授予不同的访问类型或角色（role）权限。Ceph 使用术语权限（capabilities，其缩写为 caps）指用户被授予的权限，定义了该用户对 Ceph 集群的访问级别。基本语法为：

```
{daemon-type} 'allow {capabilities}'
```

daemon-type 在块存储中有 mon、osd、mgr 这 3 种类型。

mon caps：包括 r、w、x 参数，以及 allow profile {caps}，其示例如下。

```
mon 'allow rwx' 或 mon 'allow profile osd'
```

OSD caps：包括 r、w、x、class-read、class-write 以及 profile osd，其示例如下。

```
osd 'allow rwx'
osd 'allow class-read, allow rwx pool=rbd'
```

MDS caps：只允许 allow 权限，如 mds 'allow'，其中的 allow 为只用于赋值用户 MDS 的 rw 权限。

在上述类型中提到的 r、w、s 的具体含义如下。

r：授予用户读取数据的权限，从 mon 节点读取 CRUSH 映射时必须有的权限。

w：授予用户写入数据的权限。

x：授予用户调用对象方法的权限，包括读（r）和写（w），以及在 mon 节点上执行用户身份认证的权限。

下面通过具体代码展示权限相关示例。

```
查看授权信息
# ceph auth list
创建一个客户并授予权限
# ceph auth get-or-create client.rbd mon 'allow r' osd 'allow rwx pool=rbd'
可以从集群导出为密钥环文件，该文件和认证信息将在客户端被需要
# ceph auth get client.rbd -o ceph.client.rbd.keyring
```

客户端通常需要安装 ceph-common 包，并在/etc/ceph/ceph.conf 中配置连接集群的基本信息，其中包括 fsid 集群信息、mon 信息和 auth 基本认证信息，以及客户端密钥环存储信息，具体如下。

```
# yum install ceph-common -y
# vi /etc/ceph/ceph.conf
[global]
fsid=fc1d53f4-3837-4981-a641-b9da36915587
mon initial members=node01
mon host=172.16.1.1
auth cluster required=cephx
auth service required=cephx
auth client required=cephx
```

```
[client.rbd]
keyring=/etc/ceph/ceph.client.rbd.keyring
```

测试到 Ceph 集群的连通性，命令如下。

```
# rbd ls rbd --name client.rbd
```

在客户端上创建一个镜像，命令如下。

```
# rbd create --size 1024 k8s/image1 --name client.rbd
# rbd ls k8s -l --name client.rbd
```

将镜像映射到本地，便可对/dev/rbd0 即可进行分区挂载使用了。

```
# rbd map k8s/image1 --name client.rbd
/dev/rbd0
```

设置开机自动映射，命令如下。

```
# vi /etc/ceph/rbdmap
k8s/image1 id=rbd,keyring=/etc/ceph/ceph.client.rbd.keyring
# systemctl enable rbdmap
```

基于 KVM 虚拟化的传统云计算平台后端一般使用 Ceph 提供的块存储，基于 K8S 的新一代云计算平台也在使用 Ceph 提供的块存储服务，所以熟练掌握对 Ceph 块存储的基本使用是学习云计算技术的基础。

6. Ceph 文件系统的使用

Ceph 文件系统，即 CephFS，是一个标准的 POSIX 文件系统，它将用户数据存储在 Ceph 集群中。除了需要一个 Ceph 存储集群，CephFS 还需要至少一个 MDS 来管理元数据，以实现数据分类。数据和元数据的分离降低了复杂度，但同时增加了系统的可靠性。CephFS 总体框架和接口如图 4-17 所示。

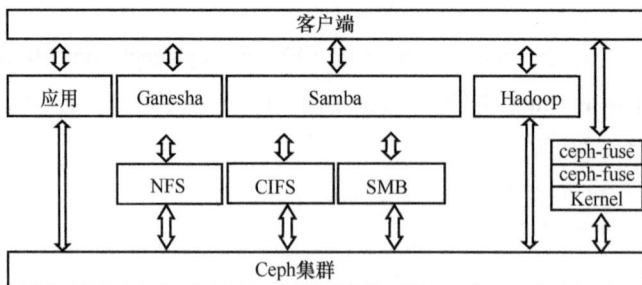

图 4-17　CephFS 总体框架和接口

CephFS 支持原生的 Linux 内核驱动，客户端可以直接使用 mount 进行挂载。CephFS 能够与 SAMBA 紧密集成，支持通用网络文件系统（common Internet file system，CIFS）和 SMB；也能够和 Ganesha 集成，提供 NFS 服务。CephFS 通过 ceph-fuse 模块增加了对用户空间文件系统（filesystem in userspace，FUSE）的支持。CephFS 允许应用程序通过 libCephFS 库直接与 RADOS 集群交互。在大数据方面，作为 HDFS 的一个替代品，CephFS 正在流行起来，只要在 Hadoop 中安装 CephFS 插件和每一个节点上安装 CephFS 客户端即可使用。

CephFS 需要 MDS 这个服务，但其他的 Ceph 存储方式中并不需要它。Ceph MDS 是以一个守护进程（daemon）的方式运行的，它不会直接向客户端提供任何数据，所有的数据都由 OSD 提供。MDS 提供了一个包含智能缓存层的共享一致的文件系统，因此极大地降低了读/写次数。MDS 服务可以启用多个节点，当主 MDS 节点变为活跃（active）状态时，其他的 MDS 节点将进入备用（standby）状态。当主 MDS 节点发生故障时，我们可以指定一个备用节点去跟踪活动节点，该节点会在内存中维护一份和活跃节点一样的数据，以达到预加载缓存的目的。由于目前 CephFS 还缺少稳健的文件系统检查和修改功能，以及多活跃 MDS 节点支持和文件系统快照功能，因此我们不建议在生产系统中使用它，在非关键业务中可以以单 MDS 节点、无快照模式的方式使用 CephFS。

CephFS 的使用步骤如下。

步骤 1：添加 MDS 服务，生成访问密钥。

```
创建节点目录
# sudo -u ceph mkdir -p /var/lib/ceph/mds/ceph-node01
生成 mds.node01 密钥
# ceph auth get-or-create mds.node01 osd "allow rwx" mds "allow" mon "allow
profile mds"
导出 mds 密钥到目录
# ceph auth get mds.node01 -o /var/lib/ceph/mds/ceph-node01/keyring
```

步骤 2：在 ceph.conf 中添加配置以下内容，并查看和设置自动启动。

```
# vim /etc/ceph/ceph.conf
[mds.node01]
host=node01
启动服务、查看状态、设置开机自动启动、查看集群状态
# systemctl start ceph-mds@node01
# systemctl status ceph-mds@node01
# systemctl enable ceph-mds@node01
```

MDS 服务可以添加多个节点。和 MGR（manager）一样，即使存在多个 MDS 服务，也只有一个 MDS 服务为 active 状态，其他为 standby 状态，即多个 MDS 服务之间为主备关系。

步骤 3：创建文件存储所需存储池（数据和元数据各需要一个存储池）。

```
# ceph osd pool create cephfs_data 16 16
# ceph osd pool create cephfs_metadata 16 16
# ceph osd pool application enable cephfs_data cephfs
# ceph osd pool application enable cephfs_metadata cephfs
# ceph osd lspools
```

步骤 4：创建文件系统。

```
# ceph fs new cephfs cephfs_metadata cephfs_data
# ceph fs ls
# ceph fs status cephfs
创建文件系统后，MDS 将进入 active 状态
# ceph mds stat
# ceph -s
```

步骤 5：创建 CephFS 用户，并允许该访问 CephFS。

```
# ceph -s
# ceph osd lspools
# ceph fs ls
# ceph fs authorize cephfs client.cephfs / rw
导出 client.CephFS 密钥环，客户端使用该凭证访问 CephFS
# ceph auth get-or-create client.cephfs -o /etc/ceph/ceph.client.cephfs.keyring
# ls /etc/ceph
```

步骤 6：客户端连接使用 CephFS。将 ceph.client.cephfs.keyring 密钥环文件发送到客户端，使用该凭证访问 CephFS，并在/etc/ceph/ceph.conf 中添加密钥环信息，该文件中只有集群基本信息。

```
# vi /etc/ceph/ceph.conf
[client.cephfs]
keyring=/etc/ceph/ceph.client.cephfs.keyring
使用该密钥环文件测试到集群的连通性
# ceph -s -n client.cephfs
挂载文件系统
# mkdir /mnt/fs
# mount -t ceph 192.168.1.101:/ /mnt/fs -o name=cephfs
查看挂载情况
# df -kh
```

步骤 7：设置自动挂载，并重启测试效果。

```
# vim /etc/fstab
192.168.1.101:/ /mnt/fs ceph name=cephfs,
secret=/etc/ceph/ceph.client.cephfs.keyring, noatime, _netdev 0 0
# df -kh
```

Linux 内核支持 Ceph，可在内核加载 ceph 模块和 rbd 模块以提高性能。

随着容器云平台的成熟度和使用量不断增加，CephFS 通过和 Kubernetes 对接，为 Kubernetes 提供高性能的后端存储。

7．Ceph 对象存储的使用

对象存储不能像文件系统那样被操作系统直接访问，它只能通过 API 在应用层面被访问。对象存储将数据以对象形式进行存储，每个对象都要存储数据、元数据和一个唯一的标识符。亚马逊提供的 Amazon S3 服务、阿里云提供的 OSS 服务、华为云提供的 OBS 服务、腾讯云提供的 COS 服务都是典型的对象存储服务。由于具有可共享、高性能、高可靠性、高安全性、海量存储等优秀品质，对象存储正在成为存储行业一个重要的技术应用。

Ceph 通过 Ceph 对象存储网关（RADOS）提供对象存储服务。Ceph 对象存储网关是一个建立在 librados 之上的对象存储接口，提供了应用程序和 Ceph 存储集群之间的 RESTful 网关。

Ceph 对象存储支持以下两个接口。

S3 兼容：提供与 Amazon S3 RESTful API 一个子集兼容的接口的对象存储功能。

Swift 兼容：提供与 OpenStack Swift API 一个子集兼容的接口的对象存储功能。

Ceph 对象存储使用 Ceph 对象存储网关守护程序（radosgw），这是一个设计用于与 Ceph 存储集群交互的 HTTP 服务器。Ceph 对象存储网关提供了与 Amazon S3 和 OpenStack Swift 兼容的接口，并且有自己的用户管理。图 4-18 展示了 RADOS 网关应用架构。

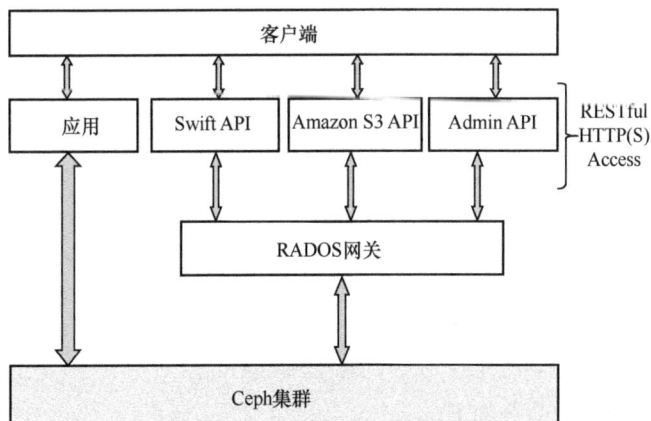

图 4-18　RADOS 网关应用架构

Ceph 对象存储网关可以部署在已有 Ceph 集群的任一节点之上,也可以单独部署。生产环境中一般使用物理专用服务器配置 RGW,RGW 是一个从外面连接到 Ceph 集群的独立服务,由它向客户端提供对象访问。为了提高 RGW 的可靠性,我们可以部署多个网关服务器。多个 RADOS 网关可以通过负载均衡统一对外暴露服务,如图 4-19 所示。

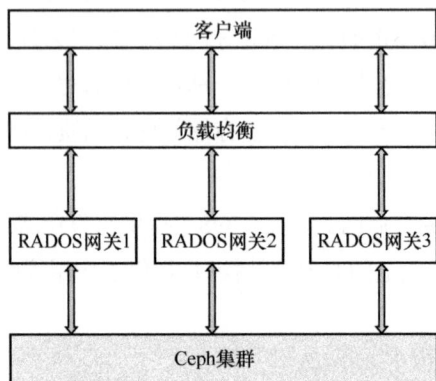

图 4-19　RADOS 网关负载均衡

Amazon S3 API 和 Swift API 共享一个公共名称空间,这样可以使用一个 API 将数据写入 Ceph 存储集群,然后使用另一个 API 检索数据。

Ceph 对象存储网关需要安装 radosgw 服务,并在/etc/ceph/ceph.conf 中添加[client.rgw.{instance-name}]部分配置文件。我们在 node01 节点安装 radosgw 服务,具体如下。

```
# yum install -y ceph-radosgw
# vi /etc/ceph/ceph.conf
[client.rgw.node01]
host=node01
rgw frontends="beast port=7480"
rgw dns name=node01
```

创建节点目录,命令如下。

```
# chown ceph:ceph /var/lib/ceph/radosgw/
# sudo -u ceph mkdir -p /var/lib/ceph/radosgw/ceph-rgw.node01
```

创建 client.rgw 用户,授权并导出密钥环到节点目录下,命令如下。

```
# ceph auth get-or-create client.rgw.node01 osd 'allow rwx' mon 'allow rw'
-o /var/lib/ceph/radosgw/ceph-rgw.node01/keyring
```

创建默认存储池,命令如下。

```
# ceph osd pool create .rgw.root  16 16
```

```
# ceph osd pool create default.rgw.control   16 16
# ceph osd pool create default.rgw.meta  16 16
# ceph osd pool create default.rgw.log  16 16
# ceph osd pool create default.rgw.buckets.index  16 16
# ceph osd pool create default.rgw.buckets.data  16 16
# ceph osd pool create default.rgw.buckets.non-ec   16 16
```

设置存储池类型为 rgw，命令如下。

```
# ceph osd lspools
# ceph osd pool application enable .rgw.root rgw
# ceph osd pool application enable default.rgw.control rgw
# ceph osd pool application enable default.rgw.meta  rgw
# ceph osd pool application enable default.rgw.log rgw
# ceph osd pool application enable default.rgw.buckets.index rgw
# ceph osd pool application enable default.rgw.buckets.data  rgw
# ceph osd pool application enable default.rgw.buckets.non-ec  rgw
```

启动服务，命令如下。

```
# systemctl start    ceph-radosgw@rgw.node01
# systemctl status   ceph-radosgw@rgw.node01
# systemctl enable   ceph-radosgw@rgw.node01
# ceph -s
```

RGW 生成了多个存储池，由于默认单个 OSD 的归置组数不能超过 250，可修改已有存储池的 PG 值和 PGP 值，还可在配置中修改默认 OSD 的 PG 值以及新建存储池的 PG 值和 PGP 值。在/etc/ceph/ceph.conf 中添加以下内容即可修改 PG值和 PGP 值。

```
[global]
osd pool default pg num=16
osd pool default pgp num=16
mon_max_pg_per_osd=1000
```

重新启动 mon 服务，上述配置即可生效。

在 RGW 节点添加一个对象存储网关的管理员账户，命令如下。

```
# radosgw-admin user create --uid="admin" --display-name="admin user" --system
```

创建账户完成后，可用以下命令查询账户信息。

```
# radosgw-admin user list
# radosgw-admin user info --uid=admin
```

注意：将显示的 key 信息中的 access_key 和 secret_key 的值分别保存到两个文件 rgw_access_key 和 rgw_secret_key 中。

将 radosgw 集成至 dashboard，这样使用 Web 界面进行管理会更加方便，命令如下。

```
# ceph dashboard set-rgw-api-ssl-verify false
```

```
# ceph dashboard set-rgw-api-access-key -i rgw_access_key
# ceph dashboard set-rgw-api-secret-key -i rgw_secret_key
```

使用 CloudBerry Explorer 的 S3 Compatible 方式连接到对象存储网关进行操作，具体配置如图 4-20 所示。

图 4-20　连接到对象存储网关的配置

存储桶（bucket）是对象的载体，可理解为存储对象的"容器"，且该"容器"无容量上限。对象以扁平化结构存储在 bucket 中，用户可选择将对象存储到单个或多个 bucket 中。

对象存储本身是没有文件夹和目录的概念的，也不会因为上传对象 project/a.txt 就创建一个 project 文件夹。但是，为了满足用户使用习惯，对象存储在控制台、各种图形化工具中模拟了文件夹或目录的展示方式，具体实现是创建一个键值为"project/"、内容为空的对象。

安装 s3cmd 以使用命令行进行操作，在用户目录下编辑生成 s3cmd 配置信息文件，命令如下。

```
# pip install s3cmd
# vi ~/.s3cfg
[default]
access_key=***************************
secret_key=*********************************************
host_base=192.168.1.101:7480
host_bucket=192.168.1.101:7480/%(bucket)
cloudfront_host=192.168.1.101:7480
use_https=False
```

bucket 的常用命令如下。

（1）列举所有 buckets

命令：s3cmd ls。

（2）查看某个 bucket 中的内容

命令：s3cmd ls s3://bucketname。

（3）查看 bucket 包括内容

命令：s3cmd la。

（4）创建 bucket(bucket 名称唯一，不能重复)

命令：s3cmd mb s3://bucketname。

（5）删除空 bucket

命令：s3cmd rb s3:// bucketname。

（6）上传文件到 bucket

命令：s3cmd put /path/file s3://bucketname。

（7）从 bucket 下载文件

命令：s3cmd get s3://bucketname/file。

（8）删除 bucket 中的文件

命令：s3cmd rm s3://bucketname/file。

（9）查看 bucket 已使用空间

命令：s3cmd du -H s3://bucketname。

（10）获取 bucket 的信息

命令：s3cmd info s3://bucketname。

（11）移动 bucket 中文件

命令：s3cmd mv s3://bucketname1/file1 s3://bucketname2/file2。

（12）本地目录下文件同步 bucket

命令：s3cmd sync /path/ s3://bucketname。

（13）对比指定目录下文件和 bucket 中文件差异

命令：s3cmd sync --dry-run /path/ s3://bucketname。

（14）对比指定目录下文件和 bucket 中文件并删除桶中差异文件

命令：s3cmd sync --delete-removed /path/ s3://bucketname。

功能：对比指定目录下文件和 bucket 中文件，删除指定目录没有但是在桶中有的文件；上传指定目录有的文件但是桶中没有的文件。

（15）帮助

命令：s3cmd --help。

功能：查看 s3cmd 支持全部命令和选项。

更多情况下，我们使用的是编程语言，通过对 API 的编程操作实现和如上命令一样的功能。Ceph 支持 RESTful API，该 API 与 Amazon S3 API 的基本数据访问模型兼容；也支持与 Swift API 的基本数据访问模型兼容的 RESTful API。API 编程语言支持主流的 Python、Java、Ruby 等。

4.7　本章小结

本章主要介绍了分布式存储系统 Ceph 的基本理论和主要组件，通过详细的安装命令，让读者对分布式存储系统 Ceph 有一个初步的认识。

习　题

一、单选题

1.（　　）不是 Ceph 的特性。

A. 不可扩展　　　　B. 低成本　　　　　C. 高性能　　　　　D. 高可靠性

2.（　　）不属于文件存储系统的常用访问接口。

A. NFS　　　　　　B. CIFS　　　　　　C. SCSI　　　　　　D. POSIX

3. 分布式存储系统采用服务器部署，默认情况下最少配置（　　）。

A. 2 节点　　　　　B. 3 节点　　　　　C. 4 节点　　　　　D. 6 节点

4. 存储网络中，（　　）用于集群节点间，以进行数据同步的。

A. storage network　　　　　　　　B. public network

C. cluster network　　　　　　　　D. admin network

5. 采用 3 副本数据保护策略，为满足可用性允许故障 2 节点，集群服务器至少需要（　　）个节点。

A. 3　　　　　　　B. 4　　　　　　　C. 5　　　　　　　D. 7

二、多选题

1. 分布式存储 Ceph 支持（　　）数据冗余方式。

A. RAID　　　　　B. 多副本　　　　　C. 纠删码　　　　　D. 热备盘

2. 分布式存储 Ceph 默认可以通过（　　　）提供块存储服务，通过（　　　）提供文件存储服务，通过（　　　）提供对象存储服务。

A. RBD　　　　　　　　　　B. iSCSI　　　　　　　　　C. NFS

D. Amazon S3　　　　　　　E. CephFS

3. Ceph 默认可以提供的访问协议有（　　　）。

A. iSCSI　　　　　　　　　B. S3　　　　　　　　　　C. NFS

D. RBD　　　　　　　　　　E. FTP

4. 对象存储可以提供的访问协议有（　　　）。

A. S3　　　　　　B. RBD　　　　　　C. NFS　　　　　　D. Swift

5. 分布式存储需要用到的技术有（　　　）。

A. 并行计算　　　　　　　　　　　　B. 编程模式

C. 海量数据分布存储技术　　　　　　D. 虚拟化技术

三、实践题

1. 请参考本书配套资源，完成 Ceph 安装和基本使用实验。

2. 使用 Python 语言编程连接 Ceph 对象存储网关服务，实现 bucket 的创建，以及文件上传、下载和删除等基本操作。

第 5 章

云操作系统 OpenStack

OpenStack 提供了一个通用平台来管理云计算中的计算、存储和网络资源，甚至应用资源，对底层的裸金属服务器、ESC、云数据库、容器、网络等一系列云资源进行可视化管理的 dashboard。为私有云和公有云提供可扩展的弹性的云计算服务管理接口。

根据 OpenStack 基金会用户调查报告显示，使用 OpenStack 的中国企业已连续多年位居前列，充分反映中国新一轮企业客户在 OpenStack 技术选择上的持续看好。OpenStack 已经成为中国私有云的事实标准。学习 OpenStack 可以帮助我们深入理解云计算平台的基本组成和运行机制。

5.1 OpenStack 开源云操作系统

OpenStack 是一个云操作系统，通过控制中心可控制大型的计算、存储、网络等资源池。所有的管理通过前端界面管理员就可以完成，同样也可以通过 web 接口让最终用户部署使用资源。除了标准的基础设施即服务功能外，其他组件还提供了协调、故障管理和服务管理等服务，以确保用户应用程序的高可用性。OpenStack 可以通过基于 Web 的界面、命令行工具（CLI）和 API 来进行管理。

OpenStack 是一个开源的云计算管理平台项目，是一系列开源软件项目的组合。NASA 和 Rackspace 在 2010 年 7 月携手 25 家公司启动了 OpenStack 项目，旨在为公有云和私有云提供软件的开源项目，其中 Rackspace 贡献了对象存储源码（Swift）、NASA 贡献了计算源码（Nova）。

OpenStack 保持每半年发行一个新版本，与 OpenStack 峰会举办周期一致，到 2023 年初为止已经发行到了第 26 个版本 Zed。该项目从最初的仅包含 Swift 和 Nova 两个核心的项目到目前的数十个项目，参与公司也已经从最初的 25 家发展为现在超过 600 家，有超过 180 个国家和地区的数万名用户参与其中。其中不乏一些行业中的知名企业和组织，如红帽、华为、EasyStack、SUSE、Ubuntu、Intel、Cisco、中兴、中国移动、中国电信、中国联通、浪潮、H3C、NEC、Dell、腾讯云、九州云等等。全球一半以上的 500 强企业采用了 OpenStack 技术，而且根据调查，有 75% 以上的企业打算今后使用这些技术。国内云计算平台基本直接使用 OpenStack 进行二次开发。

像 Linux 一样，很多人最初被 OpenStack 吸引，是因为将其作为其他商业产品如 VMware 的一个开源替代品。但他们逐渐认识到，对于云框架来讲，没有哪个云框架拥有 OpenStack 这样的深度和广度。国内云计算平台早期大多基于 OpenStack 进行二次开发，其他云计算产品也借鉴了 OpenStack 的技术思想。

不断促进 OpenStack 项目成长的 OpenStack 基金会也成为非常有影响力的开源基金会之一，并在 2020 年底宣布正式演进为开源基础设施基金会（Open Infrastructure Foundation，OIF），其关注点更为聚焦，专注于开源基础设施软件。

5.2 OpenStack 和虚拟化的关系

OpenStack 是一个开源的云平台项目，它的主要任务是给用户提供 IaaS 服务。很多刚开始接触 OpenStack 的用户也许会得出这样一个不正确的结论：OpenStack 只是提供虚拟机的另外一种方式。虽然虚拟机是 OpenStack 框架可以提供的一种服务，但这并不意味着虚拟机是 OpenStack 的全部。

OpenStack 和虚拟化管理平台的确都位于虚拟化资源层之上，都可以帮助用户发现、报告和自动执行位于不同供应商产品环境中的业务流程，但虚拟化管理平台主要是方便利用虚拟资源的特性和功能，OpenStack 则是使用虚拟资源来运行一系列工具的组合。这些工具所创建的云环境符合美国国家标准协会五大云计算标准：**一个网络、池化资源、一个用户界面、快速部署能力和自动化资源控制及分配。**

由于虚拟化和云的核心理念都是从抽象资源中创建可用的环境，因此它们很容易被混为一谈。虚拟化是一种技术，可让用户以单个物理硬件系统为基础，创建多个模拟环境或专用资源。而云是一种能够抽象、汇集和共享整个网络中的可扩展资源的 IT 环境。简而言之，虚拟化是一项技术，而云是一种环境。云基础架构可以包含各种裸机、虚拟化或容器软件，它们可用于抽象、汇集和共享整个网络中的可扩展资源，以此来创建云。这一层架构可让用户独立于公共、私有和混合环境之间。稳定的操作系统（如 Linux）是云计算的基础。

通过虚拟化，虚拟机监控程序会监控物理硬件，并抽象机器中的各项资源，之后把这些资源提供给叫作虚拟机的虚拟环境。这些资源可以是原始处理能力、存储或基于云的应用，其中包含了部署所需的所有运行时代码和资源。

只有向中央池分配了虚拟资源，才能被称为"云"。增加一层管理软件后，用户即可管控将在云中使用的基础架构、平台、应用和数据。再增加一层自动化工具，用来替换或减少人工操作可重复指令和流程，从而为云提供自助服务组件。

OpenStack 不是直接在裸金属设备上引导启动，而是通过对资源的管理在云计算环境里共享操作系统的特性。如果建立的 IT 系统满足以下条件，则说明创建的就是云：

- 其他计算机可通过网络访问；
- 包含 IT 资源存储库；
- 可快速进行置备和扩展。

云具备以下额外优势：自助服务访问权限、自动化基础架构扩展和动态资源池。这些是它与传统虚拟化的最大区别。

OpenStack 默认使用 KVM 虚拟化技术，它也支持其他虚拟化技术，例如 Xen、VMware、Hyper-V 等，以及裸金属服务器和容器。

5.3 OpenStack 服务介绍

OpenStack 被分成多个服务，允许根据需要即插即用组件。图 5-1 和图 5-2 展示了来自 OpenStack 官网的总览和服务关系。

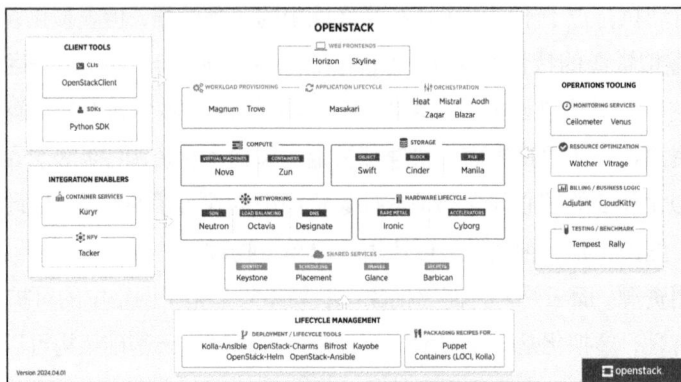

图 5-1　OpenStack（OPENSTACK）总览

OpenStack 实际上由一系列叫作脚本的命令组成。这些脚本会被捆绑到名为项目的软件包中，这些软件包用于传递创建云环境的任务。为了创建这些环境，我们需要使用两种其他类型的软件：基础操作系统，用于执行 OpenStack 脚本发出的命令；虚拟化软件，用于创建从硬件中抽象出来的虚拟资源层。OpenStack 本身不会虚拟化资源，但会使用虚拟化资源来构建云。OpenStack 也不执行命令，但会将命令转发到基础操作系统。OpenStack、虚拟化软件和基础操作系统，这 3 种软件必须协同工作。正是因为这种相互依赖性，所以许多人才会使用 Linux 来部署 OpenStack 云计算平台，RackSpace 和 NASA 也因此才将 OpenStack 作为开源软件来发布。

对于基础操作系统，可选择的有 Red Hat RHEL 和 CentOS、Ubuntu 和 SUSE。RHEL 是付费版本，CentOS 即将停服且 CentOS7 只支持到 T 版本，故我们不推荐。SUSE SLES 也是付费版本，因此我们推荐选择 OpenSUSE。Ubuntu 选择长期稳定支持版本即可，如 Ubuntu 22.04。国产操作系统 openEuler 也已提供原生 OpenStack。

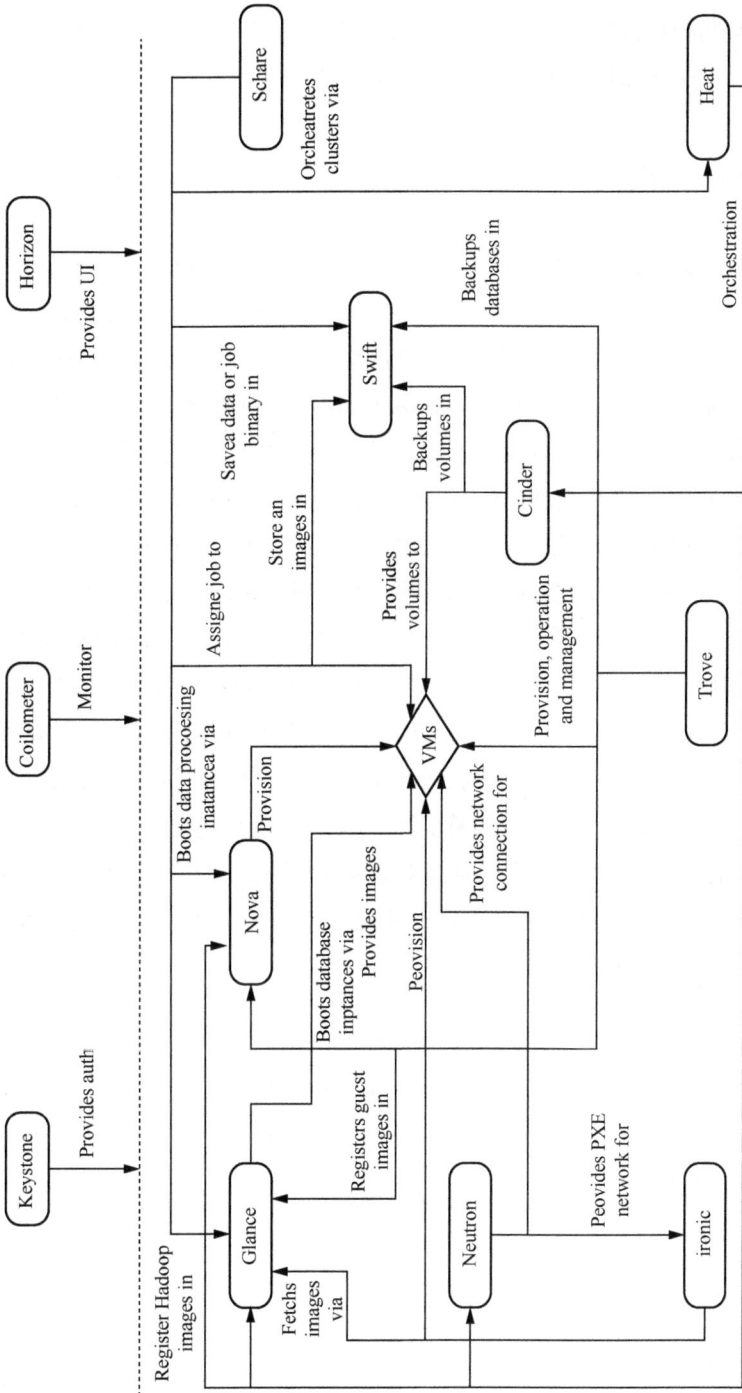

图 5-2 OpenStack 服务关系

既然基础操作系统都选择了 Linux，虚拟化软件的不二选择就是和 Linux 深度集成的 KVM。OpenStack 默认支持的虚拟化软件也是 KVM。它对虚拟化软件的操作其实是通过 libvirt API 实现的。

OpenStack 是由很多组件组成的，这些组件中的一些组件是平台必须具有和共享的服务，一些是根据需求可选的，一些还是在开发测试中的新组件。很多组件自身就是一个开源项目，如 OpenStack 最早的 Nova 计算服务和 Swift 对象存储服务。使用 OpenStack 提供最基础的 IaaS 服务用来提供虚拟机，最少需要认证服务 Keystone、资源管理服务 Placemnet、计算服务 Nova 和网络服务 Neutron 这几个最基础的组件，通常还会使用到块存储服务 Cinder 和 Horizon。组件之间通过标准的 HTTP RESTful API 接口相互调用、互相配合从而完成资源的管理，组件内部通过消息队列通信，通常使用的是 RabbitMQ 消息中间件。从而实现了架构灵活、互相解耦和易扩展性。

OpenStack 对开发者和最终用户提供的服务就像使用亚马逊、阿里云、华为云等公有云一样，是一个提供自助服务的基础设施和应用管理系统。在 OpenStack 中，人们将最终用户称为租户（tenant），每个租户是一个独立的项目（project），OpenStack 以租户为单位对资源进行分配，并对每个租户的资源进行隔离。租户可以拥有比传统虚拟服务环境更大的自由度。租户被分配了一定额度的资源后，可以随时获取和自行使用这些资源。

在云计算平台管理员看来，OpenStack 可以控制多种类型的商业或开源的软硬件，提供位于厂商特定资源之上的云计算资源管理层。一些重复性的手动操作/任务可通过 OpenStack 框架进行自动化管理。通过对软硬件的抽象，OpenStack 用一个通用 API 来控制不同厂商提供的软硬件资源，并允许连接各个组件进行完全编排服务。OpenStack 主要组件如表 5-1 所示。

表 5-1　OpenStack 主要组件

组件名称	服务类型描述
Keystone	认证服务，为 OpenStack 组件提供基于角色的访问控制（role based access control，RBAC）和授权服务
Glance	镜像服务，管理虚拟机磁盘镜像，为虚拟机和快照（备份）服务提供镜像
Placement	资源管理服务，从 Nova 组件中剥离出来的一个项目，用来管理和分配 OpenStack 资源
Nova	计算服务，管理虚拟机全生命周期和服务
Neutron	网络服务，提供虚拟机网络接口资源，包括网络创建、交换和路由信息管理以及防火墙策略等
Horizon	dashboard，为 OpenStack 提供基于 Web 的图形界面
Cinder	块存储服务，为虚拟机提供块存储
Swift	对象存储服务，提供可通过 RESTful API 访问的对象存储

续表

组件名称	服务类型描述
Manila	文件存储服务，提供对共享或分布式文件系统的协调访问
Heat	编排服务，为 OpenStack 环境提供基于模板的云应用编排服务
Ceilmeter	计量服务，集中为 OpenStack 各个组件收集计量和监控数据
Ironic	裸金属服务，提供对裸机资源自助服务
Magnum	容器即服务，容器业务流程引擎设置
Designate	域名解析服务
Octavia	负载均衡服务
Trove	数据库服务，提供数据库资源管理
Barbican	密钥管理服务
Zaqar	消息管理服务
Sahara	数据处理服务

OpenStack 通常主要由控制节点（controller）和计算节点（compute）组成，在有需要时也会增加存储和网络服务等其他节点。

控制节点是整个 OpenStack 的大脑，其上运行了大量集群所需功能软件和集群功能组件 API 软件。计算节点主要提供业务虚拟机，要求具有大量的计算资源，以 CPU 和内存资源为主。在生产环境中，存储资源通常不使用计算节点存储资源。尽管可以直接使用计算节点的存储资源，通过 COW 技术和 qcow2 文件保存实际占用的存储空间也不大，但数据保存在计算节点一方面存在节点失效风险，同时无法实现热迁移。因此，数据存储更多使用的是外部存储，通常以分布式存储 Ceph 为主。所以计算节点网络接口既需要和集群通信的集群网络接口，也需要提供给虚拟机的业务网络接口，以及连接外部分布式存储的存储接口。图 5-3 展示了虚拟业务网络和 Ceph 的应用。

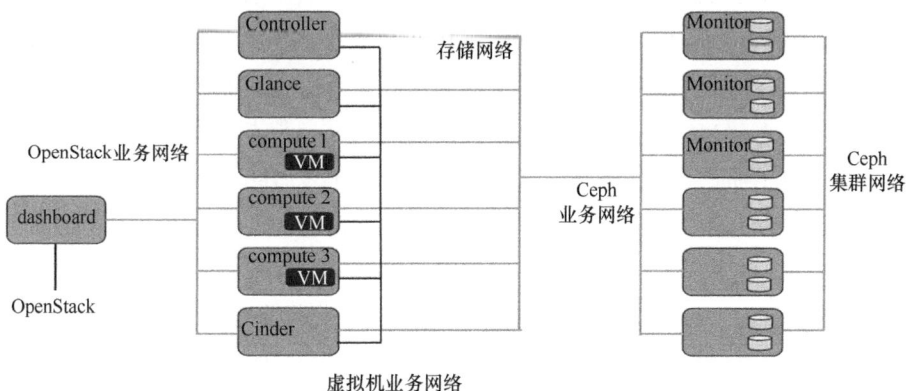

图 5-3　虚拟业务网络和 Ceph 的应用

OpenStack 虚拟机业务网络既可以由外部网络控制，也可以部署一个网络节点，由集群自行控制。由外部网络统一控制的网络通常由专门的硬件设备处理数据流，如防火墙、Web 防火墙、业务网关、负载均衡等，在性能上有保证。由网络节点集群控制的性能相对弱一些，但管理上更统一。业务网络通过外部设备统一提供的网络称为提供商网络（provider network），业务网络由专门的网络节点处理的称为自服务网络（self-service network）。

部署 OpenStack 需要我们准备多台安装了 Linux 的机器，实验环境可以使用启用了虚拟化嵌套的虚拟机。尽管我们可以把 OpenStack 所有组件部署在一台机器上（这种模式称为 all in one 模式），但是为了更好地理解 OpenStack 的运行，这里推荐准备 3 台以上机器进行部署，一台作为控制节点，两台作为计算节点，这样可以实现虚拟机的迁移，以更好地模拟真实云计算环境。

接下来完成所有节点的准备工作，其中包括网络规划和配置、设置主机名和解析、设置时区和时钟同步、设置 SSH 免密认证、完成系统优化、系统升级和添加软件仓库。部署时用到的用户名和密码较多，例如数据库访问用户名和密码、OpenStack 系统管理员用户名和密码、OpenStack 系统组件用户名和密码等。生产环境中应该使用满足复杂度要求的密码，注意不要有"@"这个特殊字符。

OpenStack 中有大量的数据需要由后台数据库保存和维护，如虚拟机状态信息和各种监控数据，目前 OpenStack 可以提供 MySQL、PostgreSQL 等多种数据库作为后台的选择，对数据库的操作用 SQLAlchemy 进行封装，这些代码都保存在相应项目的 db 目录下。我们可以选择安装和 MySQL 兼容的 MariaDB 作为平台数据库。通常数据库可以安装在控制节点，为了提高数据库的可靠性，可以使用主/备、集群等方式。

OpenStack 组件之间通过 RESTful API 进行通信，项目内部不同服务进程之间的通信则必须通过消息总线。这种设计思想保证了各个项目对外提供服务的接口可以被不同类型的客户端高效支持，并保证了项目内部通信接口的可扩展性和可靠性，以支持大规模部署。在 OpenStack 支持的消息总线类型中，大部分是基于高级消息队列协议（Advanced Message Queuing Protocol，AMQP）的。AMQP 是一个异步消息传递所使用的开放的应用层协议，主要包括消息的导向、队列、路由、可靠性和安全性。通过消息队列可以实现项目内部不同服务进程之间的事件通知和远程过程调用。这些都是通过 oslo.mesaging 库来完成的。

OpenStack 还需要安装 Memcached 作为临时缓存，主要用于存储认证后生成的 token。Memcached 是一个分布式高性能内存数据存储，默认端口为 11212。它具有简单稳定、性能和功能够用的优点，但是缺乏认证以及安全管制，所以一般部署在防火墙后，安装在控制节点上。下面先准备 OpenStack 的部署环境。需特别说明的是，和第 4 章一样，前面有"#"的内容为正式命令，没有"#"的内容为说明或命令回显结果。

① openEuler 22.03 LTS 添加 OpenStack 软件仓库。

```
# yum search openstack
# yum install -y openstack-release-wallaby.noarch
```

安装 mariadb 数据库、rabbimq-server 和 memcached。通常数据库、消息交换队列服务和 memcached 安装在控制节点上。OpenStack 诸多组件需要使用 rabbitmq-server 实现消息队列交换。

```
# yum install -y mariadb-server rabbitmq-server memcached
```

② 修改 mariadb 配置，并启动服务。

```
# vi /etc/my.cnf.d/mariadb-server.cnf
[mysqld]
bind-address=0.0.0.0
default-storage-engine=innodb
max_connections=8192
innodb_file_per_table=on
collation-server=utf8_general_ci
character-set-server=utf8
# systemctl start mariadb
# systemctl enable mariadb
# mysql_secure_installation
```

③ 修改 Memcache 默认监听地址，并启动服务。

```
# vi /etc/sysconfig/memcached
OPTIONS="-l 0.0.0.0"
# systemctl start memcached
# systemctl enable memcached
```

④ 启动 rabbitmq-server，添加 OpenStack 用户并授权。此处设置的用户名为 openstack，密码为 Openstack!2023。

```
# systemctl start rabbitmq-server
# systemctl enable rabbitmq-server
# rabbitmqctl add_user openstack 'Openstack!2023'
# rabbitmqctl set_permissions openstack ".*" ".*" ".*"
```

5.4 Keystone 认证服务

在 OpenStack 框架中，Keystone（OpenStack 认证服务）是负责验证身份、校验服务规则和发布服务令牌的认证模块，它实现了 OpenStack 的认证 API。Keystone 可分解为两个模块，即权限管理和服务目录。权限管理模块主要用于用户的登录授权。服务目录模块类似于一个服务总线，或者说是整个 OpenStack 框架的注册表，即该模块提供认证 API 服务、token 令牌机制、服务目录、规则和认证发布等功能。OpenStack 服务通过 Keystone 来注册其端点（服务访问的 URL）。任何服务之间的相互调用都需要先经过 Keystone 的身份验证，获得目标服务的端点，然后调用。

1．认证服务中的相关概念

（1）用户

用户（user）指任何访问 OpenStack 的实体，可以是真正的用户、其他系统或者服务。当用户请求访问 OpenStack 时，Keystone 会对其进行验证。用户通过验证后使用系统分配的令牌（token）根据角色（role）授权访问 OpenStack 各个服务的端点使用服务或资源。

（2）域

域（domain）是一个虚拟概念，由特定的项目来承担。一个域是一组用户组或项目的容器。一个域对应一个大的机构、一个数据中心，并且在全局是唯一的。云服务的用户是域的所有者，他们可以在自己的域中创建多个项目、用户、用户组和角色。通过引入域，云服务客户可以对其拥有的多个项目进行统一管理。

（3）用户组

用户组（group）是一组用户的容器。云服务的用户可以向用户组添加用户，并且可以直接给用户组分配角色。

（4）项目

项目（project）是各个服务中可以访问的资源集合。用户总是被默认绑定到某些项目上，用户在访问项目的资源前，必须先有该项目的访问权限，或者被赋予了特定角色。项目在域内唯一。

（5）角色

角色（role）就是权限的集合。不同角色有着不同的资源管理权限，用户可以被绑定至任意租户下的某一个角色。

（6）服务

OpenStack 中提供诸多服务（service），如 Keystone、Nova、Glance、Neutron、Cinder、Swift 等。服务会对外暴露一个或多个端点，用户只有通过这些端点才可以访问所需资源或执行某些操作。

（7）端点

端点（endpoint）是用来访问某个具体服务的网络地址，用 URL 表示。URL 分为

public、internal、admin 这 3 种，分别表示提供公共服务、内部服务和管理员服务。

（8）凭证

凭证（credential）一般指用户的用户名和密码。

（9）令牌

令牌（token）是允许访问特定资源的凭证。无论通过何种方式，Keystone 的最终目的是对外提供一个可以访问资源的令牌。

（10）区域

大规模部署云时还会用到区域（region），它主要指数据中心所在区域位置。

用户、用户组、项目、域和区域等认证角色的隶属关系如图 5-4 所示。

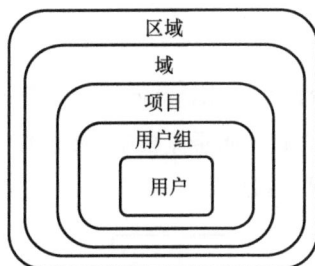

图 5-4　认证角色的隶属关系

Keystone 通过前端的 API 提供 HTTP 接口服务（生产环境中使用 HTTPS），然后交由后端服务进行处理，其整体结构如图 5-5 所示。

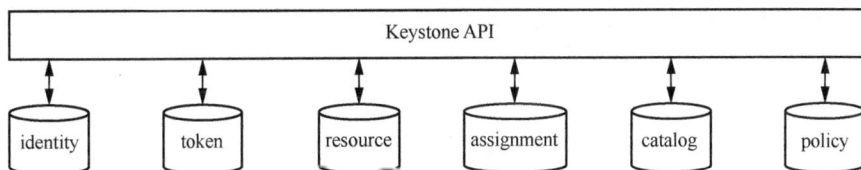

图 5-5　Keystone 整体结构

identity 服务：通过对接数据库或轻型目录访问协议（lightweight directory access protocol，LDAP），提供用户元数据信息。

token 服务：生成 token 和验证 token 有效性。token 服务提供了 4 种 token，分别为 UUID、PKI、PKIZ 以及 fernet。在 K 版本之后，OpenStack 主要使用通过对称算法加密和解密的 fernet token。

resource 服务：在数据库中保存域和项目信息。

assignment 服务：在数据库中保存角色信息。

catalog 服务：保存服务端点信息。

policy 服务：通过配置的 policy.json 配置文件配置操作所对应的权限。它是一套 RBAC 权限管理。

下面展示几个例子。

设置创建用户的权限，命令如下。该命令只能由 admin 角色进行。

```
"identify:create_user" : "role:admin"
```

获取所有虚拟机操作的用户只能是管理员（admin）或者资源所有者，命令如下。

```
"compute:get_all" : "rule:admin_or_owner"
```

Keystone 是整个集群安全中最重要的一环，所有资源的操作都必须通过它进行验证。

2．认证服务流程

用户请求云主机的认证流程涉及 Keystone 认证服务、Nova 计算服务、Glance 镜像服务和 Neutron 网络服务。在这些服务流程中，令牌作为流程的认证凭证进行传递。具体的服务申请认证流程如图 5-6 所示。

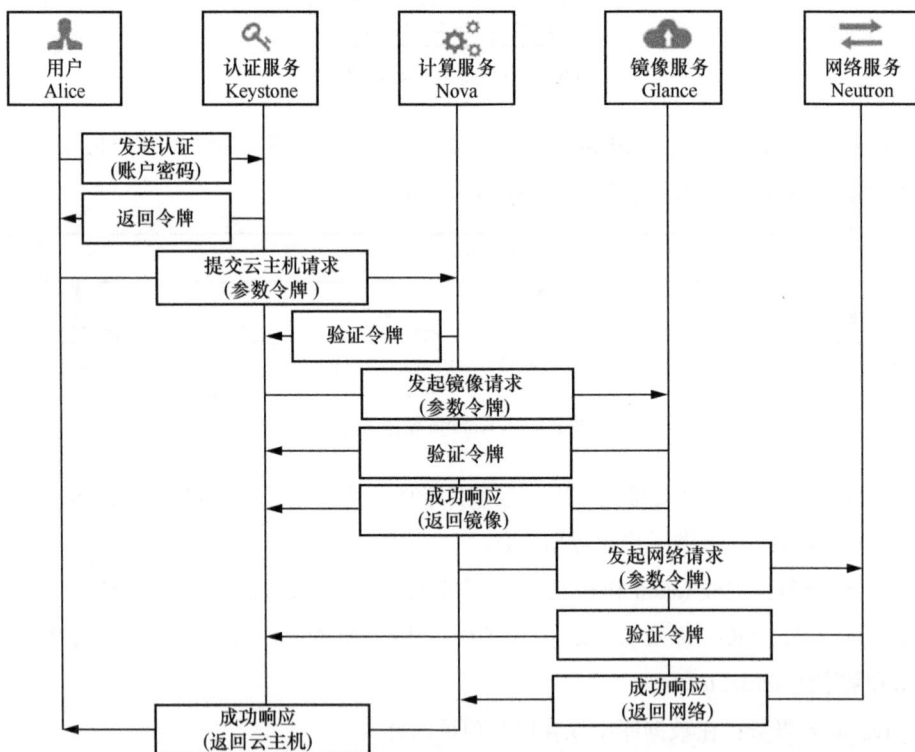

图 5-6　服务申请认证流程

3．配置 Keystone 服务环境

安装部署 OpenStack 一般从 Keystone 认证服务开始，首先需要创建数据库，然后安装和配置 Keystone 软件，启动服务即可，具体步骤如下。

步骤 1：创建 Keystone 组件依赖的数据库。

```
# mysql -u root -p
> create database keystone;
> grant all privileges on keystone.* to keystone@'localhost' identified by
'Keystone!2023';
> grant all privileges on keystone.* to keystone@'%' identified by 'Keystone!
2023';
> exit
```

步骤 2：安装和配置 Keystone 组件。

```
# yum install -y openstack-keystone python3-openstackclient httpd mod_wsgi
```

Keystone 组件默认配置文件为/etc/keystone/keystone.conf，其中大部分内容为注释和配置示例。我们将原有配置文件备份，创建新的配置文件，命令和修改内容如下。

```
# mv /etc/keystone/keystone.conf /etc/keystone/keystone.conf.org
# grep -vE "^$|^#" /etc/keystone/keystone.conf.org
# vi /etc/keystone/keystone.conf
[DEFAULT]
log_dir=/var/log/keystone
[cache]
memcache_servers=192.168.1.101:11211
[database]
connection=mysql+pymysql://keystone:Keystone!2023@192.168.1.101/keystone
[token]
provider=fernet
```

查看和恢复配置文件的权限，命令如下。

```
# ls -l /etc/keystone/
# chown root.keystone /etc/keystone/keystone.conf
# chmod 640 /etc/keystone/keystone.conf
```

填充 identity 服务数据库，命令如下。

```
# su -s /bin/sh -c "keystone-manage db_sync" keystone
```

初始化 fernet 密钥存储库，命令如下。

```
# keystone-manage fernet_setup --keystone-user keystone --keystone-group keystone
# keystone-manage credential_setup --keystone-user keystone --keystone-group
  keystone
```

如果数据库访问无误，数据库里会填充数据表。读者可以去数据库中查看，这里不讲。

下面设置引导身份服务，并给初始用户管理员 admin 设置密码,此处设置为 Keystone!2023。

```
# controller=192.168.1.101
# keystone-manage bootstrap --bootstrap-password 'Keystone!2023' \
--bootstrap-admin-url http://$controller:5000/v3/ \
--bootstrap-internal-url http://$controller:5000/v3/ \
--bootstrap-public-url http://$controller:5000/v3/ \
--bootstrap-region-id RegionOne
```

步骤 3：配置 Keystone 端点服务。Keystone 服务依赖 Apache 服务。我们先编辑 /etc/httpd/conf/httpd.conf 文件，去掉 ServerName 注释，配置 "ServerName" 选项为该控制节点名称。

```
# vi /etc/httpd/conf/httpd.conf
ServerAdmin cg@lzu.***.cn
ServerName node01
ServerTokens Prod
创建/usr/share/keystone/wsgi-keystone.conf 文件的链接
# ln -s /usr/share/keystone/wsgi-keystone.conf /etc/httpd/conf.d/
启动 Apache HTTP 服务并配置其随系统启动，keystone 服务端口默认为 5000
# systemctl start httpd
# systemctl enable httpd
# netstat -an | grep 5000
tcp6 0 0 :::5000 :::* LISTEN
```

步骤 4：验证 Keystone 服务。创建和使用 OpenStack 客户端环境脚本。

```
# vi ~/keystonerc
export OS_PROJECT_DOMAIN_NAME=default
export OS_USER_DOMAIN_NAME=default
export OS_PROJECT_NAME=admin
export OS_USERNAME=admin
export OS_PASSWORD='Keystone!2023'
export OS_AUTH_URL=http://192.168.1.101:5000/v3
export OS_IDENTITY_API_VERSION=3
export OS_IMAGE_API_VERSION=2
export PS1='[\u@\h \W(keystone)]\$'
# chmod 600 ~/keystonerc
# source ~/keystonerc
# echo "source ~/keystonerc " >> ~/.bash_profile
```

查看 project，如果不存在系统所需服务项目（Service Project）则创建项目，命令如下。

```
# openstack project list
# openstack project create --domain default --description "Service Project" service
```

查看项目、服务、发布点和用户，命令如下。至此，Keystone 服务部署完成。

```
# openstack project list
# openstack service list
# openstack endpoint list
# openstack user list
```

在生产环境中，Keystone 使用证书进行 SSL 加密传输，可以提高传输安全性，但这需要有效的证书可供使用。因为当前没有可供使用的证书，所以这里的传输协议为 HTTP，服务端口为 5000。

5.5 Glance 镜像服务

Glance 是一个提供发现、注册和下载镜像的服务，提供虚拟机镜像的集中存储。通过 Glance 的 RESTful API，我们可以查询镜像元数据、下载镜像。每个镜像的信息由两部分组成：镜像文件数据和镜像元数据。镜像元数据保存在数据库中，记录了镜像文件的基本信息。镜像文件数据保存在后端存储中，如本地文件系统、Ceph、OpenStack Swift（对象存储系统），默认配置保存位置为/var/lib/glance/images/。Nova 在创建虚拟机时从 Glance 中拉取镜像。Glance 还可以从正在运行的实例建立快照，用来备份虚拟机的状态。

Glance 镜像服务安装部署步骤如下。

步骤 1：创建 glance 依赖的数据库。

```
# mysql -u root -p
>create database glance;
>grant all privileges on glance.* to glance@'localhost' identified by 'Glance!
2023';
>grant all privileges on glance.* to glance@'%' identified by 'Glance!2023';
>flush privileges;
>exit
```

步骤 2：在控制节点创建 Glance 用户和服务端点。

首先，创建 Glance 用户（必须以 admin 账户登录才能创建）。

```
# openstack user create --domain default --password-prompt glance
```

其次，将 Glance 用户添加到 service 项目和 admin 角色。

```
# openstack role add --project service --user glance admin
```

再次，创建服务实体。

```
# openstack service create --name glance --description "OpenStack Image" image
```

最后，在控制节点上创建 image 服务 API 端点。

```
# glance=192.168.1.101
Glance 在哪台机器上就使用该机器 IP 地址，随后的 Glance 安装和配置也在该机器)
# openstack endpoint create --region RegionOne image public http://$glance:9292
# openstack endpoint create --region RegionOne image internal http://$glance:9292
# openstack endpoint create --region RegionOne image admin http://$glance:9292
# openstack endpoint list
```

步骤 3：安装和配置 Glance 组件服务。

```
# yum install openstack-glance -y
```

Glance 服务配置文件为/etc/glance/glance-api.conf， glance-api 是系统后台运行的服务进程，对外提供 RESTful API，响应镜像查询、获取和存储的调用。

下面备份原有配置文件，创建新的配置文件。

```
# mv /etc/glance/glance-api.conf /etc/glance/glance-api.conf.org
# vi /etc/glance/glance-api.conf
[DEFAULT]
bind_host=0.0.0.0
transport_url=rabbit://openstack:Openstack!2023@192.168.1.101

[glance_store]
stores=file,http
default_store=file
filesystem_store_datadir=/var/lib/glance/images/

[database]
connection=mysql+pymysql://glance:Glance!2023@192.168.1.101/glance

[keystone_authtoken]
www_authenticate_url=http://192.168.1.101:5000
auth_url=http://192.168.1.101:5000
memcached_servers=192.168.1.101:11211
auth_type=password
project_domain_name=default
user_domain_name=default
project_name=service
username=glance
password=Glance!2023

[paste_deploy]
flavor=keystone
```

恢复配置文件权限，命令如下。

```
# chmod 640 /etc/glance/glance-api.conf
# chown root:glance /etc/glance/glance-api.conf
```

初始化数据库，命令如下。

```
# su -s /bin/bash glance -c "glance-manage db_sync"
```

启动服务，Glance 镜像服务默认使用端口为 9292，命令如下。

```
# systemctl start openstack-glance-api
# systemctl enable openstack-glance-api
# netstat -an | grep 9292
```

步骤 4：验证 Glance 服务。Glance 支持多种文件格式的镜像。绝大部分镜像默认为 qcow2 格式，其中包括我们自己制作的镜像。qcow2 格式比较省硬盘空间。由于计算节点从镜像服务器下载了镜像后还会将其格式转换为 raw 格式，使用本地存储作为后端存储时如果 Glance 存储空间、网络带宽足够大，则可直接在 Glance 上将镜像保存为 raw 格式。当后端存储为 Ceph 时，必须使用 raw 格式。

下面验证 Glance 服务，我们业内通用的微操作系统 cirros 进行测试。先用 wget 下载 cirros 镜像，具体如下。

```
# wget https://d***d.cirros-cloud.net/0.6.3/cirros-0.6.3-x86_64-disk.img
```

查看镜像信息，具体如下。

```
# yum install qemu -y
# qemu-img info  cirros-0.6.3-x86_64-disk.img
```

使用 qemu-img 命令转换镜像格式，具体如下。

```
# qemu-img convert -f qcow2 -O raw \
 cirros-0.6.3-x86_64-disk.img cirros-0.6.3-x86_64-disk.raw
```

下面上传镜像，具体如下。

```
# openstack image create "cirros-0.6.3" \
 --file /root/cirros-0.6.3-x86_64-disk.raw \
 --disk-format raw --container-format bare --public
```

查看镜像，如果看到类似下面的记录，说明 Glance 镜像服务器部署完成。

```
# openstack image list
+--------------------------------------+--------------+--------+
| ID                                   | Name         | Status |
+--------------------------------------+--------------+--------+
| ab69ca1d-ede5-430d-8ce9-ad8c6db7a80e | cirros-0.6.3 | active |
+--------------------------------------+--------------+--------+
# 设置hw_qemu_guest_agent属性，需要镜像支持，可用来修改实例用户密码
# openstack image set --property \
  hw_qemu_guest_agent=yes d92cdccc-8015-464e-a959-cc343adc603a
```

镜像可以从网络下载或自己制作，本书配套资源中提供了一些下载方法，供读者参考。

5.6 Placement 资源管理服务

Placement 是 OpenStack 中用于资源管理的服务，其核心功能是帮助用户寻找满足资源需求的设备。如果 Placement 的用户是 Nova，则 Nova 希望 Placement 能回答 "帮我寻找一台主机，它至少有 4 个空闲 CPU、8 GB 的空闲内存和 100 GB 的空闲硬盘空间" 或 "我需要两台主机，它们除了满足 CPU、内存和硬盘的需求外，还要连接到一个共享存储池" 等问题。

在 Stein 版本之前，Placement 轻度耦合在 Nova 组件中，之后从 Nova 组件中剥离，成为一个独立的 OpenStack 组件。

Placement 的出发点是服务于任何有资源管理需求的组件。Placement 除了在 Nova 组件中管理计算节点的 CPU、内存、硬盘等资源，还在 Neutron 组件中管理云环境的网络资源，在 Cyborg 项目中管理 FPGA 加速卡等资源。

Placement 虽然从 Nova 组件中剥离出来，但 Nova 仍是它的主要用户。到 T 版本之后，原来由 nova-scheduler 完成的 core-filter、ran-filter、disk-filter 的计算节点筛选工作已由 Placement 的 API 替代了。

在控制节点安装、配置并验证 Placement 的步骤如下。

步骤 1：创建 Placement 依赖的数据库。

```
# mysql -u root -p
>create database placement;
>grant all privileges on placement.* to placement@'localhost' identified by
'Placement!2023';
>grant all privileges on placement.* to placement@'%' identified by 'Placement!
2023';
>exit
```

步骤 2：配置用户和服务端点。首先，创建 Placement 用户，并设置密码。

```
# openstack user create --domain default --project service --password
'Placement!2023' placement
```

然后，将 Placement 用户添加为 service 项目下的 admin 角色，并创建 Placement。

```
# openstack role add --project service --user placement admin
# openstack service create --name placement --description "Placement API"
placement
```

最后，创建 Placement API 服务端点。

```
# controller=192.168.1.101
#openstack endpoint create --region RegionOne placement public
http://$controller:8778
#openstack endpoint create --region RegionOne placement internal
http://$controller:8778
#openstack endpoint create --region RegionOne placement admin
http://$controller:8778
# openstack endpoint list
```

步骤 3：安装和配置组件。

```
# yum -y install openstack-placement-api
# mv /etc/placement/placement.conf /etc/placement/placement.conf.org
# vi /etc/placement/placement.conf
[DEFAULT]
debug=false
[api]
auth_strategy=keystone
[keystone_authtoken]
auth_url=http://192.168.1.101:5000/v3
memcached_servers=192.168.1.101:11211
auth_type=password
project_domain_name=default
user_domain_name=default
project_name=service
username=placement
password=Placement!2023
[placement_database]
connection=mysql+pymysql://placement:Placement!2023@192.168.1.101/placement
```

修改文件权限和组，命令如下。

```
# chmod 640 /etc/placement/placement.conf
# chgrp placement /etc/placement/placement.conf
```

修改 Apache 配置，Placement 也依赖 Apache 提供服务，命令如下。

```
# vi /etc/httpd/conf.d/00-placement-api.conf
# 在 ErrorLog /var/log/placement/placement-api.log 后增加
  ErrorLog /var/log/placement/placement-api.log
  <Directory /usr/bin>
    Require all granted
  </Directory>
```

填充 Placement 数据库，命令如下。

```
# su -s /bin/sh -c "placement-manage db sync" placement
```

重启 httpd 服务，命令如下。

```
# systemctl restart httpd
```

```
# chown placement:placement /var/log/placement/placement-api.log
# netstat -an | grep 8778
tcp6 0 0 :::8778 :::* LISTEN
```

步骤 4：验证 Placement。

```
# placement-status upgrade check
```

如果命令回显没有错误，并且返回的表中有 Upgrade Check Results 表格，则说明 Placement 组件部署完成。

5.7　Nova 计算服务

Nova 是 OpenStack 最核心的服务组件，负责管理和维护云计算环境的计算资源，以及整个云环境虚拟机生命周期的管理，包括控制节点和计算节点。

计算节点使用 Nova Computer 创建虚拟机，通过 libvirt 调用 KVM 来实现。Nova 组件之间的通信通过 rabbitMQ 队列进行。Nova 位于 OpenStack 架构的中心，其他服务或者组件（比如 Keystone、Glance、Placement、Neutron 等）都对它提供支持。

Nova 提供的服务主要如下。

Nova-api：HTTP 服务，用于接收和处理客户端发送的 HTTP 请求，实现了 RESTful API 功能，是外部访问 Nova 的唯一途径。

Nova Scheduler：Nova 调度子服务。当客户端向 Nova 服务器发起创建虚拟机请求时，该服务决策虚拟机创建在哪个主机（计算节点）上。

Nova Conductor：远程过程调用（remote procedure call，RPC）服务，主要提供数据库查询功能。它也是计算节点访问数据的中间件，消除了对云数据库的直接访问。

Nova console、Nova Consoleauth、Nova VNCProxy：Nova 控制台子服务，其功能是实现客户端通过代理服务器远程访问虚拟机实例的控制界面。

Nova-novncproxy：使用虚拟网络控制台（virtual network console，VNC）协议代理连接运行虚拟机的控制台。

Nova Compute：Nova 组件中最核心的服务，实现了虚拟机的管理功能，负责虚拟机的生命周期管理，创建并终止虚拟机实例的控制台程序 hypervisor API。此外，该组件还实现了在计算节点上创建、启动、暂停、关闭和删除虚拟机，以及虚拟机在不同的计算节点间迁移、虚拟机安全控制、管理虚拟机磁盘镜像以及快照等功能。

下面展示 Nova 计算服务的相关操作。

（1）创建依赖数据库并授权给 Nova 用户

创建依赖数据库并授权给 Nova 用户的命令如下。

```
# mysql -u root -p
> create database nova;
> create database nova_api;
> create database nova_cell0;
> grant all privileges on nova.* to nova@'localhost' identified by 'Nova!2023';
> grant all privileges on nova.* to nova@'%' identified by 'Nova!2023';
> grant all privileges on nova_api.* to nova@'localhost' identified by 'Nova!2023';
> grant all privileges on nova_api.* to nova@'%' identified by 'Nova!2023';
> grant all privileges on nova_cell0.* to nova@'localhost' identified by 'Nova!
2023';
> grant all privileges on nova_cell0.* to nova@'%' identified by 'Nova!2023';
> flush privileges;
> exit
```

（2）创建用户和角色

创建 Nova 用户的命令如下。

```
# openstack user create --domain default --project service --password 'Nova!
2023' nova
```

将 admin 角色添加到 Nova 用户的命令如下。

```
# openstack role add --project service --user nova admin
```

创建 Nova 实体的命令如下。

```
# openstack service create --name nova --description "OpenStack Compute" compute
```

创建 Compute API 服务端点的命令如下。

```
# controller=192.168.1.101
# openstack endpoint create --region RegionOne compute public
http://$controller:8774/v2.1/%\(tenant_id\)s
# openstack endpoint create --region RegionOne compute internal
http://$controller:8774/v2.1/%\(tenant_id\)s
# openstack endpoint create --region RegionOne compute admin
http://$controller:8774/v2.1/%\(tenant_id\)s
```

（3）安装和配置 Nova（控制节点）

安装 openstack-nova 时会安装 Nova 的所有模块，具体如下。当然了，读者也可只安装 openstack-nova-api、openstack-nova-scheduler、openstack-nova-conductor、openstack- nova-novncproxy 这 4 个模块。openstack-nova-novncproxy 在生产环境还可以独立安装，该模块主要提供对虚拟机的 VNC 连接代理服务。

```
# yum install -y openstack-nova-api \
  openstack-nova-conductor openstack-nova-scheduler \
```

```
  openstack-nova-novncproxy
# mv /etc/nova/nova.conf /etc/nova/nova.conf.org
# vi /etc/nova/nova.conf
[DEFAULT]
my_ip=192.168.1.101
state_path=/var/lib/nova
enabled_apis=osapi_compute,metadata
log_dir=/var/log/nova
transport_url=rabbit://openstack:Openstack!2023@192.168.1.101

[api]
auth_strategy=keystone

[api_database]
connection=mysql+pymysql://nova:Nova!2023@192.168.1.101/nova_api

[database]
connection=mysql+pymysql://nova:Nova!2023@192.168.1.101/nova

[glance]
api_servers=http://192.168.1.101:9292

[keystone_authtoken]
www_authenticate_url=http://192.168.1.101:5000
auth_url=http://192.168.1.101:5000
memcached_servers=192.168.1.101:11211
auth_type=password
project_domain_name=default
user_domain_name=default
project_name=service
username=nova
password=Nova!2023
[oslo_concurrency]
lock_path=$state_path/tmp

[placement]
auth_url=http://192.168.1.101:5000
os_region_name=RegionOne
auth_type=password
project_domain_name=default
user_domain_name=default
project_name=service
username=placement
password=Placement!2023
```

```
[scheduler]
discover_hosts_in_cells_interval=300

[wsgi]
api_paste_config=/etc/nova/api-paste.ini
```

恢复文件权限，命令如下。

```
# chmod 640 /etc/nova/nova.conf
# chgrp nova /etc/nova/nova.conf
```

填充数据库，命令如下。

```
# su -s /bin/bash nova -c "nova-manage api_db sync"
# su -s /bin/bash nova -c "nova-manage cell_v2 map_cell0"
# su -s /bin/bash nova -c "nova-manage db sync"
# su -s /bin/bash nova -c "nova-manage cell_v2 create_cell --name cell1"
```

验证 cell0 和 cell1 是否正确注册，命令如下。

```
# su -s /bin/sh -c "nova-manage cell_v2 list_cells" nova
```

启动 nova 服务，命令如下。

```
# systemctl start openstack-nova-api openstack-nova-conductor
openstack-nova-scheduler openstack-nova-novncproxy
#systemctl enable openstack-nova-api openstack-nova-conductor
openstack-nova-scheduler openstack-nova-novncproxy
# openstack compute service list  //查看计算服务
```

查看计算服务的结果如图 5-7 所示。

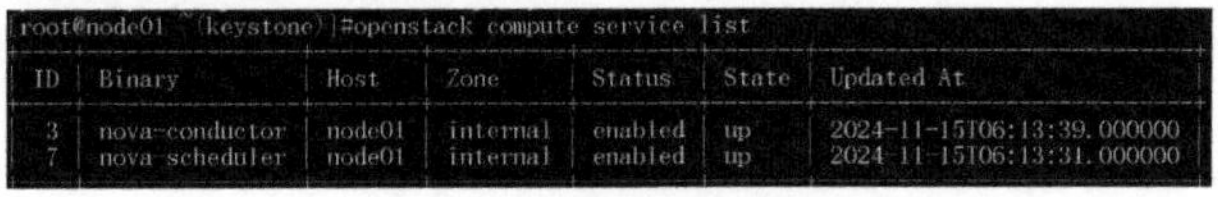

图 5-7　查看计算服务的结果

（4）安装和配置 Nova（计算节点）

首先，安装虚拟化软件，这里默认虚拟化软件为 KVM。

```
# yum -y install qemu-kvm libvirt
```

然后，安装和配置节点计算服务，具体步骤如下。

步骤 1：安装 OpenStack 软件源。

```
# yum install -y openstack-release-wallaby.noarch
```

步骤 2：安装计算服务 nova-compute。

```
# yum -y install openstack-nova-compute
```

计算节点配置文件相比控制节点少了数据库连接信息，多了 vnc 部分。控制节点要启动计算服务，只需安装 nova-compute，以及在配置中添加 vnc 部分。openEuler

中的[DEFAULT]部分需要指定"compute_driver = libvirt.LibvirtDriver",否则计算服务无法被启动。具体配置如下。

```
# mv /etc/nova/nova.conf /etc/nova/nova.conf.org
# vi /etc/nova/nova.conf
[DEFAULT]
my_ip=192.168.1.102
state_path=/var/lib/nova
enabled_apis=osapi_compute,metadata
log_dir=/var/log/nova
transport_url=rabbit://openstack:Openstack!2023@192.168.1.101
compute_driver=libvirt.LibvirtDriver
resume_guests_state_on_host_boot=true
[api]
auth_strategy=keystone

[vnc]
enabled=True
server_listen=0.0.0.0
server_proxyclient_address=$my_ip
novncproxy_base_url=http://192.168.1.101:6080/vnc_auto.html

[glance]
api_servers=http://192.168.1.101:9292

[oslo_concurrency]
lock_path=$state_path/tmp

[keystone_authtoken]
www_authenticate_url=http://192.168.1.101:5000
auth_url=http://192.168.1.101:5000
memcached_servers=192.168.1.101:11211
auth_type=password
project_domain_name=default
user_domain_name=default
project_name=service
username=nova
password=Nova!2023

[placement]
auth_url=http://192.168.1.101:5000
os_region_name=RegionOne
auth_type=password
project_domain_name=default
user_domain_name=default
```

```
project_name=service
username=placement
password=Placement!2023

[wsgi]
api_paste_config=/etc/nova/api-paste.ini

[libvirt]
virt_type=kvm
```

步骤 3：恢复文件权限和属组。

```
# ls -l /etc/nova/
# chmod 640 /etc/nova/nova.conf
# chgrp nova /etc/nova/nova.conf
```

步骤 4：启动计算服务。

```
# systemctl start libvirtd
# systemctl enable libvirtd
# systemctl start openstack-nova-compute
# systemctl enable openstack-nova-compute
```

步骤 5：在控制器上查看计算节点情况，发现主机。这一步骤可以采用以下命令：

```
# su -s /bin/bash nova -c "nova-manage cell_v2 discover_hosts"
```

或者采用以下命令。

```
# nova-manage cell_v2 discover_hosts --verbose
```

步骤 6：查看计算服务和虚拟机节点，得到的结果如图 5-8 所示。

```
# openstack compute service list
# openstack hypervisor list
```

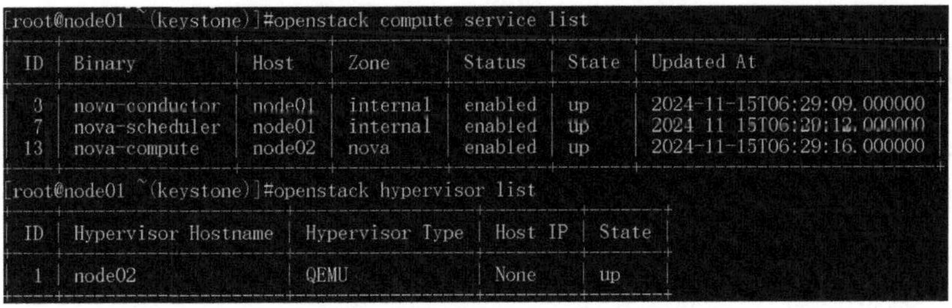

图 5-8 查看计算服务和虚拟机节点结果

添加新计算节点时，需要在控制器节点执行以下命令，以注册这些新计算节点：

```
# nova-manage cell_v2 discover_hosts
```

或者在控制节点上设置适当的间隔，让控制节点周期性地发现计算节点。

```
# vi /etc/nova/nova.conf
```

```
[scheduler]
discover_hosts_in_cells_interval=300
```

所有计算节点的配置基本相同（my_ip 需要设置为节点 IP 地址），因此当有多个计算节点时，安装完软件后将 nova.conf 复制到新节点即可。

如果安装了其他组件，那么还需将相关信息加入计算节点 Nova 配置文件。

5.8　Neutron 网络服务

Neutron 是 OpenStack 网络服务组件，负责创建和管理 L2、L3（OSI 参考模型）网络，为虚拟机提供虚拟网络和物理网络连接。Neutron 也是整个 OpenStack 中最为复杂的一个组件，为整个 OpenStack 环境提供网络支持，其中包括二层交换、三层路由、负载均衡、防火墙和 VPN 等。这涉及大量的网络基础知识，需要兼容不同的网络设备和不同的网络协议，Neutron 架构采用了 plugin 模式，针对每个网络开发对应的网络插件，从而完成不同网络的管理。

1．Neutron 中的基本概念

（1）网络

网络是一个隔离的二层广播域。Neutron 支持多种类型的网络，包括本地网络、扁平网络、VLAN、VXLAN 和通用路由封装（generic routing encapsulation，GRE）网络。

本地网络与其他网络和节点隔离。本地网络中的实例（instance）只能与位于同一节点上同一网络的实例通信，本地网络主要用于单机测试。

扁平网络是无 VLAN 标签（tagging）的网络。扁平网络中的实例能与位于同一网络的实例直接进行二层通信，并且可以跨多个二层节点。

VLAN 是具有 IEEE 802.1q tagging 的网络。VLAN 是一个二层的广播域，同一 VLAN 中的实例可以通信，不同 VLAN 中的实例只能通过路由器通信。VLAN 可跨节点通信，是应用最广泛的网络类型。

VXLAN 是基于隧道技术的覆盖（overlay）网络。VXLAN 通过唯一的分段 ID（segmentation ID，VNI）与其他 VXLAN 网络区分。VXLAN 中的数据包会通过 VNI 封装成 UDP 包进行传输。因为二层的数据包通过封装在三层进行传输，所以它能够克服 VLAN 和物理网络基础设施的限制。

GRE 是与 VXLAN 类似的一种 overlay 网络，二者的主要区别在于使用 IP 而非 UDP 进行封装。

不同网络在二层上是隔离的。中小型数据中心使用 VLAN 即可，大型网络在为了能够跨三层物理网络通信以及为用户提供自定义网络的情况下可使用 VXLAN。

（2）子网

子网是一个 IPv4 或者 IPv6 地址段。实例的 IP 地址从子网中获得。每个子网需要定义 IP 地址的范围和掩码。网络与子网有一对多的关系，一个子网只能属于某个网络；一个网络可以有多个子网。这些子网可以是不同的 IP 地址段，但各地址段之间不能重叠。

（3）端口

端口可以看做虚拟交换机上的一个端口。端口上定义了 MAC 地址和 IP 地址。当实例的虚拟端口（virtual interface，VIF）绑定到端口时，端口会将 MAC 地址和 IP 地址分配给 VIF。子网与端口有一对多关系，一个端口必须属于某个子网，一个子网可以有多个端口。

（4）路由器

与物理网络中的路由器类似，Neutron 中的路由器也是一个路由选择和转发部件。只不过在 Neutron 中，它是可以创建和销毁的软部件。

（5）DHCP 代理

DNCP 代理（agent）负责处理 DHCP 请求，为网络分配 IP 地址。每个网段会占用一个网络端口地址，用于 DHCP 代理端口。

2. Neutron 架构

Neutron 架构包含 6 个主要组件，分别为 Ncutron server、DHCP agent、L3 agent、L2 agent、Open vSwitch agent 和 metadata agent，如图 5-9 所示。

① Neutron server：实现 Neutron API 和 API 扩展、管理网络、子网和端口。

② DHCP agent：负责 DHCP 配置，为虚拟机分配 IP 地址。

③ L3 agent：负责公网浮动 IP 地址和网络地址转换，负责实现其他三层特性。

④ metadata agent：提供元数据服务，Neutron 中的 L3 agent、dhcp agent、Nova、metadata api server 等组件或服务用于描述数据。

⑤ Open vSwitch agent：将虚拟机连接到网络端口。该组件运行在每个计算节点上。

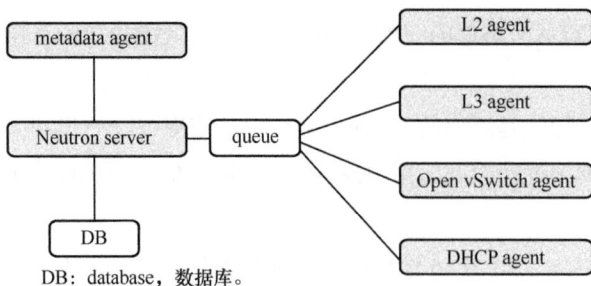

DB: database，数据库。

图 5-9　Neutron 架构

3. provider 网络和 self-service 网络

Neutron 网络分为提供者（provider）网络和自服务（self-service）网络。

provider 网络的网关部署在外部设备上，如三层交换机或路由器，这需要控制节点和所有计算节点支持二层网络连接，即需要一块物理网卡，以连接到外部设备上。此时，该物理网卡作为二层交换机接口。通常交换机端为 trunk 接口[1]，这需要物理网卡也要支持私有标签特性。如果不支持私有标签特性，交换机端口只能为 access 接口，即只能连接一个网络。provider 网络下 network 网络标签和 subnet 网络地址由外部网络决定，在配置网络网段 ID（vlan tag）和子网地址时需和物理网络保持一致，这会导致缺乏一定的灵活性和实例无法实现跨三层网络进行迁移。图 5-10 展示了 provider 网络。

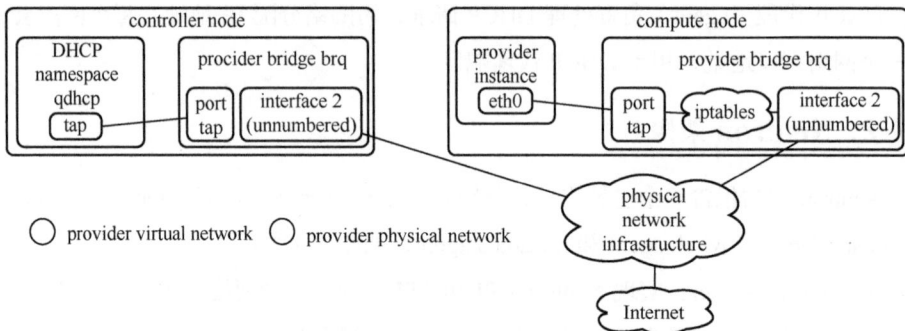

图 5-10　provider 网络

self-service 网络支持用户自定义网络，即实例使用用户自己创建的网络。self-service 如图 5-11 所示，通常被分配私有 IP 地址。实例私有 IP 地址需要和外部

1　端口和接口所表示的含义相同，故本书不对二者进行统一。

可路由 IP 地址（浮动 IP 地址）进行一对一映射，方可被外部网络访问，访问外部网络也需要使用外部可路由 IP 地址进行网络地址转换。self-service 网络中需要 L3 agent 提供虚拟路由器和浮动 IP 地址支持，通常会单独用一个节点来作为网络节点，网络节点由外部网络二层或三层上连。各计算节点实例通过三层隧道协议进行二层互联，通常使用 VXLAN 技术。OpenStack 支持的三层隧道协议有 GRE、VXLAN 和通用网络虚拟化封装（generic network virtualization encapsulation，GENEVE）。当下 VXLAN 基本成为 NOV3（network virtualization over layer 3）的主要事实标准，它将以太网报文封装在 UDP 报文中进行隧道传输，采用 MAC in UDP 通过 IP 网络进行转发，实现了跨三层网络的二层网络连通性，且其报文中的 VNI 字段达到了 24 位，远超 VLAN tag 的 12 位标签长度，在大型数据中心和云服务提供商可以满足海量租户需求。

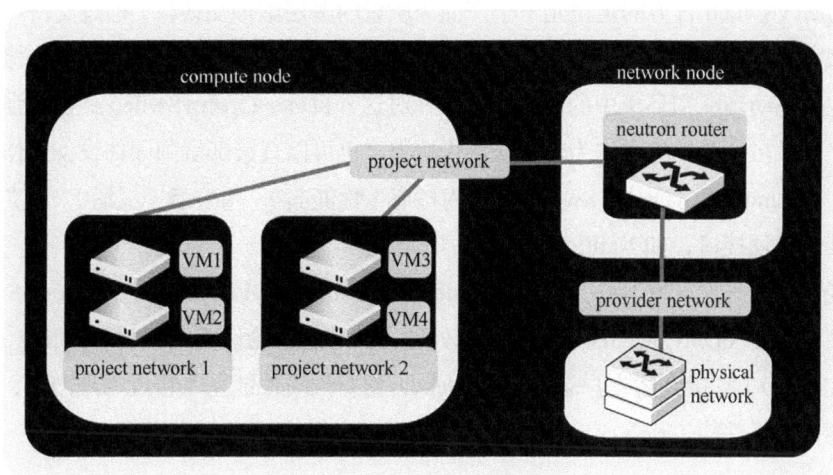

图 5-11 self-service 网络

4．二层网络插件

OpenStack 通过 ML2（modular layer）解耦了网络隔离类型与底层虚拟网络实现机制，使得 ML2 具有良好的弹性、扩展性和灵活性。不同网络隔离类型对应着不同的类型驱动（type driver），其中包括 Flat、VLAN、VXLAN 和 GRE；不同的网络实现机制对应着机制驱动（mechanism driver），常见的有 Linux bridge 和 Open vSwitch，如图 5-12 所示。

type driver / mech driver	flat	VLAN	VXLAN	GRE
Open vSwitch	yes	yes	yes	yes
Linux bridge	yes	yes	yes	no
SRIOV	yes	yes	no	no
MacVTap	yes	yes	no	no
L2 population	no	no	yes	yes

图 5-12　Neutron 机制驱动和 L2 代理

　　ML2 插件在配置时选用了特定的机制驱动后，相应的计算节点或网络节点上应该运行特定的代理。如在配置 ML2 插件的机制驱动参数时，指定了 Open vSwitch，则计算节点和网络节点上只能部署和运行 Neutron OpenvSwitch agent 服务。

　　Open vSwitch 官方的定位是一个产品级质量的多层虚拟交换机，通过支持可编程扩展来实现大规模的网络自动化，其设计目标是方便管理和配置虚拟机网络，检测多物理主机在动态虚拟环境中的流量情况。针对这一目标，Open vSwitch 具备很强的灵活性。可以在管理程序中作为软件交换机运行，也可以直接部署到硬件设备上作为控制层。在 Linux 上，Open vSwitch 支持内核态（性能高）、用户态（灵活），还支持多种标准的管理接口，如 NetFlow、CLI。

　　经过数据平面开发套件（data plane development kit，DPDK）加速的 Open vSwitch 的报文不需要 openvswitch.ko 内核态的处理，而是通过轮询模式驱动（polling mode driver，PMD）直接到达用户态 ovs-vswitchd，使得网络性能基本接近物理网卡，进一步提高了网络性能。

5．provider 网络配置

　　下面对所有节点用于连接虚拟机业务网络的物理网卡进行 provider 网络配置。由于该网络的接口为二层接口，上连物理交换机，所以不配置 IP 地址，设置开机自动启动。假设当前网卡只支持扁平网络，网络为 192.168.3.0/24，网关为 192.168.3.1。各节点物理网卡名称可以不同，不需要一致。具体配置如下。

```
# vi /etc/sysconfig/network-scripts/ifcfg-ens5
TYPE=Ethernet
BOOTPROTO=none
DEVICE=ens5
NAME=ens5
```

```
HWADDR=fa:16:3e:36:d1:9d
ONBOOT=yes
# nmcli connection reload
# nmcli connection down ens5 ;nmcli connection up ens5
# ip add
```

（1）控制节点配置

在控制节点上完成以下步骤。

步骤1：创建数据库、服务凭证和 API 端点。

首先，创建 Neutron 数据库，命令如下。

```
# mysql -u root -p
>create database neutron;
>grant all privileges on neutron.* to neutron@localhost identified by 'Neutron!
2023';
>grant all privileges on neutron.* to neutron@'%' identified by 'Neutron!2023';
>flush privileges;
>exit
```

然后，创建 Neutron 用户和服务，命令如下。

```
# openstack user create --domain default --password-prompt neutron
# openstack role add --project service --user neutron admin
# openstack service create --name neutron --description "OpenStack Networking"
network
```

最后，创建 Neutron 服务 API 端点，命令如下。

```
# export network=192.168.1.101
# openstack endpoint create --region RegionOne network public http://$network:9696
# openstack endpoint create --region RegionOne network internal http://$network:9696
# openstack endpoint create --region RegionOne network admin http://$network:9696
```

步骤2：安装和配置相关服务，命令如下。

```
# yum -y install openstack-neutron \
 openstack-neutron-ml2 openstack-neutron-openvswitch
```

启动 openvswitch 并设置开机启动，命令如下。

```
# systemctl start openvswitch
# systemctl enable openvswitch
```

增加网桥 br-int，命令如下。

```
# ovs-vsctl add-br br-int
# ovs-vsctl show
```

创建名为 br-eth 的连接外部网络的网桥，命令如下。该网桥名会在配置中使用到。所有虚拟网卡最终使用该网桥连接到外部物理网络，因此所有节点需保持名称一致。

```
# ovs-vsctl add-br br-eth
```

给该网桥增加上行接口 ens5。

```
# ovs-vsctl add-port br-eth ens5
```

在 provider 网络中，OpenStack 网络由外部物理网络决定，配置时它的 VLAN ID、网络地址等需要和外部物理网络配置保持一致。如果 VLAN ID 不一致则需要进行转换，br-eth 就是用来完成外部网络 VLAN ID 到内部 LVID（local VLAN ID）的映射，br-int 负责处理 local VLAN 的二层交换，如图 5-13 所示。qbrxxxx 为 Linux Bridge，这个 Bridge 和虚拟机（VM）的网络连接由 Nova 负责。

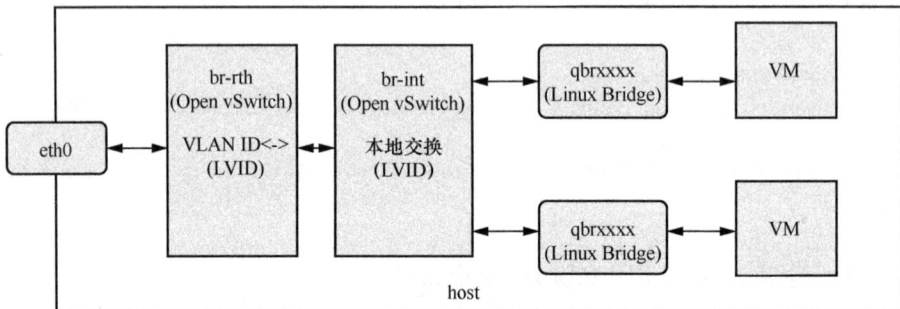

图 5-13　br-eth 和 br-int

Neutron 控制节点涉及的配置文件比较多，主要如下。

- neutron.conf，它 Neutron 的主要配置文件。
- dhcp_agent.ini，它是 DHCP 服务配置文件，默认使用 dnsmsag，用来给 VM 分配 IP 地址。
- metadata_agent.ini，它是 meta 服务配置文件，该服务主要负责给 VM 注入元数据，例如认证配置信息。
- l3_agent.ini，它是三层网络配置文件，通常配置在 self-service 网络的网络节点上，在 provider 网络中不需要。
- openvswitch_agent.ini，它是 Open vSwitch 配置文件，其中包含 Open vSwitch 的物理映射信息。
- ml2_conf.ini，它是二层插件配置文件。

配置完 Neutron 服务后，Neutron 信息还需要添加到 Nova 配置文件中。下面展示除 l3_agent.ini 文件之外的其他配置文件信息。

① neutron.conf 文件

```
# mv /etc/neutron/neutron.conf /etc/neutron/neutron.conf.org
# vi /etc/neutron/neutron.conf
```

```
[DEFAULT]
core_plugin=ml2
service_plugins=router
auth_strategy=keystone
state_path=/var/lib/neutron
dhcp_agent_notification=True
allow_overlapping_ips=True
notify_nova_on_port_status_changes=True
notify_nova_on_port_data_changes=True
transport_url=rabbit://openstack:Openstack!2023@192.168.1.101

[agent]
root_helper=sudo /usr/bin/neutron-rootwrap /etc/neutron/rootwrap.conf

[keystone_authtoken]
www_authenticate_url=http://192.168.1.101:5000
auth_url=http://192.168.1.101:5000
memcached_servers=192.168.1.101:11211
auth_type=password
project_domain_name=default
user_domain_name=default
project_name=service
username=neutron
password=Neutron!2023

[database]
connection=mysql+pymysql://neutron:Neutron!2023@192.168.1.101/neutron

[nova]
auth_url=http://192.168.1.101:5000
auth_type=password
project_domain_name=default
user_domain_name=default
region_name=RegionOne
project_name=service
username=nova
password=Nova!2023

[oslo_concurrency]
lock_path=$state_path/tmp
```

② dhcp_agent.ini 文件

```
# mv /etc/neutron/dhcp_agent.ini /etc/neutron/dhcp_agent.ini.org
# vi /etc/neutron/dhcp_agent.ini
[DEFAULT]
```

```
interface_driver=openvswitch
dhcp_driver=neutron.agent.linux.dhcp.Dnsmasq
enable_isolated_metadata=true
```

③ metadata_agent.ini 文件

```
# mv /etc/neutron/metadata_agent.ini /etc/neutron/metadata_agent.ini.org
# vi /etc/neutron/metadata_agent.ini
[DEFAULT]
nova_metadata_host=192.168.1.101
metadata_proxy_shared_secret=metadata_secret!2023
[cache]
memcache_servers=192.168.1.101:11211
```

④ ml2_conf.ini 文件

```
# mv /etc/neutron/plugins/ml2/ml2_conf.ini \
/etc/neutron/plugins/ml2/ml2_conf.ini.org
# vi /etc/neutron/plugins/ml2/ml2_conf.ini
[DEFAULT]
[ml2]
type_drivers=flat,vlan,gre,vxlan
tenant_network_types =mechanism_drivers=openvswitch
extension_drivers=port_security
[ml2_type_flat]
flat_networks=physnet1
[ml2_type_vlan]
network_vlan_ranges=physnet1:1:1000
```

ml2_conf.ini 中配置了扁平网络和 VLAN，配置中使用了逻辑网络名 physnet1，对应 Open vSwitch 中的 br-eth 网桥。该网桥在 openvswitch_agent.ini 中进行设置。VLAN的 VLAN ID 只允许取值 1～1000。

⑤ openvswitch_agent.ini 文件

```
# mv /etc/neutron/plugins/ml2/openvswitch_agent.ini \
/etc/neutron/plugins/ml2/openvswitch_agent.ini.org
# vi /etc/neutron/plugins/ml2/openvswitch_agent.ini
[DEFAULT]
[ovs]
bridge_mappings=physnet1:br-eth
[securitygroup]
firewall_driver=openvswitch
enable_security_group=true
enable_ipset=true
```

接下来恢复所有新创建配置文件的权限，具体如下。

```
# chmod 640 /etc/neutron/neutron.conf \
  /etc/neutron/dhcp_agent.ini \
```

```
/etc/neutron/metadata_agent.ini \
/etc/neutron/plugins/ml2/ml2_conf.ini \
/etc/neutron/plugins/ml2/openvswitch_agent.ini
# chgrp neutron /etc/neutron/neutron.conf \
/etc/neutron/dhcp_agent.ini \
/etc/neutron/metadata_agent.ini \
/etc/neutron/plugins/ml2/ml2_conf.ini \
/etc/neutron/plugins/ml2/openvswitch_agent.ini
```

创建链接文件，命令如下。

```
# ln -s /etc/neutron/plugins/ml2/ml2_conf.ini /etc/neutron/plugin.ini
```

在 Nova 配置文件中增加如下配置。

```
# vi /etc/nova/nova.conf
[DEFAULT]
use_neutron=True
linuxnet_interface_driver=nova.network.linux_net.LinuxOVSInterfaceDriver
firewall_driver=nova.virt.firewall.NoopFirewallDriver
vif_plugging_is_fatal=True
vif_plugging_timeout=300
[neutron]
auth_url=http://192.168.1.101:5000
auth_type=password
project_domain_name=default
user_domain_name=default
region_name=RegionOne
project_name=service
username=neutron
password=Neutron!2023
service_metadata_proxy=True
metadata_proxy_shared_secret=metadata_secret!2023
```

填充数据库，命令如下。

```
# su -s /bin/bash neutron -c "neutron-db manage --config-file /etc/neutron/
neutron.conf --config-file /etc/neutron/plugin.ini upgrade head"
```

启动并设置服务自启动，命令如下。

```
# systemctl start neutron-server neutron-dhcp-agent neutron-metadata-agent
neutron-openvswitch-agent
# systemctl enable neutron-server neutron-dhcp-agent neutron-metadata-agent
neutron-openvswitch-agent
# systemctl restart openstack-nova-api
```

使用以下命令查看网络服务，其结果如图 5-14 所示。

```
# openstack network agent list
```

```
[root@node01 ~(keystone)]#openstack network agent list
+--------------------------------------+--------------------+--------+-------------------+-------+-------+--------------------------+
| ID                                   | Agent Type         | Host   | Availability Zone | Alive | State | Binary                   |
+--------------------------------------+--------------------+--------+-------------------+-------+-------+--------------------------+
| 03f42645-0a00-4356-98b1-79ce90ede01d | DHCP agent         | node01 | nova              | :-)   | UP    | neutron-dhcp-agent       |
| 455c6d08-0a4f-4f9b-841e-f7743c316d3c | Open vSwitch agent | node01 | None              | :-)   | UP    | neutron-openvswitch-agent|
| 9f27fca2-7bfc-4147-a003-afe9a0f6ece7 | Metadata agent     | node01 | None              | :-)   | UP    | neutron-metadata-agent   |
```

图 5-14　查看网络服务结果

（2）计算节点配置

完成控制节点的安装部署后，下面开始安装部署计算节点的 neutron 服务。首先，安装相关组件，命令如下。

```
# yum -y install openstack-neutron-ml2 openstack-neutron-openvswitch
```

启动 openvswitch 并设置开机启动，命令如下。

```
# systemctl start openvswitch
# systemctl enable openvswitch
```

增加网桥 br-int，命令如下。

```
# ovs-vsctl add-br br-int
# ovs-vsctl show
```

创建名为 br-eth 的连接外部网络的网桥该网桥名会在配置中用到。所有虚拟网卡最终使用该网桥连接到外部物理网络，因此所有节点需保持名称一致。

```
# ovs-vsctl add-br br-eth
```

给该网桥增加上行接口 ens5，命令如下。

```
# ovs-vsctl add-port br-eth ens5
```

计算节点需要修改以下 3 个配置文件。

首先修改 neutron.conf 文件，命令如下。计算节点和控制节点的配置基本一样，除了没有数据库连接信息和 Nova 配置部分。此外，所有计算节点和控制节点的配置一样，这里直接从控制节点远程复制具体内容进行修改即可。

```
# mv /etc/neutron/neutron.conf /etc/neutron/neutron.conf.org
# vi /etc/neutron/neutron.conf
[DEFAULT]
core_plugin=ml2
service_plugins=router
auth_strategy=keystone
state_path=/var/lib/neutron
allow_overlapping_ips=True
transport_url=rabbit://openstack:Openstack!2023@192.168.1.101

[agent]
root_helper=sudo /usr/bin/neutron-rootwrap /etc/neutron/rootwrap.conf
```

```
[keystone_authtoken]
www_authenticate_url=http://192.168.1.101:5000
auth_url=http://192.168.1.101:5000
memcached_servers=192.168.1.101:11211
auth_type=password
project_domain_name=default
user_domain_name=default
project_name=service
username=neutron
password=Neutron!2023

[oslo_concurrency]
lock_path=$state_path/lock
```

然后修改 ml2_conf.ini 文件，命令如下。计算节点和控制节点的配置一致，可直接从控制节点进行复制。

```
# mv /etc/neutron/plugins/ml2/ml2_conf.ini /etc/neutron/plugins/ml2/ml2_conf.ini.org
# vi /etc/neutron/plugins/ml2/ml2_conf.ini
[DEFAULT]
[ml2]
type_drivers=flat,vlan,gre,vxlan
tenant_network_types =mechanism_drivers=openvswitch
extension_drivers=port_security
[ml2_type_flat]
flat_networks=physnet1
[ml2_type_vlan]
network_vlan_ranges=physnet1:1:1000
```

最后修改 openvswitch_agent.ini 文件，命令如下。计算节点和控制节点的配置一致，可直接从控制节点进行复制。

```
# mv /etc/neutron/plugins/ml2/openvswitch_agent.ini /etc/neutron/plugins/ml2/
openvswitch_agent.ini.org
# vi /etc/neutron/plugins/ml2/openvswitch_agent.ini
[DEFAULT]
[ovs]
bridge_mappings=physnet1:br-eth
[securitygroup]
firewall_driver=openvswitch
enable_security_group=true
enable_ipset=true
```

接下来恢复文件权限，命令如下。

```
# chmod 640 /etc/neutron/neutron.conf \
 /etc/neutron/plugins/ml2/ml2_conf.ini \
 /etc/neutron/plugins/ml2/openvswitch_agent.ini
```

```
# chgrp neutron /etc/neutron/neutron.conf \
 /etc/neutron/plugins/ml2/ml2_conf.ini \
 /etc/neutron/plugins/ml2/openvswitch_agent.ini
```

创建链接文件，命令如下。

```
# ln -s /etc/neutron/plugins/ml2/ml2_conf.ini /etc/neutron/plugin.ini
```

在 Nova 配置文件中增加如下信息。

```
# vi /etc/nova/nova.conf
[DEFAULT]
use_neutron=True
linuxnet_interface_driver=nova.network.linux_net.LinuxOVSInterfaceDriver
firewall_driver=nova.virt.firewall.NoopFirewallDriver
vif_plugging_is_fatal=True
vif_plugging_timeout=300
[neutron]
auth_url=http://192.168.1.101:5000
auth_type=password
project_domain_name=default
user_domain_name=default
region_name=RegionOne
project_name=service
username=neutron
password=Neutron!2023
service_metadata_proxy=True
metadata_proxy_shared_secret=metadata_secret!2023
```

启动服务，并设置为开机自动启动，之后重启计算服务，命令如下。

```
# systemctl start neutron-openvswitch-agent
# systemctl enable neutron-openvswitch-agent
# systemctl restart openstack-nova-compute
```

使用以下命令在控制节点上查看网络代理，其结果如图 5-15 所示。

```
# openstack network agent list
```

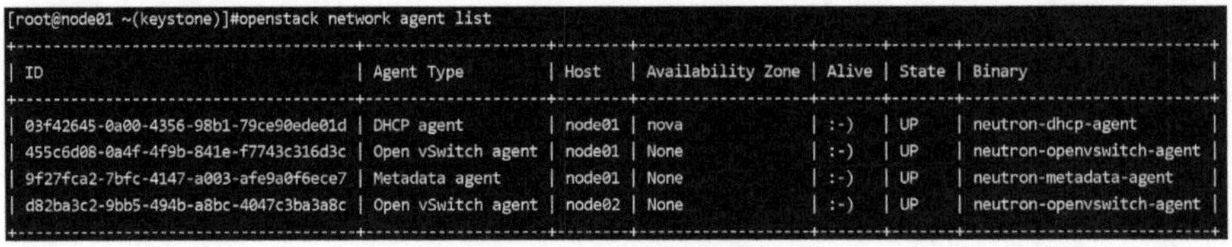

图 5-15　查看网络代理结果

所有计算节点的配置文件都一致，其他节点或新加入节点直接从该计算节点可以进行复制，具体内容如下。

```
# ssh node03
# yum -y install openstack-neutron-ml2 openstack-neutron-openvswitch
配置网卡和 Open vSwitch 后直接从 node02 复制配置
# scp node02:/etc/nova/nova.conf /etc/nova/
# scp node02:/etc/neutron/neutron.conf /etc/neutron/
# scp node02:/etc/neutron/plugins/ml2/ml2_conf.ini /etc/neutron/plugins/ml2/
# scp node02:/etc/neutron/plugins/ml2/openvswitch_agent.ini /etc/neutron/
plugins/ml2/
启动服务
# systemctl start neutron-openvswitch-agent
# systemctl enable neutron-openvswitch-agent
# systemctl restart openstack-nova-compute
```

在控制节点上查看配置结果，其结果如图 5-16 所示。这说明 neutron 组件已成功安装和部署，可以进行网络的创建和管理操作了。

```
#openstack network agent list
```

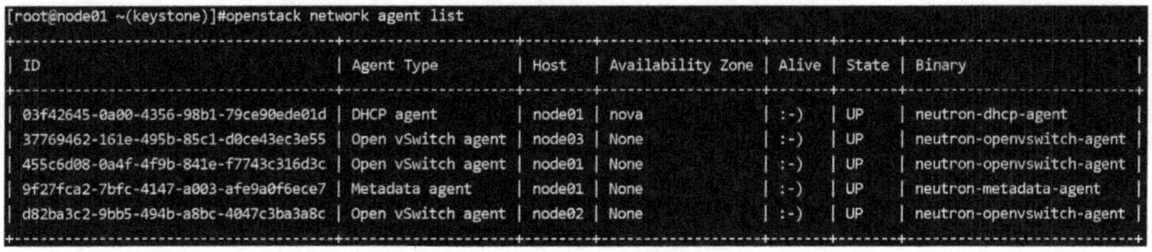

```
[root@node01 ~(keystone)]#openstack network agent list
+--------------------------------------+--------------------+--------+-------------------+-------+-------+---------------------------+
| ID                                   | Agent Type         | Host   | Availability Zone | Alive | State | Binary                    |
+--------------------------------------+--------------------+--------+-------------------+-------+-------+---------------------------+
| 03f42645-0a00-4356-98b1-79ce90ede01d | DHCP agent         | node01 | nova              | :-)   | UP    | neutron-dhcp-agent        |
| 37769462-161e-495b-85c1-d0ce43ec3e55 | Open vSwitch agent | node03 | None              | :-)   | UP    | neutron-openvswitch-agent |
| 455c6d08-0a4f-4f9b-841e-f7743c316d3c | Open vSwitch agent | node01 | None              | :-)   | UP    | neutron-openvswitch-agent |
| 9f27fca2-7bfc-4147-a003-afe9a0f6ece7 | Metadata agent     | node01 | None              | :-)   | UP    | neutron-metadata-agent    |
| d82ba3c2-9bb5-494b-a8bc-4047c3ba3a8c | Open vSwitch agent | node02 | None              | :-)   | UP    | neutron-openvswitch-agent |
+--------------------------------------+--------------------+--------+-------------------+-------+-------+---------------------------+
```

图 5-16　查看网络配置结果

6．创建网络和子网

创建一个名为 network1 的网络，命令如下。

```
# openstack network create --project service --share --external \
--provider-network-type flat \
--provider-physical-network physnet1 network1
```

可以看出，当前网络类型为 flat（扁平网络），物理网络为 physnet1，网络名称为 network1。如果指定为 VLAN 类型，还需要使用参数“--provider-segment”指明 VLAN ID。

为 network1 创建一个名为 subnet1 的子网，命令如下。

```
# openstack subnet create subnet1 --network network1 \
--subnet-range 192.168.3.0/24 \
--allocation-pool start=192.168.3.2, end=192.168.3.254 \
--gateway 192.168.3.1 --dns-nameserver 8.8.8.8
```

在 provider 网络中，子网中的 IP 地址和网关由外部网络决定，需和外部物理网络保持一致。当前网络为 192.168.3.0/24，DHCP 分配的地址范围为 192.168.3.2～

192.168.3.254，网关地址为 192.168.3.1，DNS 地址指定为 8.8.8.8。由于启用了 DHCP，因此 DHCP server 会从可用地址中占用一个 IP 地址，通常使用可分配 IP 地址范围中的第一个。

使用以下命令查看网络和子网。

```
# openstack network list
# openstack network show network1
# openstack subnet list
# openstack subnet show subnet1
```

默认情况下，创建实例时会从 DHCP 获取一个 IP 地址来创建端口，也可以由用户手动创建一个端口，之后查看网络端口的使用情况。查看网络端口使用情况命令的运行结果如图 5-17 所示。

```
# openstack port create --network network1 nic-1
# openstack port list
```

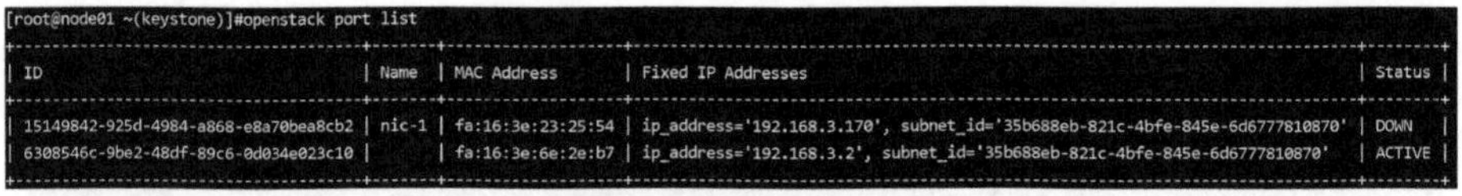
```
[root@node01 ~(keystone)]#openstack port list
+--------------------------------------+-------+-------------------+-----------------------------------------------------------------------------+--------+
| ID                                   | Name  | MAC Address       | Fixed IP Addresses                                                          | Status |
+--------------------------------------+-------+-------------------+-----------------------------------------------------------------------------+--------+
| 15149842-925d-4984-a868-e8a70bea8cb2 | nic-1 | fa:16:3e:23:25:54 | ip_address='192.168.3.170', subnet_id='35b688eb-821c-4bfe-845e-6d6777810870' | DOWN   |
| 6308546c-9be2-48df-89c6-0d034e023c10 |       | fa:16:3e:6e:2e:b7 | ip_address='192.168.3.2', subnet_id='35b688eb-821c-4bfe-845e-6d6777810870'   | ACTIVE |
+--------------------------------------+-------+-------------------+-----------------------------------------------------------------------------+--------+
```

图 5-17　查看网络端口使用情况运行结果

可以看到，新创建的端口 nic-1 获取了一个 IP 地址，并分配了 MAC 地址，由于当前还没有分配给任何实例，因此它的状态为 DOWN。

有时，为了给实例分配指定 IP 地址，用户创建端口时可以给它分配指定的 IP 地址，如下所示。

```
# openstack port create --network network1 \
 --fixed-ip subnet=subnet1, ip-address=192.168.3.100  nic-192.168.3.100
# openstack port list
```

使用以下命令删除端口，端口必须和实例分离。

```
# openstack port delete nic-1
```

5.9　创建实例

OpenStack 核心模块 Nova 和 Neutron 部署后就可以创建实例（即虚拟机）了，至此，才可以真正进入基于 OpenStack 的云管理操作，通过一些命令或 Web 界面操作即可完成各种资源的集中管理了。创建实例的具体步骤如下。

步骤 1：查看可用镜像，其结果如图 5-18 所示。镜像由管理员或用户上传。

```
# openstack image list
```

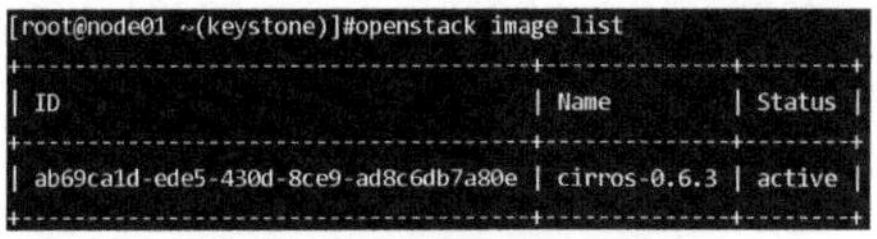

```
[root@node01 ~(keystone)]#openstack image list
+--------------------------------------+--------------+--------+
| ID                                   | Name         | Status |
+--------------------------------------+--------------+--------+
| ab69ca1d-ede5-430d-8ce9-ad8c6db7a80e | cirros-0.6.3 | active |
+--------------------------------------+--------------+--------+
```

图 5-18　查看镜像结果

步骤 2：创建实例类型 flavor，实例类型只能由管理员定义。flavor 中定义了实例所用资源的规模，其中包括 vCPU 数量、内存大小和磁盘容量。之后查看 flavor，其结果如图 5-19 所示。

```
# openstack flavor create --id 0 --vcpus 1 --ram 1024 --disk 1 small1
# openstack flavor list
```

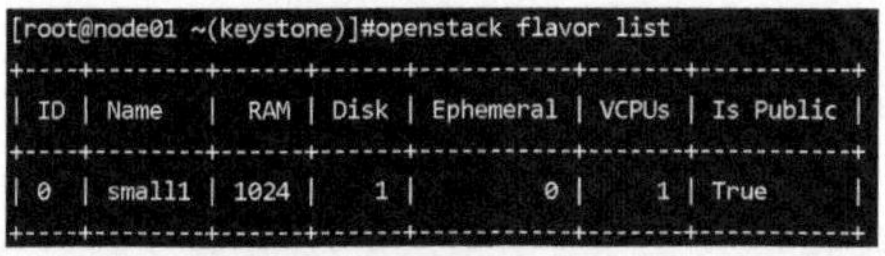

```
[root@node01 ~(keystone)]#openstack flavor list
+----+--------+------+------+-----------+-------+-----------+
| ID | Name   |  RAM | Disk | Ephemeral | VCPUs | Is Public |
+----+--------+------+------+-----------+-------+-----------+
| 0  | small1 | 1024 |    1 |         0 |     1 | True      |
+----+--------+------+------+-----------+-------+-----------+
```

图 5-19　查看 flavor 结果

步骤 3：创建密钥对。OpenStack 中使用密钥对（keypair）将公钥注入到 Linux 的 SSH 认证文件中，客户端使用私钥进行连接。密钥对包含客户端密钥对的公钥。Windows 服务器不需要密钥对，在创建好虚拟机后可以通过控制台进行密码设置。

我们创建名为 key1 的密钥对，使用当前账户的公钥查看结果。

```
# openstack keypair create --public-key ~/.ssh/id_rsa.pub key1
# openstack keypair list
```

步骤 4：设置安全组。安全组（security group）定义了哪些网络流量可以到达实例，包含一些防火墙规则，即安全组规则（security group rule）。默认情况下，实例所使用的每一个端口都启用了端口安全（port-security），这些端口的基本访问规则由安全组定义。如果关闭了端口安全，安全组则不再生效。以下命令用于查看安全组。

```
# openstack security group list
# openstack security group show ID
```

系统默认会为每个项目创建一个默认安全组 default。当前有 admin 和 service 两个项目，所以我们会看到两个名为 default 的安全组（这里不展示相关内容，读者自行查看）。以下命令可创建一个新的安全组。

```
# openstack security group create web-default
```

下面为安全组创建安全规则。在这里，ingress 为从外部网络进入服务器方向，exgress 为从服务器向外部网络方向（未展示）。

```
# openstack security group rule create --protocol udp --dst-port 68:68
--ingress web-default
# openstack security group rule create --protocol tcp --dst-port 80:80
--ingress web-default
# openstack security group rule create --protocol tcp --dst-port 443:443
--ingress web-default
# openstack security group rule create --protocol tcp --dst-port 22:22
--ingress web-default
# openstack security group rule create --protocol icmp --icmp-type 8
--icmp-code 0 --ingress web-default
```

步骤 5：创建实例，并查看实例，得到的结果如图 5-20 所示。

```
# openstack server create --flavor small1 --image  cirros-0.6.3
--security-group web-default --nic net-id=network1 --key-name key1 cirrostest1
# openstack server show cirrostest1
# openstack server list
```

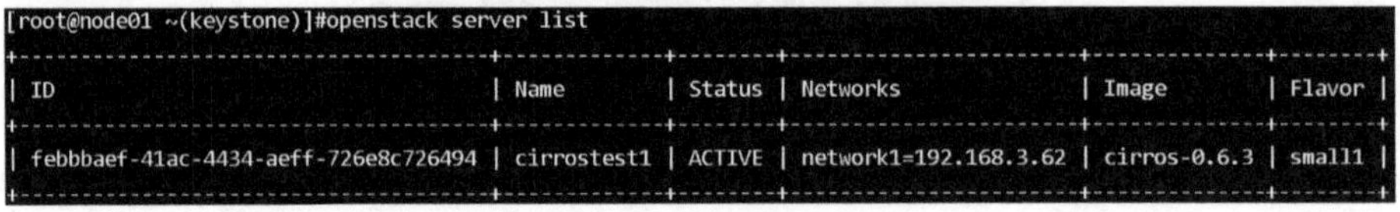

图 5-20　查看实例结果

如果当前网络和实例网络是三层互通的，那么可直接进行访问，具体如下。

```
# ping 192.168.3.62
# ssh cirros@192.168.3.62
Warning: Permanently added '192.168.3.62' (ED25519) to the list of known hosts.
$ ip add
$ exit
```

系统默认创建实例时指定网络，创建时实例会从指定网络 DHCP 处获取一个随机 IP 地址。我们也可以选择创建的端口所使用指定 IP 地址来创建实例，具体如下。

```
# openstack server create --flavor small1 --image  cirros-0.6.3
--security-group web-default --port nic-192.168.3.100 --key-name key1 cirrostest2
```

删除实例时实例磁盘文件也会被删除，用户数据无法实现持久化存储。磁盘文件保存在计算节点本地存储设备上时会存在计算节点磁盘损坏或死机导致数据丢失的风险。为了实现数据持久化存储，我们需要块存储服务 Cinder 的支持。为了能够在计算节点死机时尽快恢复实例，我们需要将实例镜像保存在单独的存储系统而不是计算节点本地的硬盘上，通常使用最多的就是分布式存储 Ceph。

5.10　块存储服务

Cinder 在 OpenStack 中负责提供块存储服务。块存储既可以用于部署操作系统，也可以以磁盘的方式分配给虚拟机挂载使用。将操作系统和数据保存在 Cinder 提供的块存储中，远比保存在计算机端的/var/lib/nova/instance 本地文件系统中要安全，且性能更高。

Cinder 运行在控制节点上，并为其他组件提供 HTTP API 服务。它主要运行 Scheduler 组件，负责处理用户请求，以及选择存储区域和类型。而真正负责存储的是运行在存储节点上的 volume 组件。Cinder 还提供一个组件 Cinder Backup，它是负责存储备份的组件，支持将块存储卷备份到后端存储，如 Swift、Ceph、NFS 等。Cinder 各个组件（子服务）通过消息队列实现进程间的通信和相互协作，它们的关系如图 5-21 所示。正因为有了消息队列，子服务之间才实现了解耦，这种松散的结构也是分布式系统的重要特征。

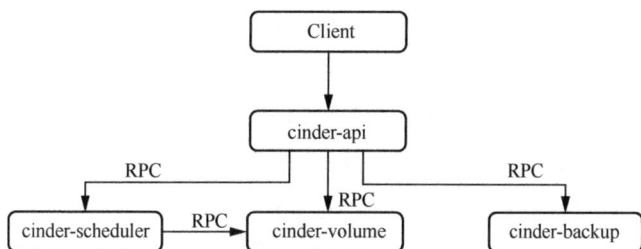

图 5-21　Cinder 组件关系

Cinder volume 支持多种存储后端，其中包括 Ceph RBD、iSCSI、FC SAN、本地 LVM 卷、NFS 等。Cinder 只是提供统一的接口，不同块存储服务商在 Cinder 中以驱动的形式实现这些接口，这意味着计算节点要使用不同的后端块存储服务，就需要安装不同的驱动程序。Cinder 默认使用 LVM 作为存储后端，如果以 iSCSI 的方式提供存储服务，那么所有计算节点要使用 Cinder 提供的块存储服务，就需要安装 iscsi-initiator-utils 客户端工具集。如果以 NFS 的方式使用，则需要安装 nfs-utils 客户端工具。如果使用 Ceph RBD，则需要安装 ceph-common 包。

要安装部署 Cinder 服务，首先要在控制节点部署 cinder-apicinder-schedule 服务，具体步骤如下。

步骤 1：创建 Cinder 依赖的数据库。

```
# mysql -u root -p
>create database cinder;
>grant all privileges on cinder.* to cinder@'localhost' identified by 'Cinder!2023';
>grant all privileges on cinder.* to cinder@'%' identified by 'Cinder!2023';
>flush privileges;
>exit
```

步骤 2：创建用户和服务。

```
# openstack user create --domain default --project service --password 'Cinder!
2023' cinder
# openstack role add --project service --user cinder admin
# openstack service create --name cinderv3 --description "OpenStack Block
Storage" volumev3
# export controller=192.168.1.101
# openstack endpoint create --region RegionOne volumev3 public http://$c***r:
8776/v3/%\(tenant_id\)s
# openstack endpoint create --region RegionOne volumev3 internal http://$c***r:
8776/v3/%\(tenant_id\)s
# openstack endpoint create --region RegionOne volumev3 admin http://$c***r:
8776/v3/%\(tenant_id\)s
```

步骤 3：安装配置。新版本中 cinder-api、cinder-scheduler、cinder-volume、cinder-backup 等各个组件都是以独立软件包形式提供的。在控制节点上安装并启用 cinder-api 和 cinder-scheduler，在各存储节点上安装 cinder-volume 和 cinder-backup。在生产环境中，后端存储通常为 Ceph。控制节点的安装如下。

```
# yum install -y openstack-cinder-api openstack-cinder-scheduler
# mv /etc/cinder/cinder.conf /etc/cinder/cinder.conf.org
# vi /etc/cinder/cinder.conf
[DEFAULT]
my_ip=192.168.1.101
log_dir=/var/log/cinder
state_path=/var/lib/cinder
auth_strategy=keystone
transport_url=rabbit://openstack:Openstack!2023@192.168.1.101
enable_v3_api=True

[database]
connection=mysql+pymysql://cinder:Cinder!2023@192.168.1.101/cinder

[keystone_authtoken]
www_authenticate_url=http://192.168.1.101:5000
auth_url=http://192.168.1.101:5000
memcached_servers=192.168.1.101:11211
```

```
auth_type=password
project_domain_name=default
user_domain_name=default
project_name=service
username=cinder
password=Cinder!2023

[oslo_concurrency]
lock_path=$state_path/tmp
```

接下来恢复文件权限，命令如下。

```
# chmod 640 /etc/cinder/cinder.conf
# chgrp cinder /etc/cinder/cinder.conf
```

初始化数据库，命令如下。

```
# su -s /bin/bash cinder -c "cinder-manage db sync"
```

启动服务，命令如下。

```
# systemctl start openstack-cinder-api openstack-cinder-scheduler
# systemctl enable openstack-cinder-api openstack-cinder-scheduler
```

用户环境里添加 cinder-volume 版本信息，查看 volume 服务，其结果如图 5-22 所示。

```
# echo "export OS_VOLUME_API_VERSION=3" >> ~/keystonerc
# source ~/keystonerc
# openstack volume service list
```

```
[root@node01 ~(keystone)]#openstack volume service list
+------------------+--------+------+---------+-------+----------------------------+
| Binary           | Host   | Zone | Status  | State | Updated At                 |
+------------------+--------+------+---------+-------+----------------------------+
| cinder-scheduler | node01 | nova | enabled | up    | 2024-11-16T04:46:36.000000 |
+------------------+--------+------+---------+-------+----------------------------+
```

图 5-22　查看 volume 服务结果

下面进行存储节点的安装过程，具体如下。简便起见，本书实验环境中的存储节点也安装在控制节点上。

```
# yum install -y openstack-cinder-volume openstack-cinder-backup
# vi /etc/cinder/cinder.conf
[DEFAULT]
my_ip=192.168.1.101
log_dir=/var/log/cinder
state_path=/var/lib/cinder
auth_strategy=keystone
rootwrap_config=/etc/cinder/rootwrap.conf
api_paste_confg=/etc/cinder/api-paste.ini
transport_url=rabbit://openstack:Openstack!2023@192.168.1.101
enable_v3_api=True
```

```
glance_api_servers=http://192.168.1.101:9292
[database]
connection=mysql+pymysql://cinder:Cinder!2023@192.168.1.101/cinder

[keystone_authtoken]
www_authenticate_url=http://192.168.1.101:5000
auth_url=http://192.168.1.101:5000
memcached_servers=192.168.1.101:11211
auth_type=password
project_domain_name=default
user_domain_name=default
project_name=service
username=cinder
password=Cinder!2023

[oslo_concurrency]
lock_path=$state_path/tmp
# systemctl start openstack-cinder-volume
# systemctl enable openstack-cinder-volume
```

　　由于没有有效的存储后端，cinder-volume 服务并不会正常运行。Cinder 可使用的存储方式有多种，包括本地 LVM、NFS 共享存储、Ceph 云存储等。

　　使用 NFS 作为 Cinder 后端存储进行测试，安装 nfs-utils 包，命令如下。服务器和客户端均使用该包，因此存储节点和所有计算节点均需要安装该包。

```
# yum -y install nfs-utils
```

　　在所有节点上将 Domain 修改为一致，命令如下。

```
# vi /etc/idmapd.conf
[General]
Domain=***.edu.cn
```

　　配置共享目录，命令如下。

```
# mkdir /data
# vi /etc/exports
/data 192.168.1.0/24(rw,no_root_squash,no_subtree_check)
```

　　启动服务，命令如下。

```
# systemctl enable --now rpcbind nfs-server
```

　　修改 cinder-volume 后端，命令如下。

```
# vi /etc/cinder/cinder.conf
[DEFAULT]
enabled_backends=nfs
[nfs]
volume_driver=cinder.volume.drivers.nfs.NfsDriver
```

```
nfs_shares_config=/etc/cinder/nfs_shares
nfs_mount_point_base=$state_path/mnt
# vi /etc/cinder/nfs_shares
192.168.1.101:/data
```

重启 cinder-volume 服务，并查看卷服务列表，其结果如图 5-23 所示。

```
# systemctl restart openstack-cinder-volume
# openstack volume service list
```

图 5-23　查看重启 cinder-volume 后的结果

创建一个卷，并查看卷列表，其结果如图 5-24 所示。

```
# openstack volume create --size 10 disk01
# openstack volume list
```

图 5-24　查看创建 volume 结果

计算节点要使用 Cinder 服务，还需要添加一些配置。下面给 Nova 和 Cinder 用户添加 service 角色，命令如下。

```
# openstack role list
# openstack role create service
# openstack role add --user cinder --project service service
# openstack role add --user nova --project service service
```

在存储节点 cinder.conf 上添加 service_user 部分配置，并重启服务，命令如下。

```
# vi /etc/cinder/cinder.conf
[service_user]
send_service_user_token=True
auth_url=http://192.168.1.101:5000
project_domain_name=Default
project_name=service
user_domain_name=Default
auth_type=password
username=cinder
password=Cinder!2023
```

```
# systemctl restart openstack-cinder-volume
```

在所有计算节点 nova.conf 上添加配置，并重启服务，命令如下。

```
# vi /etc/nova/nova.conf
[keystone_authtoken]
# 原有配置不变，新增下面两行配置内容
service_token_roles=service
service_token_roles_required=True

[service_user]
send_service_user_token=True
auth_url=http://192.168.1.101:5000
project_domain_name=Default
project_name=service
user_domain_name=Default
auth_type=password
username=nova
password=Nova!2023

[cinder]
os_region_name=RegionOne

# systemctl restart openstack-nova-compute
```

给已有 server 添加 volume，并查看添加结果，如图 5-25 所示。新增加的卷在系统里进行分区挂载后即可使用。

```
# openstack server add volume cirrostest1 disk01
# openstack volume list
```

```
[root@node01 ~(keystone)]#openstack volume list
+--------------------------------------+--------+--------+------+----------------------------------------+
| ID                                   | Name   | Status | Size | Attached to                            |
+--------------------------------------+--------+--------+------+----------------------------------------+
| 6997635e-b117-4d26-8c6e-6e5eee4a4391 | disk01 | in-use |   10 | Attached to cirrostest1 on /dev/vdb    |
+--------------------------------------+--------+--------+------+----------------------------------------+
```

图 5-25 查看添加 volume 结果

分离卷的命令如下。分离后卷的状态从图 5-25 所示的 in-use 转为 available。

```
# openstack server remove volume cirrostest1 disk01
# openstack volume list
```

修改卷大小（原则上只能增加），命令如下。

```
# openstack volume set --size 20 disk01
```

删除卷，命令如下。

```
# openstack volume delete disk01
```

我们还可以直接使用 volume（卷）创建实例，卷的大小需要和 flavor 中的 disk 值一致或大于该值。

```
# openstack flavor list
# openstack server create --flavor small1 --image  cirros-0.6.3 \
  --security-group web-default \
  --nic net-id=network1 --key-name key1 \
  --boot-from-volume 1 cirrostest3
# openstack server list
# openstack server show cirrostest3
# openstack volume list
# openstack server delete cirros3
# openstack volume list
```

使用 volume 创建的实例被删除后，其镜像文件不会像 Nova 一样被删除，这点读者需要特别注意。

5.11 OpenStack dashboard

命令行操作 OpenStack 只适合管理员和专业维护人员，普通用户需要通过使用 OpenStack dashboard 来使用云平台。当下 OpenStack 常用的 dashboard 是 Horizon 和 Skyline。

（1）Horizon

Horizon 是 OpenStack 各个组件服务的一种标准显示模式。它通过一个 Web 页面将 OpenStack 中每个组件的运行状态、资源使用情况等信息呈现给 OpenStack 云平台的用户或管理员。用户通过 Horizon 可以看到 OpenStack 后台的所有虚拟硬件资源、虚拟机实例、网络结构、存储设备、用户信息等内容。

Horizon 采用了 Django 框架，这是一种基于 Python 语言的开源 Web 应用程序框架。Django 框架的显著优点是 APP 的每一部分分工明确，某一部分的改动不影响其他部分，代码高度可重用。

Horizon 既可以单独安装，也可以和其他 OpenStack 组件一起安装，其安装步骤如下。

步骤 1：安装 Horizon，命令如下。

```
# yum install openstack-dashboard httpd python3-openstackclient -y
```

步骤 2：配置 Horizon。默认配置中注释和说明较多，我们可以去除这些注释和说明。

```
# cd /etc/openstack-dashboard/
# mv local_settings local_settings.bak
# grep -Ev '^$|#' local_settings.bak > local_settings
# chmod 640 local_settings
# chgrp apache local_settings
# vi local_settings
ALLOWED_HOSTS=['*', 'localhost']
OPENSTACK_HOST="192.168.1.101"
OPENSTACK_KEYSTONE_URL="http://192.168.1.101:5000"
TIME_ZONE="Asia/Shanghai"
WEBROOT='/dashboard/'
OPENSTACK_KEYSTONE_MULTIDOMAIN_SUPPORT=False
OPENSTACK_KEYSTONE_DEFAULT_DOMAIN='Default'
OPENSTACK_ENABLE_PASSWORD_RETRIEVE=True
OPENSTACK_KEYSTONE_DEFAULT_ROLE="member"
CACHES={
    'default': {
        'BACKEND': 'django.core.cache.backends.memcached.MemcachedCache',
        'LOCATION': '192.168.1.101:11211',
    },
}
SESSION_ENGINE="django.contrib.sessions.backends.cache"
OPENSTACK_API_VERSIONS={
    "identity": 3,
    "image": 2,
    "compute": 2,
    "volume": 3,
}
```

步骤 3：创建策略文件（policy.json）软链接（否则普通账户会显示管理员选项），并重启服务。

```
# ln -s /etc/openstack-dashboard/ \
 /usr/share/openstack-dashboard/openstack_dashboard/conf
# systemctl restart httpd
```

访问 http://192.168.1.101/dashboard/（内部网址），其登录页和首页如图 5-26 所示。

（2）Skyline

Skyline 是一款由国内自研的原生 OpenStack Dashboard，相比于 Horizon，它在易用性、页面性能等方面都进行了深度优化，提供简单、易用、高效的 OpenStack 控制台功能。

Skyline 分为两个模块：apiserver 和 console，前端和后端分别采用 ReactJS 和

FastAPI 框架，从源码层面，保证了强大的扩展性和兼容性。Skyline apiserver 基于 Python FastAPI 框架（一个高性能的 Python 异步 Web 框架）实现，它相当于 Horizon API。Skyline apiserver 将绝大多数 OpenStack API 直接透传给 OpenStack 端点，而不像 Horizon API 一样增加适配层。这样一来，就可以轻松地从浏览器的开发者工具中看到绝大多数的 OpenStack API 请求被直接发送到 OpenStack 端点，请求和返回信息都会非常直观，这样就大大降低了系统出错时 Trouble Shooting 的难度。

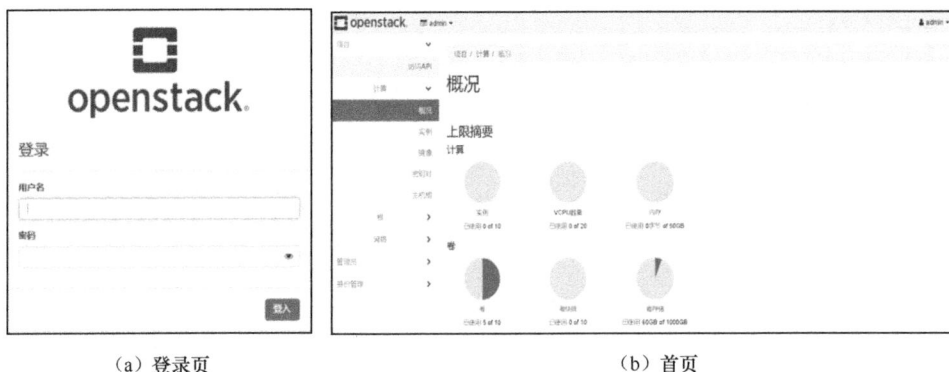

（a）登录页   （b）首页

图 5-26　Horizone

Skyline console 是一个 JavaScript React 纯前端框架，不包含 Node.js，完全运行在浏览器上非常轻量且保持无状态。它使用了市场上主流的框架和软件包，这意味着更多的开发者能够轻松实现定制化 Skyline，前、后端工程师能够各司其职，后端工程师专注开发或封装 API，前端工程师专注界面展示。Skyline 相比于 Horizon 更适合目前的 Web 技术的发展趋势，其安装步骤如下。

步骤 1：创建数据库。

```
# mysql -u root -p
>CREATE DATABASE skyline DEFAULT CHARACTER SET utf8 DEFAULT COLLATE
utf8_general_ci;
>GRANT ALL PRIVILEGES ON skyline.* TO 'skyline'@'localhost' IDENTIFIED BY
'Skyline!2023';
>GRANT ALL PRIVILEGES ON skyline.* TO 'skyline'@'192.168.1.%' IDENTIFIED BY
'Skyline!2023';
>exit
```

步骤 2：创建 Skyline 用户，并将其加到 service 项目给与 admin 角色。

```
# openstack user create --domain default --password 'Skyline!2023' skyline
# openstack role add --project service --user skyline admin
```

—— 223

步骤 3：下载镜像。

```
# docker image pull 99cloud/skyline:latest
```

步骤 4：创建 Skyline 会用到的目录。

```
# mkdir -p /etc/skyline /var/log/skyline /var/lib/skyline /var/log/nginx
```

步骤 5：创建配置文件。

```
# vi /etc/skyline/skyline.yaml
default:
  database_url: mysql://skyline:Skyline!2023@192.168.1.101:3306/skyline
  debug: true
  log_dir: /var/log/skyline
openstack:
  keystone_url: http://192.168.1.101:5000/v3/
  system_user_password: Skyline!2023
```

步骤 6：初始化数据库。

```
# docker run -d --name skyline_bootstrap \
  -e KOLLA_BOOTSTRAP="" \
  -v /etc/skyline/skyline.yaml:/etc/skyline/skyline.yaml \
  -v /var/log:/var/log \
  --net=host 99cloud/skyline:latest
```

步骤 7：删除初始化数据库的容器。

```
# docker rm -f skyline_bootstrap
```

步骤 8：运行应用。

```
# docker run -d --name skyline -restart=always \
-v /etc/skyline/skyline.yaml:/etc/skyline/skyline.yaml \
-v /var/log:/var/log \
--net=host 99cloud/skyline:latest
```

步骤 9：访问 http://192.168.1.101:8080（内部网址），其登录页如图 5-27 所示。

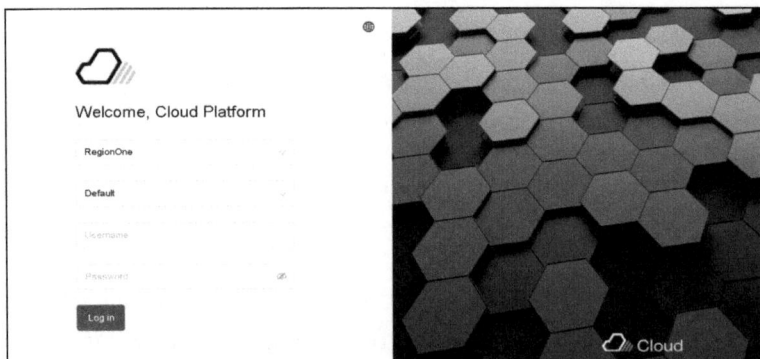

图 5-27　Skyline 登录页

Skyline 开发较晚，对 OpenStack Z 版本之后支持较好，因此，我们推荐在较新的 OpenStack 版本中使用 Skyline。

5.12 OpenStack 其他技术

1. 冷热迁移

实例经常会出现 CPU、内存、磁盘调整的需求，这就需要更换 flavor。实例更改 flavor 的本质是做了一个在不同宿主机（计算节点）之间的迁移，所以迁移的前提是至少需要两个计算节点。如果只有一个主机，那么在配置中添加 allow_resize_to_same_host = True 也可以实现迁移。由于这种迁移通常是关机后进行的，因此我们称之为冷迁移。实例操作系统进行初始化或更换操作系统操作也需要冷迁移的支持。

（1）冷迁移

冷迁移（cold migration）的本质是先将虚拟机镜像文件从一个节点移动到另外一个节点，再生成新的虚拟机定义文件。实现冷迁移需配置 Nova 用户 SSH 免密认证，具体步骤如下。

步骤 1：配置 Nova 用户。系统默认 Nova 用户是禁止使用 bash 的，因此修改为允许使用 bash。

```
# ssh node02
# cat /etc/passwd | grep nova
nova:x:162:978:OpenStack nova Daemon:/var/lib/nova:/sbin/nologin
# vi /etc/passwd
nova:x:162:978:OpenStack nova Daemon:/var/lib/nova:/bin/bash
```

切换到 Nova，为 Nova 用户生成密钥对，配置 SSH 免密认证，命令如下。

```
# su - nova
$ ssh-keygen -t rsa -P '' -f ~/.ssh/id_rsa
$ cat ~/.ssh/id_rsa.pub >> ~/.ssh/authorized_keys
$ chmod 600 ~/.ssh/authorized_keys
$ vi ~/.ssh/config
Host *
StrictHostKeyChecking no
$ chmod 600 ~/.ssh/config
$ exit
```

将 Nova 用户 SSH 免密认证信息复制到其他计算节点，在目标计算节点上修改属主属组即可，命令如下。

```
# scp -r /var/lib/nova/.ssh/  node03:/var/lib/nova/
# ssh node03
# chown -R nova.nova /var/lib/nova/.ssh/
```
修改 nova 账户允许使用 bash
```
# usermod -s /bin/bash nova
```
步骤 2：修改 Nova 配置。
```
# vi /etc/nova/nova.conf
[DEFAULT]
allow_resize_to_same_host=True
enabled_filters=AvailabilityZoneFilter, ComputeFilter, ComputeCapabilitiesFilter,
ImagePropertiesFilter, ServerGroupAntiAffinityFilter, ServerGroupAffinityFilter
```
步骤 3：重启服务。
```
# systemctl restart openstack-nova-compute
```
步骤 4：冷迁移一个虚拟机。
```
# openstack server list
# openstack server stop cirrostest1
# openstack server show cirrostest1
| OS-EXT-SRV-ATTR:host                       | node03             |
# openstack server migrate  cirrostest1
# openstack server show cirrostest1
| OS-EXT-SRV-ATTR:host                       | node02             |
```
步骤 5：调整实例大小，也就是更换 flavor。
```
# openstack flavor list
# openstack flavor create --id 1 --vcpus 2 --ram 1024 --disk 2 small2
# openstack server resize --flavor small2  cirrostest1
# openstack server list
```
步骤 6：当状态从 RESIZE 变为 VERIFY_RESIZE 时进行确认，完成实例调整。
```
# openstack server resize confirm cirrostest1
```
步骤 7：更换操作系统，或对虚拟机进行初始化。
```
# openstack image list
# openstack server rebuild --image cirros-0.6.3  cirrostest1
```
（2）热迁移

热迁移（live migration）又称动态迁移、实时迁移，即将实例在运行期间从一个计算节点迁移到其他计算节点，也就是将当前节点实例在内存中的数据迁移到另外一个节点继续运行。热迁移需要共享存储，因为实例镜像文件并不会像冷迁移一样进行移动。热迁移中断时间非常短，甚至很多用户不会感知到，这在对一些节点进行软硬件维护时非常有用，或当某些节点负载较高时，可以将一些实例迁移到其他负载较低的节点。热迁移不会影响关键业务的运行，提高了服务可用性和用户的满意度。为了保证迁移后的实例继续运行，软硬件运行环境通常要保持一致。

热迁移配置本质上还是通过 Libvirt 实现的，所以要对 Libvirt 进行配置。热迁移支持 TCP 和 TLS 两种方式，我们用 TCP 方式来快速进行配置，具体步骤如下。

步骤 1：修改配置文件。

```
# vi /etc/libvirt/libvirtd.conf
listen_tls=0
listen_tcp=1
tls_port="16514"
tcp_port="16509"
listen_addr="0.0.0.0"
auth_tcp="none"
auth_tls="none"
```

步骤 2：启动服务。

```
# systemctl stop libvirtd
# systemctl disable libvirtd
# systemctl start libvirtd-tcp socket
# systemctl enable libvirtd-tcp socket
```

步骤 3：测试。

```
# virsh -c qemu+tcp://node02/system
# virsh exit
```

步骤 4：将当前配置文件复制到其他节点。

```
# scp /etc/libvirt/libvirtd.conf node03:/etc/libvirt/
```

步骤 5：在计算节点 Nova 中添加热迁移配置，并重启服务。

```
[libvirt]
live_migration_flag="VIR_MIGRATE_UNDEFINE_SOURCE, VIR_MIGRATE_PEER2PEER,
VIR_MIGRATE_LIVE, VIR_MIGRATE_PERSIST_DEST, VIR_MIGRATE_TUNNELLED"
# systemctl restart openstack-nova-compute
```

步骤 6：创建一个使用 NFS 共享存储的虚拟机，并进行热迁移测试。

```
# openstack server create --flavor small1 --image  cirros-0.6.3 \
  --security-group web-default \
  --nic net-id=network1 --key-name key1 \
  --boot-from-volume 1 cirroslive
# openstack server list
# openstack server show cirroslive
| OS-EXT-SRV-ATTR:host | node03      |
# openstack server migrate --live-migration cirroslive
# openstack server show cirroslive
| OS-EXT-SRV-ATTR:host | node02      |
```

默认情况下热迁移时 Nova 会将实例调度到负载较轻的节点，也可以指定迁移到某一个特定节点。TCP 方式不安全，仅用于实验环境。生产环境采用 TLS 安全连接的方式，配置 TLS 最重要的步骤是证书的生成及管理。TLS 配置可以参考维基百科相关内容。

2. 资源预留和超分

每个计算节点不仅可以实现资源预留，还可以设置超分比，实现 CPU、内存、存储的超分，这在每个计算节点的 nova.conf 中配置即可。资源预留用于保留一部分 CPU、内存或存储，只用于保障系统的正常运行。对 CPU、内存或存储进行超分，通过创建更多的实例来更好地利用物理资源，提高云环境资源利用率并降低成本。然而，超分也带来了挑战，如资源争用和性能下降，因此，在实施超分策略时，必须仔细监控和调整资源配置。下面展示一个超分示例。

```
[DEFAULT]
# vcpu_pin_set="8-127"
# reserved_host_cpus=8
# reserved_host_memory_mb=16384
# reserved_host_disk_mb=32768
# cpu_allocation_ratio=4.0
# ram_allocation_ratio=2.0
# disk_allocation_ratio=4.0
```

该示例中将一个 128 核 CPU 的 0~7 核心进行了保留，将 8~127 用于计算服务，保留了 16384 MB 内存和 32768 MB 磁盘。此外，该示例还设置 CPU 超分率为 4、内存超分率为 2、硬盘超分率为 4。

3. 添加 OpenStack 租户

在多租户场景下，OpenStack 使用项目（project）、用户（user）以及角色（role）进行租户管理。项目是一个用于管理和隔离资源的基本单元，管理员通过控制项目来进行配额管理，以便合理分配和管理资源。用户通过关联到项目这种方式使用资源。角色决定了用户在项目中可以进行的操作。在 OpenStack 中添加租户的过程如下。

创建项目，命令如下。

```
# openstack project create --domain default student1
```

创建用户，并为用户设置密码，命令如下。

```
# openstack user create --domain default --project student1 --password 'student!
2023' student1
```

绑定项目与用户角色，命令如下。

```
# openstack role add --project student1 --user student1 member
```

4. 配额管理

配额管理就是对 OpenStack 中每个项目分配的资源进行一定的限制，这些资源包括计算、卷和网络三大资源。计算配额包括实例数、vCPU 数、内存数等，卷配额包括卷数量、每个卷的大小、卷快照数、卷和快照的总大小等，网络包括能创建的自服务网络数、子网数、端口数、路由数、浮动 IP 地址数、安全组和安全规则数量等。配额管理的相关操作如下。

查看默认配额，命令如下。

```
# openstack quota show -default
```

设置默认配额使用 openstack quota set 命令，例如，设置默认实例数为 5、CPU 数为 20、卷数为 15 个、卷总大小为 500 GB 的命令如下。

```
# openstack quota set --class --instances 5 default
# openstack quota set --class --cores 20 default
# openstack quota set --class --volumes 15 default
# openstack quota set --class --gigabytes 500 default
```

网络默认配额需要到 Neutron 中进行添加和配置，不支持命令行或 dashboard 设置，具体如下。

```
# vi /etc/neutron/neutron.conf
[quotas]
default_quota=3
quota_network=3
quota_subnet=6
quota_port=40
quota_router=1
quota_floatingip=5
quota_security_group=5
quota_security_group_rule=50
```

重启服务，命令如下。

```
# systemctl restart neutron-server
```

可以不带参数--class 来对特定用户（项目）修改配额，此时支持计算、存储、网络等大小的配置，命令如下。

```
openstack quota set --instances 5 <project>
```

从 OpenStack T 版本开始，计算 quota 信息可以通过 placement 提供的 API 实现，这使得配额使用计数在 nova cell 出现故障或性能较差时具有弹性，示例如下。

```
# vi /etc/placement/placement.conf
[quota]
count_usage_from_placement=True
# systemctl restart httpd
```

5．Neutron VXLAN 自服务网络

自服务网络中需要一个节点作为网络节点。用户可以自己创建网络，网关配置到创建的虚拟路由器上，路由器使用外部网络做源网络地址转换（source network address translation，SNAT）访问外网，内部服务使用从外部网络申请到的浮动 IP 地址通过一对一映射实现被外网访问。

网络节点到计算节点使用隧道协议实现私有网络，通常为 VXLAN。不同计算节点上同一网段的虚拟机也使用隧道协议实现二层互联。网络节点通过上行网络接口连接到物理网络上。

下面展示一个示例。在当前控制节点 node01 配置 neutron-l3-agent，命令如下更新版本中 neutron-l3-agent 已单独为一个安装包，当前版本任包含在 openstack-neutron 安装包中。

```
# mv /etc/neutron/l3_agent.ini /etc/neutron/l3_agent.ini.org
# vi /etc/neutron/l3_agent.ini
[DEFAULT]
interface_driver=openvswitch
[agent]
extensions=port_forwarding
# chmod 640 /etc/neutron/l3_agent.ini
# chgrp neutron /etc/neutron/l3_agent.ini
```

修改 neutorn.conf 文件，命令如下。

```
# vi /etc/neutron/neutron.conf
[DEFAULT]
service_plugins=router,segments,port_forwarding
```

修改 ml2_config.ini 文件，设置租户网络类型为 VXLAN，命令如下。

```
# vi /etc/neutron/plugins/ml2/ml2_conf.ini
[DEFAULT]
[ml2]
type_drivers=flat,vlan,gre,vxlan
tenant_network_types=vxlan
mechanism_drivers=openvswitch
extension_drivers=port_security
[ml2_type_flat]
flat_networks=physnet1
[ml2_type_vlan]
network_vlan_ranges=physnet1:1:4094
[ml2_type_vxlan]
vni_ranges=1:10000
[securitygroup]
enable_ipset=true
```

修改 openvswitch_agent.ini 文件，设置隧道封装使用的三层网络接口和 VXLAN 网络配置，命令如下。

```
# vi /etc/neutron/plugins/ml2/openvswitch_agent.ini
[DEFAULT]
[ovs]
local_ip=192.168.1.101
tunnel_bridge=br-tun
bridge_mappings=physnet1:br-eth
[securitygroup]
firewall_driver=openvswitch
enable_security_group=true
enable_ipset=true
[agent]
tunnel_types=vxlan
prevent_arp_spoofing=True
```

启动 neutron-l3-agent 服务并设置开机自启动，之后重启 Neutron 服务，命令如下。

```
# systemctl restart neutron-l3-agent
# systemctl enable neutron-l3-agent
# systemctl restart neutron-server neutron-openvswitch-agent
```

查看本地网络接口，命令如下。这时会看到 br-tun 的三层隧道接口。

```
# ip add
10: br-tun: <BROADCAST,MULTICAST> mtu 1500 qdisc noop state DOWN group default
qlen 1000
link/ether 3e:21:a7:01:0b:40 brd ff:ff:ff:ff:ff:ff    link/ether 16:aa:47:48
:88:49 brd ff:ff:ff:ff:ff:ff
```

查看 network agent，命令如下，这时会看到 L3 代理（结果未展示，读者自行查看运行结果）。

```
# openstack network agent list
```

计算节点配置和控制节点基本一样，只是每个节点封装的 IP 地址为其本地接口地址，具体如下。

```
# vi /etc/neutron/neutron.conf
[DEFAULT]
service_plugins=router,segments,port_forwarding

# vi /etc/neutron/plugins/ml2/ml2_conf.ini
[DEFAULT]
[ml2]
type_drivers=flat,vlan,gre,vxlan
tenant_network_types=vxlan
mechanism_drivers=openvswitch
```

```
extension_drivers=port_security
[ml2_type_flat]
flat_networks=physnet1
[ml2_type_vlan]
network_vlan_ranges=physnet1:1:4094
[ml2_type_vxlan]
vni_ranges=1:1000
[securitygroup]
enable_ipset=true

# vi /etc/neutron/plugins/ml2/openvswitch_agent.ini
[DEFAULT]
[ovs]
local_ip=192.168.1.102
tunnel_bridge=br-tun
bridge_mappings=physnet1:br-eth
[securitygroup]
firewall_driver=openvswitch
enable_security_group=true
enable_ipset=true
[agent]
tunnel_types=vxlan
prevent_arp_spoofing=True
```

重启服务，命令如下。

```
# systemctl restart neutron-openvswitch-agent
```

到控制节点配置自服务网络（Web 界面可能会更直观），创建路由器，命令如下。

```
# openstack router create router01
```

给路由器添加外部网络上行接口（外部网络由管理员创建）。路由器上行接口和
浮动 IP 地址只能使用 External 网络。具体命令如下。

```
# openstack network list
# openstack network show network1
| router:external | External |
| shared          | True |
| status          | ACTIVE |
# openstack router set router01 --external-gateway network1
# openstack router show router01
```

路由器会创建连接外部网络的接口并获取到一个外部网络 IP 地址，并默认启用
SNAT。

创建一个用户自己的网络（创建的网络类型为 VXLAN，mls2 文件中已经指定），
这和公有云的 VPC 是一样的。以太网默认 MTU 为 1500 B，VXLAN 封装后默认 MTU

为 1450，VXLAN 封装占用了 50 B（20 B 的 IP 头 + 8 B 的 UDP 头 + 8 B 的 VXLAN 头 + 14 B 的 MAC 头）。

由于当前实验网络为 VXLAN，默认 MTU 已经为 1450 B，因此需要减 50 B，即 1400 B。

```
# openstack network create --mtu 1400 inside-network1
# openstack network show inside-network1
```

创建子网（网关会被自动排除到 DHCP 池外），命令如下。

```
# openstack subnet create inside-subnet1 --network inside-network1 \
--subnet-range 192.168.100.0/24 --gateway 192.168.100.1 \
--dns-nameserver 8.8.8.8
# openstack subnet show inside-subnet1
```

连接内部网络到路由器，网关地址即为连接到路由器的接口地址，命令如下。

```
# openstack router add subnet router01 inside-subnet1
# openstack router show router01
```

使用当前创建的网络已经可以用来创建虚拟机，但是虚拟机只能通过路由器的 SNAT 访问到外部网络，不能被外部网络访问到。如果要被外部网络访问这需要创建浮动 IP 进行一对一网络地址转换映射。

使用外部网络创建浮动 IP 地址，命令如下。

```
# openstack floating ip create network1
```

查看浮动 IP 地址，命令如下。

```
# openstack floating ip list
```

创建一个使用自建网络的虚拟机，命令如下。

```
# openstack server create --flavor small1 --image cirros-0.6.3 \
  --security-group web-default --nic net-id=inside-network1 \
  --key-name key1 cirrostest2
```

给虚拟机添加申请到的浮动 IP 地址，命令如下。

```
# openstack server add floating ip cirrostest2 192.168.3.162
# openstack floating ip list
```

通过 ping 命令访问虚拟机，命令如下。

```
# ping 192.168.3.162
# ssh cirros@192.168.3.162
$ ip add
1: lo: <LOOPBACK,UP,LOWER_UP> mtu 65536 qdisc noqueue qlen 1000
   link/loopback 00:00:00:00:00:00 brd 00:00:00:00:00:00
   inet 127.0.0.1/8 scope host lo
    valid_lft forever preferred_lft forever
   inet6 ::1/128 scope host
```

```
      valid_lft forever preferred_lft forever
2: eth0: <BROADCAST,MULTICAST,UP,LOWER_UP> mtu 1400 qdisc pfifo_fast qlen 1000
    link/ether fa:16:3e:49:bc:42 brd ff:ff:ff:ff:ff:ff
    inet 192.168.100.251/24 brd 192.168.100.255 scope global dynamic noprefixroute eth0
      valid_lft 86304sec preferred_lft 75504sec
    inet6 fe80::f816:3eff:fe49:bc42/64 scope link
      valid_lft forever preferred_lft forever
$ exit
Connection to 192.168.3.162 closed.
```

大型数据中心云计算平台都使用 VXLAN 封装提供自服务网络模式，这样虚拟机可轻松实现跨数据中心的迁移。

6. OpenStack 对接 Ceph

对于 OpenStack 创建的 KVM 虚拟机，其 CPU 和内存经过硬件加速后已基本接近原生物理机性能，网络通过 OVS + DPDK 技术也能达到线速，但其镜像默认保存在本地文件系统/var/lib/nova/instance 目录下，导致磁盘性能受限，这一点随着虚拟机数量的增加愈发突出。如果节点物理机出现故障，镜像数据保存在节点本地有丢失的风险，也无法实现 KVM 虚拟机业务快速恢复和热迁移。为解决这些问题，OpenStack 镜像一般不保存在本地节点存储，而是保存在后端存储中，其中分布式存储 Ceph 和它结合最为紧密。使用分布式存储 Ceph 既解决了虚拟机镜像文件安全的问题，还解决了大规模情况下的数据并发读写问题，也很好地解决了虚拟机快速恢复和热迁移等问题。OpenStack Cinder 通常也使用 Ceph 作为后端存储以实现数据持久化。

OpenStack 和 Ceph 对接，需要创建 Glance 镜像存储服务后端、Nova 计算服务镜像存储后端和 cinder-volume 持久化存储后端和 cinder-backup 备份存储后端。Glance 镜像默认会生成一个快照，使用快照进行克隆可以在很短的时间内创建上千个虚拟机。Ceph 块存储使用的是 thin-provisioned 瘦分配，即先分配特定存储大小，随着使用实际使用空间的增长而占用存储空间，避免空间占用，可有效提高存储利用率。

生产环境中云计算平台和分布式存储使用两套硬件，称之为存算分离。在一些小型数据中心和实验环境，为了节省硬件成本和提高硬件利用率，云计算平台和分布式存储使用同一套硬件的场景称为存算一体，我们也称之为超融合。

OpenStack 对接 Ceph，涉及 Glance、Nova、cinder-volume 和 cinderbackup，需要在 Ceph 集群创建对应的存储池。常用的对接命令如下。

```
# ceph osd pool create images 16 16
```

```
# ceph osd pool create vms 16 16
# ceph osd pool create volumes 16 16
# ceph osd pool create backups 16 16
```

初始化存储池，命令如下。images 存储池用于 Glance 服务存储操作系统镜像，vms 用于 Nova 生成的虚拟机镜像存储，volumes 用于 cinder-volume 作为存储后端，backups 用于 cinder-backup 作为存储后端。

```
# rbd pool init images
# rbd pool init vms
# rbd pool init volumes
# rbd pool init backups
# ceph osd lspools    //查看结果
```

创建认证用户密钥环，命令如下。

```
# ceph auth get-or-create client.glance mon 'profile rbd' osd 'profile rbd
pool=images'
# ceph auth get-or-create client.cinder mon 'profile rbd' osd 'profile rbd
pool=volumes, profile rbd pool=vms, profile rbd-read-only pool=images'
# ceph auth get-or-create client.cinder-backup mon 'profile rbd' osd 'profile
rbd pool=backups'
```

上述代码分别创建了 client.glance、client.cinder 和 client.cinder-backup 这 3 个用户并分配权限。client.glance 默认存储池是 images；client.cinder 存储池有 volumes 和 vms，并对 images 存储池有读权限；client.cinder-backup 默认存储池是 backups。

将密钥环导出（这些密钥环需要分发到各个用户上去），命令如下。

```
# ceph auth get-or-create client.glance -o /etc/ceph/ceph.client.glance.keyring
# ceph auth get-or-create client.cinder -o /etc/ceph/ceph.client.cinder.keyring
# ceph auth get-or-create client.cinder-backup -o /etc/ceph/ceph.client.cinder-
backup.keyring
```

所有使用 Ceph 存储的客户端安装 ceph-common，命令如下。初始化时使用本地存储的 image、server、volume 等对接 Ceph 后将不可用，可将已有 server、volume、images 删除。

```
# yum install -y ceph-common
```

为所有 Ceph 客户端生成/etc/ceph/ceph.conf 文件，其中有访问 Ceph 集群的信息，命令如下。

```
# vi /etc/ceph/ceph.conf
[global]
fsid=79e959e7-a534-46ef-94b7-eaee96e4c4ee
mon initial members=node01
mon host=192.168.1.101,192.168.1.102,192.168.1.103
auth cluster required=cephx
auth service required=cephx
```

```
auth client required=cephx
```

glance 对接 ceph，将访问 ceph 集群的密钥环文件添加到本地，命令如下。

```
# ls /etc/ceph/ceph.client.glance.keyring
```

在 ceph.conf 中添加 Glance 客户端信息，命令如下。

```
# vi /etc/ceph/ceph.conf
[client.glance]
keyring=/etc/ceph/ceph.client.glance.keyring
```

测试到 ceph 集群的连通性，命令如下。

```
# rados -p volumes --name client.glance --keyring /etc/ceph/ceph.client.glance.
keyring lspools
```

修改 glance 配置，命令如下。这里的 DEFAULT 部分添加 show_image_direct_url 使能 cow，glance_store 部分删除或注释掉原有本地存储配置，改为使用后端 Ceph 存储。

```
# vi /etc/glance/glance-api.conf
[DEFAULT]
show_image_direct_url=True
[glance_store]
#stores=file,http
#default_store=file
#filesystem_store_datadir=/var/lib/glance/images/
stores=rbd
default_store=rbd
rbd_store_user=glance
rbd_store_pool=images
rbd_store_ceph_conf=/etc/ceph/ceph.conf
rbd_store_chunk_size=8
```

重启 glance 服务，命令如下。

```
# systemctl restart openstack-glance-api
```

上传镜像验证（必须使用 raw 格式镜像），命令如下。

```
# openstack image create cirros-0.6.3 --file /root/cirros-0.6.3-x86_64-disk.raw \
   --disk-format raw --container-format ovf -public
```

查看镜像，命令如下。

```
# openstack image list
```

查看后端存储，该镜像生成了快照，并且设置了保护，具体命令如下。

```
# rbd -n client.glance -c /etc/ceph/ceph.conf ls images
# rbd -n client.glance -c /etc/ceph/ceph.conf ls -l images
```

计算节点配置 Nova 对接 Ceph 主要是配置 libvirt 对接 ceph。

将 Nova 用户 client.cinder 访问 Ceph 集群的密钥环添加到 ceph，命令如下。

```
# cat /etc/ceph/ceph.client.cinder.keyring
```

```
[client.cinder]
    key=AQDgs6llIehkHRAAnmiAgqiqWgUvJ5Vtw+3nPQ
# vi /etc/ceph/ceph.conf
[client.cinder]
keyring=/etc/ceph/ceph.client.cinder.keyring
```

测试客户端到 Ceph 集群的连通性，命令如下。

```
# rados -p volumes --name client.cinder --keyring /etc/ceph/ceph.client.cinder.
keyring lspools
```

生成一个 UUID 作为 rbd_secret_uuid，该 UUID 在 Nova 和 Cinder 配置中都会用到，命令如下。

```
# uuidgen
e9444802-733e-4e03-8b72-85364ca79294
```

在计算节点上创建文件 secret.xml，命令如下。

```
# vi secret.xml
<secret ephemeral='no' private='no'>
 <uuid>e9444802-733e-4e03-8b72-85364ca79294</uuid>
 <usage type='ceph'>
  <name>client.cinder secret</name>
 </usage>
</secret>
```

将创建的文件导入到 libvirt 中，命令如下。

```
# virsh secret-define secret.xml
```

查看 secret 列表，命令如下。

```
# virsh secret-list
```

给该 secret 赋值，其值为用户 client.cinder 访问 Ceph 集群的 key 值，并采用 base64 编码进行存储，具体命令如下。

```
# vi /etc/ceph/ceph.client.cinder.key
AQDgs6llIehkHRAAnmiAgqiqWgUvJ5Vtw+3nPQ ==
# virsh secret-set-value --secret e9444802-733e-4e03-8b72-85364ca79294 \
 --base64 $(cat /etc/ceph/ceph.client.cinder.key)
```

查看 secret 值，命令如下。

```
# virsh secret-get-value --secret e9444802-733e-4e03-8b72-85364ca79294
```

修改 Nova 配置，在 libvirt 部分添加使用 Ceph 的信息，命令如下。

```
[libvirt]
rbd_user=cinder
rbd_secret_uuid=e9444802-733e-4e03-8b72-85364ca79294
images_type=rbd
images_rbd_pool=vms
```

```
images_rbd_ceph_conf=/etc/ceph/ceph.conf
inject_partition=-2
```

重启计算服务，命令如下。

```
# systemctl restart openstack-nova-compute
```

为了提高虚拟机性能，通常还对启用缓存功能，具体命令如下。

```
# vi /etc/ceph/ceph.conf
[client]
# 启用RBD缓存
rbd_cache=true
# 一开始使用write-through模式，在第一次flush请求被接收后切换到writeback模式
rbd_cache_writethrough_until_flush=true
# 设置RBD缓存大小，单位为字节（B），如64 MB，实际可根据计算节点内存调整
rbd_cache_size=67108864
# 缓存触发writeback时的上限字节数，配置该值要小于rbd_cache_size，例如48 MB
rbd_cache_max_dirty=50331648
# 在缓存开始写数据到后端存储之前，设置脏数据大小的目标值，例如32 MB
rbd_cache_target_dirty=33554432
# 在writeback开始之前，设置脏数据在缓存中存在的秒数
rbd_cache_max_dirty_age=2
# 使用了第二种RBD格式，支持特性
rbd_default_format=2
# 设置可以在RBD上执行的并发管理操作数
rbd concurrent management ops=20
admin socket=/var/run/ceph/guests/$cluster-$type.$id.$pid.$cctid.asok
log file=/var/log/qemu/qemu-guest-$pid.log
```

创建缓存用到的文件目录并修改权限，命令如下。

```
# mkdir -p /var/log/qemu
# mkdir -p /var/run/ceph/guests
# chown -R nova.nova /var/log/qemu/
# chown -R qemu.qemu /var/run/cephguests
# chmod -R 644 /var/log/qemu/
# chmod -R 644 /var/run/ceph/guests
```

到控制节点创建测试虚拟机，命令如下。

```
# openstack server create --flavor small1 --image cirros-0.6.3 --security-
group web-default --nic net-id=network1 --key-name key1 cirrostest1
# openstack server list
```

查看后端存储，命令如下。这时会看到 Nova 生成的虚拟机是 Glance 中镜像快照的克隆。由此可见，生成虚拟机的速度很快。

```
# rbd -n client.cinder -c /etc/ceph/ceph.conf ls vms
# rbd -n client.cinder -c /etc/ceph/ceph.conf ls -l vms
```

存储节点 cinder-volume 对接 Ceph，从其他计算节点复制或新建访问 Ceph 集群的客户端密钥环文件，命令如下。

```
# vi /etc/ceph/ceph.client.cinder.keyring
```

配置文件中添加客户端信息，命令如下。

```
# vi /etc/ceph/ceph.conf
[client.cinder]
keyring=/etc/ceph/ceph.client.cinder.keyring
```

测试到 Ceph 集群的连通性，命令如下。

```
# rados -p volumes --name client.cinder --keyring /etc/ceph/ceph.client.cinder.
keyring lspools
```

修改 Cinder 配置文件，命令如下。

```
# vi /etc/cinder/cinder.conf
[DEFAULT]
enabled_backends=ceph
[ceph]
volume_driver=cinder.volume.drivers.rbd.RBDDriver
volume_backend_name=ceph
rbd_pool=volumes
rbd_ceph_conf=/etc/ceph/ceph.conf
rbd_keyring_conf=/etc/ceph/ceph.client.cinder.keyring
rbd_cluster_name=ceph
rbd_flatten_volume_from_snapshot=false
rbd_max_clone_depth=5
rbd_store_chunk_size=4
rados_connect_timeout=-1
rbd_user=cinder
rbd_secret_uuid=e9444802-733e-4e03-8b72-85364ca79294
```

重启服务，命令如下。

```
# systemctl restart openstack-cinder-volume
```

到 OpenStack 控制器查看状态，命令如下。

```
# openstack volume service list
```

创建卷类型 Ceph，命令如下。

```
# openstack volume type create ceph
# openstack volume type set --property volume_backend_name=ceph ceph
```

查看卷类型列表，命令如下。

```
# openstack volume type list
```

设置默认类型为 Ceph，命令如下。

```
# openstack volume type set --property volume_backend_name=ceph _DEFAULT_
```

创建一个卷，命令如下。

```
# openstack volume create --size 10 disk1
# openstack volume list
```

查看存储后端，命令如下。

```
# rbd -n client.cinder -c /etc/ceph/ceph.conf ls volumes
# rbd -n client.cinder -c /etc/ceph/ceph.conf ls -l volumes
```

启用 cinder-backup，在存储节点安装 cinder-backup，命令如下。

```
# yum -y install openstack-cinder-backup
```

从 Ceph 管理员获得客户端 client.cinder-backup 访问 Ceph 集群的密钥环文件，命令如下。

```
# vi /etc/ceph/ceph.client.cinder-backup.keyring
```

将 cinder-backup 用户密钥环信息添加到 Ceph 配置文件中，命令如下

```
# vi /etc/ceph/ceph.conf
[client.cinder-backup]
keyring=/etc/ceph/ceph.client.cinder-backup.keyring
```

测试到 Ceph 集群的连通性，命令如下。

```
# rados -p backups --name client.cinder-backup
--keyring /etc/ceph/ceph.client.cinder-backup.keyring lspools
```

cinder-backup 和 cinder-volumes 共用一个配置文件，在配置文件中添加 cinder-backup 配置，命令如下。

```
# vi /etc/cinder/cinder.conf
[DEFAULT]
backup_driver=cinder.backup.drivers.ceph.CephBackupDriver
backup_ceph_conf=/etc/ceph/ceph.conf
backup_ceph_user=cinder-backup
backup_ceph_chunk_size=134217728
backup_ceph_pool=backups
backup_ceph_stripe_unit=0
backup_ceph_stripe_count=0
restore_discard_excess_bytes=true
rbd_secret_uuid=e9444802-733e-4e03-8b72-85364ca79294
```

重启服务，命令如下。

```
# systemctl restart openstack-cinder-backup
```

到控制节点查看卷服务列表，命令如下。

```
# openstack volume service list
```

创建 disk1 卷的备份，命令如下。

```
# openstack volume backup create --description disk1-bakup-20240119
```

```
--name disk1-bak disk1
# openstack volume backup list
```

删除卷（当卷数据丢失或损坏时可使用 backup 恢复数据），命令如下。

```
# openstack volume delete disk1
```

创建一个新卷，命令如下。

```
# openstack volume create --size 10 disk1-restored
```

恢复卷，命令如下。

```
# openstack volume backup restore disk1-bak disk1-restored
```

查看卷，将 disk1-restored 重新命名为 disk1，命令如下。

```
# openstack volume list
# openstack volume set --name disk1
# openstack volume list
```

7. OpenStack 计算节点虚拟机实例疏散

在使用了共享存储的情况下，如果某个计算节点出现死机，可以使用疏散（evacuate）功能，允许管理员将运行在故障节点上的虚拟机实例紧急迁移到其他计算节点上去，示例如下。

```
# openstack server list
# openstack server show cirrostest1
```

将当前虚拟机所运行计算节点关机，控制节点会检测到节点状态为 DOWN，因此执行疏散。故障节点的虚拟机实例会被调度分配到一个正常节点。如果实例状态为 SHUTDOWN，执行 start 操作即可，具体如下。

```
# openstack server evacuate  --shared-storage cirrostest1
# openstack server show cirrostest1
# openstack server start cirrostest1
```

在上述代码中，--shared-storage 参数必须添加，指定虚拟机实例使用共享存储。疏散操作还可以通过--host 参数来指定迁移的目标计算节点，读者可以自行使用该命令。

5.13　本章小结

本章通过对 OpenStack 主要组件的介绍，让读者实现一个基本的云计算平台。中小型数据中心可直接采用 OpenStack 作为其云计算平台。

由于篇幅有限，对其他组件不再详细介绍。读者可根据自身需要，在此基础之上对 OpenStack 其他组件进行学习。

习　题

一、选择题

1. OpenStack 中有关 dashboard 的描述正确的是（　　）。

A. dashboard 提供 OpenStack 认证服务

B. dashboard 提供 OpenStack 存储服务

C. dashboard 提供是 Web 管理界面

D. dashboard 必须安装在控制节点

2. 下列（　　）不属于 OpenStack 资源池。

A. 计算资源　　　B. 存储资源　　　C. 网络资源　　　D. 软件资源

3. OpenStack 各组件功能描述错误的是（　　）。

A. Neutron 用于提供网络连接服务，具备二层 VLAN 隔离功能，同时具备三层路由功能

B. Glance 为虚拟机镜像提供存储、查询和检索服务，为 Nova 虚拟机提供镜像服务

C. Swift 提供块存储服务，让云主机可以根据需求随时扩展磁盘空间

D. Keystone 为所有 OpenStack 组件提供身份认证和授权，跟踪用户访问权限

4. 关于 OpenStack 的描述错误的是（　　）。

A. OpenStack 是一款开源软件平台

B. OpenStack 是硬件之上提供的基础设施服务

C. OpenStack 是 SaaS 组件，可建立和提供云端运算服务

D. OpenStack 具有功能丰富，具有大规模扩展的特性

5. 下列（　　）不属于 OpenStack 的优势。

A. 兼容性　　　B. 可扩展性　　　C. 易安装性　　　D. 灵活性

6. 关于 OpenStack 及多节点部署，以下说法错误的是（　　）。

A. 生产环境中，OpenStack 一般采用多节点部署的方式

B. OpenStack 可通过添加计算节点的方式横向扩展所需计算资源

C. OpenStack 多节点部署可以减轻单节点负载，提高效率

D. OpenStack 多节点部署造成机器成本提高，资源浪费

7. OpenStack 部署架构中不包括（　　　）。

A. 控制节点　　　　B. 同步节点　　　　C. 计算节点　　　　D. 网络节点

8. 在大部分应用中，OpenStack 都被定义在云计算的（　　　）层面。

A. IaaS　　　　B. PaaS　　　　C. SaaS　　　　D. NaaS

9. OpenStack 中负责计算服务组件是（　　　）。

A. Neutron　　　　B. Nova　　　　C. Cinder　　　　D. Glance

10. OpenStack 中负责网络服务组件是（　　　）。

A. Neutron　　　　B. Nova　　　　C. Cinder　　　　D. Glance

11. Nova 服务（　　　）不是 OpenStack 平台控制节点必需服务。

A. nova-api　　　　　　　　　　B. nova-compute

C. nova-scheduler　　　　　　　D. nova-conductor

12. OpenStack 中网络模块关于本地网络说法错误的是（　　　）。

A. 本地网络不具备 VLAN 功能

B. 同一本地网络下的虚拟机之间可以通信

C. 本地网络下的虚拟机可以与外部网络通信

D. 本地网络无法实现对二层网络的隔离

13. 关于 OpenStack 中的网络、子网、端口的描述，不正确的是（　　　）。

A. 网络（network）是一个隔离的二层广播域

B. 子网（subnet）是一个 IPv4 或者 IPv6 地址段

C. 端口（port）是用于网络通信的接口

D. 创建虚拟机时必须为虚拟机指定网络

14. OpenStack 创建内部网络时，网关地址为空表示（　　　）。

A. 使用网络中第一个 IP 地址　　　B. 使用网络中最后一个 IP 地址

C. 参考路由器接口中的配置　　　　D. 禁用网关

15. OpenStack 浮动 IP 地址的作用是（　　　）。

A. 外部网络可以访问互联网　　　　B. 外部网络可以访问云主机

C. 云主机跨网段访问　　　　　　　D. 开启云主机网络功能

16. 关于 OpenStack 工作过程的说法错误的是（　　　）。

A. 用户通过 dashboard 或 RESTful API 方式经 Authentication 模块认证后，可创建虚拟机服务

B. 通过 Nova 模块创建虚拟机时，Nova 调用 Glance 模块提供的镜像服务

C. Nova 调用完 Glance 模块后，然后调用 Neutron 模块提供的网络服务

D. 创建虚拟机的过程中，卷功能只能由 Cinder 模块提供的

17. （　　）是 glance 不支持的镜像格式。

A. RAW　　　　　B. QCOW2　　　　C. VHD　　　　D. ROM

18. 下列关于 OpenStack 快照的说法，错误的是（　　　）。

A. OpenStack 的快照区别于 VMware 快照，它是以创建镜像的方式保存在 Glance 中

B. OpenStack 快照是对云主机镜像的转换和复制，生成一个全新的镜像

C. OpenStack 可以通过快照镜像创建新云主机，同时无法对快照进行回滚操作

D. OpenStack 实例可以做快照，卷不能做快照

二、简答题

1. 简述 OpenStack 的主要组件及其功能用途。

2. 控制节点是 OpenStack 集群的大脑，OpenStack 所有数据都保存在数据库中。单个控制节点如果失效，则对整个集群将会是毁灭式打击，请针对单控制节点存在单点故障的隐患，提出一个有效的解决方案。

第 6 章

容器技术

　　基于 Hypervisor 的虚拟化技术在性能和资源使用效率方面仍然存在问题。每个虚拟机实例都需要运行一个操作系统的完整副本以及其中包含的大量应用程序，这造成了资源浪费，所以需要一种更加轻量的虚拟化技术，于是基于操作系统的容器虚拟化技术正好满足了时代需求。

　　容器技术是一种轻量级的操作系统层虚拟化技术，它能隔离进程和资源。Linux Container（LXC）主要由 Namespace 和 Cgroup 机制保证运行：Namespace 重点功能是隔离资源，每个 Namespace 下的资源对于其他 Namespace 都是不可见的；Cgroup 重点功能在限制资源的使用，提供对 CPU、内存、磁盘资源的管理能力。总体来说，容器之间不会相互影响，容器和宿主机之间各自独立。

　　标准化、轻量化的容器技术已经成为云计算产业新的热点。大量传统企业开始从使用虚拟化技术的传统云计算转向使用容器化技术的新一代云计算，云计算供应商也大力发展容器技术供应模式和管理手段。容器技术是未来云计算的一个主要发展方向，本章介绍当前发展非常成功的容器技术 Docker 和 Kubernetes 编排和管理系统。

6.1　容器技术和 Docker

　　虚拟化和容器是云计算的两大核心技术，虚拟化技术是实现 IaaS 的基础，是传统云计算技术，而容器技术是实现 PaaS 的基础，是新一代的云计算技术。在诸多容器技术中，Docker 是使用最广的，也是目前最为成熟的容器技术。通常说的 Docker 其实是 Docker engine，它是 Docker 公司容器平台产品的核心部分。Docker 为容器技术的快速发展做出了不可磨灭的贡献。它通过统一的镜像格式和简单的工具将应用软件和基础运行环境隔离开，为容器技术的大众化打开了快速通道。Docker 的镜像格式和运行环境也成为事实上的工业标准，它自身也逐渐成为云时代的基础构建。

　　应用程序的部署经历了 3 个时代：物理机时代、虚拟化时代和容器化时代，这 3 个时代分别对应着图 6-1 所示的 3 种部署方式。

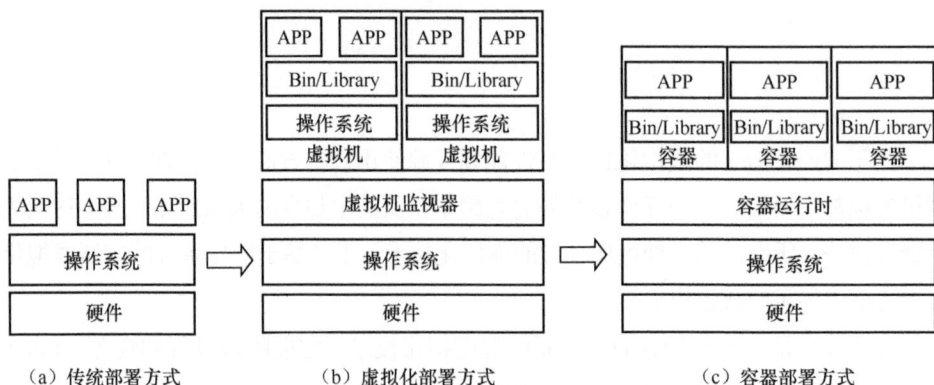

（a）传统部署方式　　　　　（b）虚拟化部署方式　　　　　（c）容器部署方式

图 6-1　应用程序的部署方式变迁

　　早期的系统架构多是单体架构，系统的所有进程运行在单一物理机中，这需要算力强大的机器作为支撑。这个时代追求的是更快更强的物理机（bare metal），小型机和大型机是时代的主流，应用程序通常直接复制、部署至物理机，并在物理机上直接运行。但是，这种架构和运营方式有许多不足，多个应用程序共生在同一主机中，不同应用程序共享相同的运行环境，彼此没有隔离，也没有资源隔离，因此很可能出现一个应用程序耗光所有资源，这会导致其他应用程序无法正常运行。此外，随着硬件性能的不断提升，这种架构又会出现闲置资源利用率低的问题。

集群技术和分布式系统的出现将单体架构打散，应用程序也随之转变为将一个业务流程分成多个独立生命周期的子系统，不同子系统之间通过网络彼此调用通信。在这种架构下，单个应用通常只负责某个模块功能，不再需要大量的资源支撑。单台物理机可以同时支撑几个甚至几十个应用运行，这对计算资源的隔离有了更高的要求，虚拟化技术应运而生。在虚拟化部署时代，虚拟机的本质是在一个物理机上模拟出多个完整的操作系统，每个操作系统实例都管理自己文件系统和设备驱动，分配了特定的 CPU、存储、磁盘、网络等资源。虚拟化层（VMM）负责将物理资源封装后提供给虚拟机使用，并实现资源隔离。虚拟机要提供完整的操作系统，从而导致这种部署方式消耗了大量的系统资源，并且也没有解决应用之间的环境依赖问题，不同的应用在部署之后很可能导致冲突，所以这种应用部署需要巨大的开发和维护。

为了解决虚拟机部署应用存在的问题，容器技术出现了。容器技术依赖于现存的成熟技术，为应用打造了完全隔离的运行环境，基于预分配的资源保证服务质量，基于分层的文件系统和镜像仓库完成增量分发。

相比传统虚拟机，容器具有以下优势。

容器的运行基于进程而非虚拟机，所以无须模拟操作系统。它的特点是启动速度快、占用资源少，这有利于计算资源全部向应用倾斜，降低硬件成本。

容器基于 Linux Namespace 技术隔离进程，Namespace 技术可以使用户进程拥有独立的网络配置、文件系统、用户空间、进程空间等。虽然容器只是一个应用进程，但因为较好的隔离性，所以可以模拟虚拟机。

容器基于 Linux Control Group 技术，对用户资源进行限制，可以为每一个容器实例分配 CPU、内存、磁盘 I/O 等资源上限，能够隔离同一主机上多个用户进程之间的干扰。

与虚拟机相似，容器也有容器镜像。例如，Docker 支持 Dockerfile，允许用户像源代码一样管理容器镜像源文件，其中包括指定基础操作系统镜像、安装中间件、复制应用代码、启动应用等。容器镜像包含的是应用软件包而不是操作系统。

容器支持分层的文件结构。当构建容器镜像时，Docker 会将 Dockerfile 中定义的每一行命令定义成一个文件层级，一个 Docker 镜像就是多个文件层的集合。容器运行时会按照镜像层级从下到上按层加载，由此实现一次打包、到处运行的目的。

各文件层都有基于其内容计算出来的 Digest，在文件分发时，如果某个文件层未发生变化，则无须重新拉取，直接解决增量文件部属的问题。无论镜像有多大，只要基础镜像不更新，更新镜像时只拉取变更的部分，就不会过多消耗带宽。

容器镜像可以上传至镜像仓库。任何其他计算节点都可以从镜像仓库拉取和运行镜像。并且，镜像可以通过不同的标签进行版本管理，从而可以轻松实现应用在不同平台间的迁移。

容易实现自动化，配置管理方便，让微服务成可能。

持续交付（continuous delivery，CD）可以实现基于流水线的软件交付泛型，该流水线通过一个自动化（或半自动化）流程在软件每次变更时重新构建系统，然后交付到生产环境中。

总之，容器提供的镜像比虚拟机更小，部署速度更快，容器应用和虚拟机应用的不同如图 6-2 所示。这种轻量化特性非常适合需要批量快速上线的应用或快速规模弹性应用，如互联网 Web 应用。

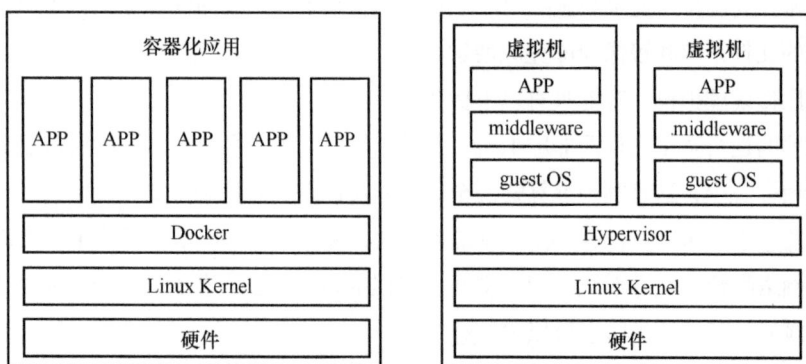

图 6-2　容器应用和虚拟机应用的不同

容器技术实现了操作系统解耦。这种跨平台能力非常适合作为 DevOps 的下层封装平台，实现应用的 CI/CD 流水线作业，并可快速地部署到不同的云平台上。

目前的容器工具中，Docker 是其中非常著名的容器之一，其他的容器工具还包括 Podman、Containerd、iSula、LXC、Buildah 等。华为开源的容器引擎 iSula 是一种新的容器解决方案，提供统一的架构设计来满足 CT 和 IT 领域的不同需求。相比 Go 语言编写的 Docker，iSula 使用 C/C++ 语言实现，具有轻、灵、巧、快的特点，不受硬件规格和架构的限制，底噪开销更小，可应用的领域更为广泛。

6.2　Docker 架构

容器技术的历史比虚拟化的历史更长，甚至可以追溯到早期的 Chroot Jail，它们都为在同一个系统上的进程提供隔离的运行环境。容器技术的火爆和 Docker 产品的走红密不可分。Docker 就是容器实施标准，大部分企业的容器化之路离不开 Docker。随着 Docker 引领的容器化技术的崛起，且为了规范和标准化容器的运行时（runtime），在 Linux 基金会的主导下，CoreOS 公司、Docker 公司和其他云服务提供商成立了 OCI（Open Container Initiative）。这是一个旨在管理容器标准的轻量级的、敏捷型的委员会，为容器化技术的生态健康发展提供标准指导。图 6-3 展示了 Docker 容器技术的发展历程。需要说明的是 Docker 容器技术从 2017 年起再没有新的技术产生了，基本上在总体架构成熟稳定的基础上进行优化和提升性能，故图 6-3 的时间线只展示到 2016 年。

图 6-3　Docker 容器技术的发展历程

Docker 应用架构如图 6-4 所示。一个完整的基于 Docker 应用由以下 5 个部分组成。

（1）Docker 客户端

Docker 客户端接收用户参数，并将其转化为 HTTP 请求发送到 Docker 守护进程中。用户通常可以使用命令行和 Docker 守护进程进行交互。

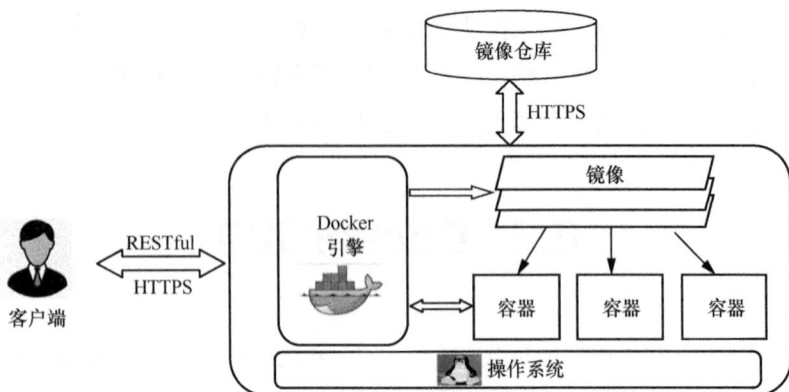

图 6-4　Docker 应用架构

（2）Docker 守护进程

Docker 引擎的运行依赖核心组件 Docker Daemon（守护进程），这也是 Docker 经常被诟病的地方。早期的 Docker 引擎由 Docker Daemon 和 LXC 组成。Docker Daemon 包含 Docker 客户端、Docker API、容器运行时、镜像构建等。LXC 提供了对命名空间 namespace 和控制组 CGroup 等基础工具的操作能力，它们是基于 Linux 内核的容器虚拟化技术。LXC 是基于 Linux 的内核虚拟化技术，这对于跨平台项目来说是个问题，其核心组件依赖外部工具也会给项目带来风险，甚至影响自身发展。因此，Docker 公司开发了名为 Libcontainer 的容器来替代 LXC，以构建与平台无关的、可基于不同内核为 Docker 上层提供必要的容器交互功能。并开始拆解大而全的 Docker Daemon，将其各个功能模块化，并用小而专的工具实现各个功能模块。这些工具可以被进行替换，也可以被第三方用于构建其他工具。

拆解和重构 Docker 引擎的工作仍在进行中，当前 Docker 引擎架构图如图 6-5 所示。

Docker 客户端的主要功能是提供用户接口。Docker Daemon 主要提供 API 和其他特性。Containerd 可以在宿主机中管理完整的容器生命周期，其中包括管理容器的生命周期（从创建容器到销毁容器）、拉取/推送容器镜像、存储管理（管理镜像及容器数据的存储）、调用 runC 运行容器（与 runC 等容器运行时交互）、管理容器网络接口及网络等。

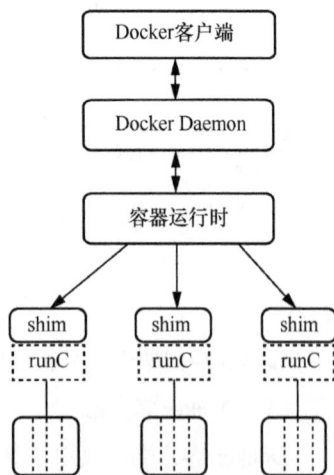

图 6-5　Docker 引擎架构

shim 是一个真实运行容器的载体，每启动一个容器都会建立一个新的 docker-shim 的进程。它通过指定 3 个参数：容器 ID、boundle 目录（containerd 对应某个容器生成目录）、运行时二进制（默认是 runC）来调用 runC 的 API 创建一个容器。runC 是一个命令行工具端，根据 OCI 的标准来创建和运行容器。

当 Docker 公司在进行 Docker Daemon 进程的拆解和重构时，OCI 也在着手定义两个容器相关的规范（或者说标准），即镜像规范和容器运行时规范，并于 2017 年 7 月发布了 1.0 版本。runC 就是 OCI 容器运行时标准的参考实现。Docker 公司开发的 Containerd 被捐赠给了云原生计算基金会（Cloud Native Computing Foundation，CNCF），在 Kubernetes 中，Containerd 是一个很受欢迎的容器运行时。当下的 Docker 也是使用 Containerd 来进行容器的生命周期管理。

（3）Docker 镜像

Docker 镜像可以说是容器技术的核心。Docker 大部分操作围绕镜像开展。镜像由多个层组成，在每层叠加之后，从外部看就像一个独立的对象。镜像内部是一个精简的操作系统（不包含内核，仅有操作系统文件和文件系统对象），同时还包括应用运行所需的文件和依赖包，所以容器镜像通常比较小。

当 Docker 第一次启动一个容器时，初始的读写层是空的。当文件系统发生变化时，这些变化都会应用到这一层。例如要修改一个文件，这个文件首先会从读写层下的只读层复制到该层，所以，该文件的只读版本依然存在于只读层，只是被读写层的该文件副本所隐藏，该机制就是前文提到的写时复制。Docker 镜像系统如图 6-6 所示。

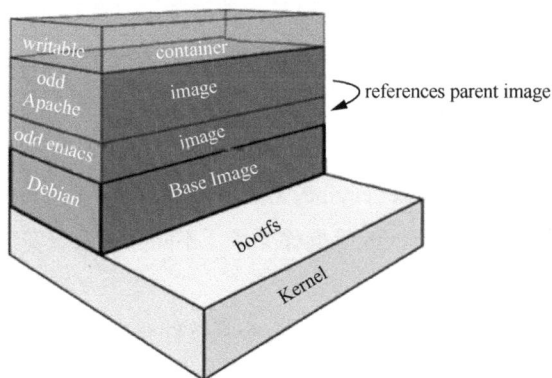

图 6-6 Docker 镜像系统

一个镜像可以被多个容器使用，但不需要在内核磁盘上做多个备份。在需要对镜像提供的文件进行修改时，该文件会从镜像的文件系统中复制到容器的可写层的文件系统中，而镜像中的文件不会改变。

Docker 镜像将应用运行所需的文件和依赖包打包到一个文件，并将镜像上传到镜像仓库，这样就可以在任何地方快速地下载镜像，使用该镜像生成容器运行应用。并且组成镜像的各个镜像层可以在多个镜像之间共享和复用，这样可以有效地节省空间并提升性能。

（4）Docker 容器

容器是镜像的一个运行实例。创建容器进程的时候会给进程指定挂载命名空间，并把镜像文件挂载到容器里，再用改变根目录（chroot）把进程的根目录切换到挂载的目录里，从而让容器进程拥有独立的操作系统目录。

（5）镜像仓库

Docker 镜像存储在镜像仓库中，默认使用官方镜像仓库"Docker Hub"。官方仓库中的镜像由 Docker 审查，这意味着其中的镜像会及时更新，由高质量的代码构成。并且这些代码是安全的，有完善的文档和最佳实践。

因为 Docker Hub 在公网，有时下载镜像会比较慢，一般企业都建立企业镜像仓库，方便控制和安全管理，也提高了速度。使用最多的企业镜像仓库是 VMware 开源的 Harbor。在国内可以使用阿里云或华为提供的镜像仓库。

6.3 Docker 的使用

6.3.1 安装 Docker-CE

通常说的 Docker 是指 Docker engine，常用的是社区版本（community edition，CE），目前支持 Linux、Windows、macOS 等操作系统。不同操作系统安装 Docker 可以参考官方安装文档。

在 openEuler 22.03 LTS 上可使用如下命令从软件仓库进行安装。

添加国内软件源仓库，我们这里使用的是阿里云镜像，具体如下。

```
# vim /etc/yum.repos.d/docker-ce.repo
[docker-ce-stable]
name=Docker CE Stable - x86_64
baseurl=https://m***s.aliyun.com/docker-ce/linux/centos/8/x86_64/stable
```

```
enabled=1
gpgcheck=1
gpgkey=https://m***s.aliyun.com/docker-ce/linux/centos/gpg
```

下面安装 Docker-CE，命令如下。

```
# yum -y install docker-ce
启动 docker 服务，设置开机自启动
# systemctl start docker
# systemctl enable docker
```

查看 Docker 版本信息，命令如下。

```
# docker info
# docker version
Docker 服务启动默认会生成 docker0 接口，默认地址为 172.17.0.1/16
# ip add
每个 linux docker 主机都有一个默认的单机桥接网络，在 Linux 上网络名称为 bridge
# docker network ls
# docker network inspect bridge
```

Docker 默认配置文件为/etc/docker/damon.json。这个文件默认是不存在的，但对 Docker 的镜像加速、修改 Docker0 接口地址、修改 Docker 存储目录、添加代理等诸多配置都需要对该文件进行配置，具体如下。

```
# vi /etc/docker/daemon.json
{
    "registry-mirrors": ["https://registry.d***r.com","https://docker.r***d.cc"],
    "bip": "169.254.123.1/24",
    "data-root": "/var/lib/data"
}
```

完成上述配置后，重启服务，命令如下。

```
# systemctl daemon-reload
# systemctl restart docker
```

6.3.2 Docker 镜像

创建容器必须使用镜像，如果本地没有镜像，就需要从镜像仓库中拉取镜像。常用的官方镜像仓库为 Docker Hub，读者也可以使用其他镜像仓库。拉取操作会将镜像下载到本地 Docker 主机，读者使用镜像启动一个或多个容器。

镜像由多个层组成，每层叠加之后，从外部看就像一个独立的对象。镜像内部包含应用运行所需要的文件和依赖包。通常镜像不包含用户应用程序和数据，只包含支持应用程序运行的软件环境，也有将应用程序作为镜像的一部分而集成到一起的情况。

一般情况下，镜像是按如下格式命名的：服务器域名或 IP:端口/分类/镜像名:tag。

在使用 Docker 拉取镜像时，如果只使用 "镜像名:tag" 方式，则默认从 Docker Hub 下载镜像，如果省略了 tag，则默认拉取 tag 为最近的镜像。在制作镜像时，tag 通常可以用日期、版本等来表示，以增加可读性。

在 Docker 使用过程中，绝大部分操作围绕镜像开展，如图 6-7 所示。

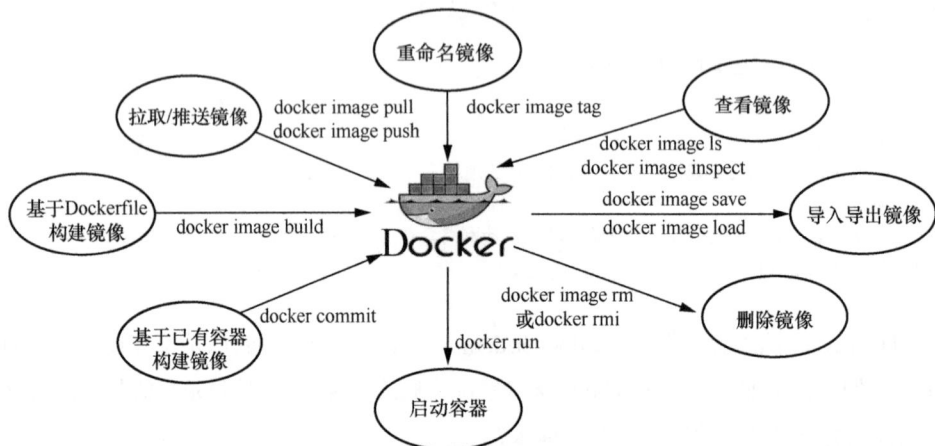

图 6-7　Docker 镜像操作

下载镜像，命令语法如下。

```
docker image pull  镜像名称
```

查看当前系统镜像，命令如下。

```
docker image ls
```

每个镜像有 RESOSITORY、TAG、IMAGE ID、CREATED、SIZE 这 5 列信息。

对本地已经存在的镜像起一个新名字或修改标签，可以使用 docker tag 命令，格式为：

```
Docker tag 旧镜像名  新镜像名
```

修改后再次查看镜像列表，这时会发现多了一个新名称和标签（tag）的镜像，但其 IMAGE ID 和原镜像相同。

删除镜像可以使用 docker image rm 命令，该命令后面跟包含标签的镜像名或 IMAGE ID。当一个镜像有多个名称时，需先删除一些带标签（tag）的镜像名。只有当 IMAGE ID 唯一时，才可以使用 IMAGE ID 进行删除。删除镜像时需要没有容器正在使用该镜像，否则删除失败。

在某些场景下，我们无法从互联网直接下载镜像。如果也没有私有仓库，那么我们要把一个镜像传输到另一台机器，就需要把本地已经拉取的镜像导出为一个本地文件，并传输到其他机器，然后进行导入。

镜像的导出命令为：

```
docker image save 镜像名 > file.tar
```

镜像的导入命令为：

```
docker image load -i file.tar
```

使用 docker image push 命令可以将本地镜像上传至镜像仓库。在上传镜像之前，我们需要有镜像仓库的上传权限和认证信息，这样登录成功后方可上传。并且在上传之前，我们还要将本地镜像重新命名为指定的镜像格式，命令如下。

```
# docker login harbor.***.edu.cn
Username: lzu_cg
Password:
Login Succeeded
下载 NGINX 镜像
# docker image pull nginx:latest
```

对镜像重命名后，上传镜像，命令如下。

```
# docker image tag nginx:latest harbor.***.edu.cn/lzu_cg/nginx:latest20241118
# docker image ls
# docker image push harbor.lzu.edu.cn/***_cg/nginx:latest20241118
```

上传成功后，我们可以在镜像仓库 Web 管理页面查看上传的镜像，如图 6-8 所示。

图 6-8　查看镜像仓库中上传的镜像

退出镜像仓库登录，命令如下。

```
# docker logout harbor.***.edu.cn
Removing login credentials for harbor.***.edu.cn
```

如果该镜像仓库目录可公开访问，那么其他客户端可使用如下命令直接下载镜像。

```
# docker image pull harbor.***.edu.cn/lzu_cg/nginx:latest20241118
```

6.3.3 Docker 容器

Docker 容器的本质是镜像的进程，镜像是代码的存储状态，容器是代码的运行状态。容器生命周期管理是 Docker 引擎的核心功能，其中包括对容器元数据的操作管理，也涵盖了对操作系统 API 的包装调用。这部分功能是由引擎守护程序、容器运行时和标准化的运行时工具配合完成的，具体的命令有 run、create、start、stop、restart、pause、unpause、rename、rm、wait 等。读者可以在 shell 下输入 docker 命令查看可用命令。

（1）运行容器

运行容器的命令如下。

```
docker run [OPTIONS] IMAGE [COMMAND] [ARG...]
```

一些常用的基本选项如下。

- --name：指定容器的名字，如果不指定，Docker 引擎将随机分配一个。
- -d：以后台模式运行，容器标准输出和错误流被送到日志驱动。
- -t：为容器分配伪终端，经常和-i 配合使用。-i 的作用是将容器的标准流都关联到当前终端。
- --restart：定义退出重启测率，默认为不重启（no）。always 在容器退出及引擎启动时重启。on-failure[:max-retries]表示返回码不为 0 时，且重启次数在限定范围内，则执行重启。unless-stopped 表示只在退出时重启。重启次数记录在元数据中，可用"inspect"查看。
- -p：端口映射，参数格式为 ip:hPort:cPort | ip::cPort|hPort:cPort | cPort，其中，"hPort"指主机端口，"cPort"指容器端口，二者既可以使用单个端口号也可以是端口范围，还可以带 TCP/UDP 限定协议。
- -P：表示暴露所有端口。
- -v：将宿主机路径或预定义卷绑定挂载到容器里的绝对路径。格式为[src:]dest[:<opts>]，其中，"src"表示宿主机路径或卷名称，无此项时使用匿名卷；"opts"可用逗号分隔多个属性，指定只读或读写挂载模式、源和目标挂载传播属性、Selinux 安全标签是否可以修改，以及挂载命名卷时 dest 原有文件是否复制，格式分别为[ro|rw]、[shared|slave|private]、[z|Z]和[copy]。
- -e：为补充设置环境变量，如 MySQL 数据库及密码的初始设置。

- --privelegd = true|false：设置容器在宿主机是否拥有特权，默认无特权。
- --device：为容器添加设备文件。
- -c：设置CPU使用权重，默认值为1024，各容器根据比例使用CPU。--cpuset-cpus用于设置容器可以使用的 vCPU 核。--cpu-shares 用于设置多个容器竞争 CPU 时，各个容器相对能分配到的 CPU 时间比例。--cpu-period 和--cpu-quata 用于绝对设置容器能使用 CPU 时间。
- -m：限制容器内存使用量，最小为 4 MB。

（2）创建容器

创建容器的命令如下。

```
# docker run -ti --name=test1 nginx bash
root@dfe46959aaec:/#
```

如果镜像本地不存在，则先下载镜像，再生成容器。由于使用了-ti 参数，系统会直接进入容器内进行终端交互操作，并执行 bash。此时在容器内可以像使用 Linux 虚拟机一样进行基本操作。由于生成容器的镜像是精简的，可用工具有限，这时安装需要的工具即可。例如在当前生成的容器里安装 net-tools 工具用于查看接口和 IP 地址。

```
root@dfe46959aaec:/# apt update && apt install net-tools -y
root@dfe46959aaec:/# ifconfig
root@dfe46959aaec:/# apt install  procps -y
root@dfe46959aaec:/# ps -ef
```

从容器返回到宿主机按 Ctrl + P + Q 键即可。直接使用 exit 命令会退出 bash 导致容器停止。

（3）查看容器

查看容器的命令如下。

```
# docker ps
# docker ps -a
```

第一个命令列出本机运行状态容器的 ID、对应镜像标识、name、启动命令、创建时间和当前状态等信息。添加参数-a 可以显示所有容器，-q 只显示容器 ID，-l 显示最后创建的容器的基本信息，命令如下。

```
查看容器详细信息，使用 docker inspect 命令
# docker inspect test1
查看容器日志，使用 docker logs 命令
# docker logs test1
显示容器中运行的进程，使用 docker top 命令
# docker top test1
显示容器资源占用统计，使用 docker stats 命令
```

```
# docker stats test1
```

（4）停止/启动/重启容器

使用 docker start/stop/restart 命令可以停止/启动/重启容器。

```
# docker stop test1
# docker start test1
# docker restart test1
```

（5）重命名容器

使用 docker rename 命令可以对容器进行重启名。

```
# docker rename test1 nginx1
```

（6）更新容器配置

使用 docker update 命令可以更新容器配置，此命令主要用于更新容器 CPU/内存/IO 资源限制和重启策略。

```
# docker update nginx1 --restart=always
```

（7）删除容器

使用 docker rm 命令可以删除容器，该命令可以删除一个或多个容器。我们可以使用-f 命令对正在运行的容器强制删除。

```
# docker rm -f nginx1
```

（8）暴露端口和挂载数据卷

先在宿主机上创建一个目录，新建一个测试用网页，然后启动 NGINX 容器，并将容器的 80 端口映射至宿主机的 8080 端口，将宿主机上创建的目录挂载到容器中。具体命令如下。

```
# mkdir -p /data/html
# echo "This is a test" > /data/html/index.html
# docker run -d --name=web1 -p 8080:80 -v /data/html:/usr/share/nginx/html nginx
```

使用浏览器访问宿主机 8080 端口，即可看到 "This is a test" 的默认页面。此处用-p 进行了端口映射，-v 进行了持久化存储挂载。除了目录映射，我们还可以对配置文件进行文件映射。

连接一个正在运行的容器使用 docker attach 命令，这需要镜像内部已经运行 bash 之类的 shell，相当于切换到交互式运行。对于像 nginx 这样的容器则无法操作，这时候需要使用 docker exec 命令启用交互式并运行一个类似于 bash 的 shell，命令如下。

```
# docker run -ti --name=test1 nginx bash
按 Ctrl+P Q 回到宿主机控制台
# docker ps
# docker attach test1
```

```
[root@ae8c53a8db39 /]# exit
连接到 nginx 的容器，执行 bash
# docker exec -ti web1 bash
root@6b074a61afdc:/# exit
```

尽管在容器内也使用 exit 命令退出了，但容器内的主进程 nginx 并未停止运行，容器仍然继续运行。

宿主机和容器之间复制文件或目录内容使用 docker cp 命令，该命令既可以从宿主机往容器内复制文件，也可以从容器往宿主机复制文件。

```
docker cp [OPTIONS] CONTAINER:SRC_PATH DEST_PATH
docker cp [OPTIONS] SRC_PATH CONTAINER:DEST_PATH
```

使用 docker exec 可以在容器里执行容器命令。

```
# docker exec web1 ls /etc/nginx/conf.d
# docker cp web1:/etc/nginx/conf.d/default.conf /data
# ls /data/
# docker cp /data/html/ web1:/usr/share/nginx/html/
# docker exec web1 ls /usr/share/nginx/html/
```

通过 Docker，我们可以快速部署应用，这在一些软件开发环境和测试环境是非常有用的，这也是传统虚拟化很难逾越的特点。

6.3.4 Docker 镜像仓库

镜像仓库是用来存储和管理容器镜像文件的。目前，镜像仓库的实现主要有两种方式：Docker Registry 和 Harbor。作为容器三大核心组件的重要组成部分，Docker 镜像仓库一般有本地镜像仓库、Docker Hub 公共仓库和第三方公共仓库 3 种。一个 Docker Registry 中可以包含多个仓库（repository）；每个仓库可以包含多个标签；每个标签对应一个镜像。

（1）Docker Hub

Docker Hub 是 Docker 公司提供的公共镜像仓库。当直接使用 docker pull nginx 或 docker pull httpd 时，系统默认从官方镜像仓库去拉取镜像。

我们可以通过 docker search 命令在官网进行镜像查找操作。

注册账户后，用户登录系统，使用 docker push 命令上传镜像文件。

国内主流容器云服务商提供了针对 Docker Hub 的镜像服务 registry mirror，这些镜像服务称为加速器。前面/etc/docker/daemon.json 中的 registry-mirrors 就配置了阿里云的镜像加速器。使用加速器后，我们可以直接从国内的地址下载 Docker Hub 的镜像，这种方式比直接从 Docker Hub 下载的速度快。

（2）第三方镜像仓库

国内也有一些主流的容器云服务器商提供了类似于 Docker Hub 的公开服务，比如网易云镜像服务、阿里云镜像服务、DaoCloud 镜像市场等。这些镜像仓库上也会提供不少镜像文件供用户下载。

（3）本地镜像仓库

具有一定规模的企业一般会建立私有镜像仓库，即本地镜像仓库。将镜像上传到私有镜像仓库可以在构建容器化应用时快速从本地镜像仓库下载镜像文件使用。

小规模和实验环境下可以使用 registry 快速构建一个无认证的容器仓库。

生产环境中可以使用 VMware 公司提供的开源容器镜像仓库 Harbor，它在 Docker Registry 的基础上进行了企业级扩展，其中包括基于角色的权限控制、AD[1]/LDAP 认证集成、可视化 Web 管理界面、日志审计、镜像安全扫描、传输效率优化、镜像仓库水平扩展等功能。

Harbor 安装部署也是基于容器化环境的，在部署时应尽量使用有效的 https 证书和域名。用户也可以使用 http 访问容器。Harbor 官网提供了详尽的安装部署文档，读者可以自行查阅和学习相关内容。

6.3.5　使用 Dockerfile 制作镜像

前面使用的镜像都是从镜像仓库下载的。如果读者要构建自己的应用镜像，则需要掌握 Dockerfile 的使用方法，因为这通常被认为是构建 Docker 镜像的标准方式。

构建镜像的前提是对应用的部署步骤非常熟悉，能够将整个应用环境的部署步骤按照 Dockerfile 格式形成最终的 Dockerfile 文件。

Dockerfile 不仅可以将镜像打包，以文件的方式固化下来，而且提供了修改功能，如果镜像需要重新进行打包，则编辑 Dockerfile 文件后并重新执行 docker build 命令即可。在构建过程中，如果位于下层的镜像层没有变化，那么 Docker 会高效利用之前缓存的镜像分层，不需要重复构建，除非使用--no-cache 选项跳过缓存。

编辑 Dockerfile 的一些基本命令的语法如下。

1　AD，active directory，活动目录。

（1）FROM

FROM 语法如下。

```
FROM <image>:tag
```

Docker 镜像是分层的，且层数越少越好，这样不仅会节省存储，安全风险也会降低。FROM 用于指定基础镜像，每个 Dockerfile 都必须有 FROM 命令。后续构建的镜像在这个基础镜像之上添加一层或多层。

（2）WORKDIR

WORKDIR 语法如下。

```
WORKDIR   /path/to/工作目录
```

WORKDIR 的作用是指定程序运行的工作目录。如果程序通过相对路径来寻找依赖文件，则必须指定正确的 WORKDIR。当程序通过 docker exec 命令进入容器，它也会进入这个工作目录。例如，tomcat 镜像会将默认的 WORKDIR 指定为 tomcat 解压后的目录。

（3）RUN

RUN 语法如下。

```
RUN ["exec","param1","param2"]
```

这是在镜像打包过程中需要执行的命令。每执行一次 RUN 命令，系统都会生成一个新的镜像层，所以，Dockerfile 的最佳实践是将所有需要执行的命令通过 “&” 符号相连，一次执行完所有命令。

（4）COPY

COPY 语法如下。

```
COPY ["<源路径 1>","<源路径 2>",…,"<目标路径>"]
```

源路径可以是多个，也可以是通配符。该命令的作用通常是将源文件或文件夹复制到镜像中，如修改后的配置文件、程序、编译后的 jar 包等。

（5）ADD

ADD 语法如下。

```
ADD ["<源路径 1>","<源路径 2>",…,"<目标路径>"]
```

ADD 和 COPY 命令的语法和作业机制基本一样，但 ADD 命令的源路径可以是 URL。当遇到 URL 时，ADD 命令可以通过 URL 下载文件，并且复制到<目标路径>。它还可以将 tar、gzip、bizp2 等压缩文件解压到指定的目录下。无论是 COPY 还是 ADD 命令，这些需要复制的文件都必须和 Dockerfile 放到同级目录或子目录下。此外，这两个命令不支持父级目录和绝对路径。

（6）ENV

ENV 语法如下。

```
ENV <key1>=<value1> <key2>=<value2> ……
```

ENV 命令的作用是将环境变量注入镜像。

（7）EXPOSE

EXPOSE 语法如下。

```
EXPOSE <port> [<port>……]
```

EXPOSE 用于设定容器暴露的端口，例如 nginx 会指定 80 端口，tomcat 会指定 8080 端口。EXPOSE 命令的作用是能够动态隐射宿主机端口，用户可以直接访问没有经过暴露的容器端口。

（8）USER

USER 语法如下。

```
USER  user:group
```

USER 命令的作用是为容器内运行的程序指定用户和用户组。该命令通常需要和 RUN adduser <user> 命令（添加用户）一起使用。如果不指定用户，则该命令默认使用 root 用户，这通常被认为是存在安全风险的。在 Linux 中绝大部分应用由其对应的用户去执行，例如 NGINX 由 NGINX 用户执行，mysql-server 由 MySQL 用户执行。

（9）ENTRYPOINT

ENTRYPOINT 语法如下。

```
ENTRYPOINT ["command","param1","param2"]
```

ENTRYPOINT 是容器启动时要执行的命令，通常用于启动一个不退出的前台进程。

（10）CMD

CMD 语法如下。

```
CMD ["command","param1","param2"]
CMD ["param1","param2"]
CMD command param1 param2
```

CMD 命令和 ENTRYPOINT 命令的语法相似。在 Dockerfile 编辑中，通常用 ENTRYPOINT 指定启动命令，用 CMD 指定命令的参数。在包含可执行文件的情况下，我们也可以单独使用 CMD 的命令。如果 Dockerfile 中出现多个 CMD，只有最后一个 CMD 会生效，这个要切记。

制作镜像需要对应用部署非常熟悉。下面，我们举一个使用 openEuler 制作 NGINX 镜像的例子，具体如下。

```
# mkdir docker_file
# cd docker_file/
# vi Dockerfile
FROM openeuler/openeuler:latest
MAINTAINER cg
RUN yum -y install nginx && yum -y update
EXPOSE 80
CMD ["/usr/sbin/nginx", "-g", "daemon off;"]
# docker build -t="openeuler_nginx"  .
```

使用制作的容器运行一个容器，以测试镜像效果，具体如下。

```
# docker run -d --name=openeuler_nginx -p 8080:80 openeuler_nginx
# docker ps | grep openeuler_nginx
```

使用浏览器访问宿主机的 8080 端口，可以看到 NGINX 默认页面，这说明测试没有问题。我可以停止运行容器，并删除该容器。

```
# docker rm -f openeuler_nginx
```

如果要上传到镜像仓库，先对 docker tag 修改名称，之后即可上传。

6.4 Kubernetes 概述

6.4.1 Kubernetes 简介

1．Kubernetes 特点

Kubernetes（又称 K8S）是用来自动部署、伸缩和管理容器化应用程序的开源系统，是谷歌 Borg 的一个开源版本。谷歌一直通过 Borg 管理着数量庞大的应用程序集群。Kubernetes 也是一个基于容器技术的分布式架构方案，已成为新一代的基于容器技术的 PaaS 平台的重要底层框架，目的也是云原生技术生态圈的核心。服务网格（service mesh）、无服务器架构（serverless）等新一代分布式框架及技术都是基于 Kubernetes 实现的。

Kubernetes 具有以下特点。

（1）开源开放

Kubernetes 顺应了开源、开放的时代趋势，吸引了大量的开发者和企业参与进来，协同工作，共同构建了一个生态圈。同时，它还与其他大型开源社区积极合作、共同发展，企业和个人都可以参与其中，并从中获益。

（2）集群管理

Kubernetes 与其他云平台一样，是以计算节点为核心的，由可成规模的计算节点组成一个彼此网络互通的集群。有了计算节点组成的集群，有了算力，依托平台的应用才会实现。Kubernetes 作为云平台，首先要监控和管理这些节点的健康状况及可用资源。

（3）提供强大的 PaaS 功能

自动化上线和回滚：Kubernetes 支持对应用程序及其配置的逐步更新功能。Kubernetes 同时监视所有应用程序运行状况，以确保用户不会同时终止所有实例。更新过程中如果出现问题，Kubernetes 支持回滚更改。

自愈：重新启动失败的容器，以便替换故障容器，并"杀死"那些对用户定义的运行状态检查无响应的容器。

服务发现与负载均衡：应用程序不需要修改即可使用陌生的服务发现机制。同时，Kubernetes 还为容器提供了独立的 IP 地址和一组容器的单个 DNS 名称，并且可以在它们之间实现负载均衡。

自动装箱：在不牺牲应用可用性的前提下，Kubernetes 根据资源需求和其他约束条件自动部署容器，将关键性的和尽力而为性质的工作负载进行混合放置，以提高资源利用率并节省更多资源。

水平扩展：Kubernetes 可使用一个简单的命令、一个用户接口或根据监控指标的使用情况（如 CPU 或内存使用率）自动对应用程序进行水平扩展或缩小。

密钥和配置管理：Kubernetes 支持部署和更新密钥/应用程序配置，而无须重新构建容器镜像，也不会在用户的堆栈配置中暴露密钥。

批量执行：除了服务之外，Kubernetes 还可以管理批处理和 CI 工作负载，在需要时替换掉失效的容器。

存储编排：Kubernetes 支持自动挂载所选存储系统，包括本地存储，以及诸如 AWS 或 GCP 之类公有云提供商所提供的存储或者诸如 NFS、iSCSI、Ceph、Cinder 这类网络存储系统。

支持 IPv4/IPv6 双协议栈：Kubernetes 支持为 pod[1]和 Service 分配 IPv4 和 IPv6 地址。

扩展设计：Kubernetes 无须更改上游源码即可扩展 Kubernetes 集群。

---

1 pod 是 Kubernetes 中最小的资源组件，也是最小化运行容器化应用的资源对象。一个 pod 代表集群中运行的一个进程。

（4）轻量级

Kubernetes 遵循微服务架构理念设计，整个系统的各个功能组件模块化，组件之间边界清晰，部署简单，可以轻易地运行在各种系统和环境中。此外，Kubernetes 中的许多功能都实现了插件化，可以非常方便地进行扩展和替换。

2．Docker 和 Kubernetes 的关系

从 20 世纪 90 年代的由贝尔实验室主导的 Chroot Jail，到 2000 年的 FreeBSD Jails，再到 2008 年出现的 LXC，容器技术经历了几代的技术革新，但其核心目标从未改变：将应用进程限制在独立的运行环境中，以满足封装和隔离的需求。2013 年，Docker 的出现，彻底改变了容器技术乃至云计算行业的格局。Docker 引入了容器镜像，将应用及应用的全部依赖甚至操作系统打包存储、分发，彻底改变了软件交付的方式，简化了应用部署的复杂性。Docker 的容器镜像和容器运行时已然成为行业的标准。

谷歌借势推出了开源项目 Kubernetes，它在开源之初依托 Docker 技术，着力于集群管理、容器编排与服务发现。自诞生之日起，容器云的标准化工作就已经开始了，其目标不仅仅是维护一个开源项目，而是联合众多厂家，形成强大的联盟，定制云计算标准以求行业统一。在短短数年时间里，Kubernetes 已然成为云计算行业的实时标准。

在早期，由于可用的容器运行时不多，Kubernetes 将 Docker 作为默认容器运行时，并内置了代码进行适配。随着其他容器运行时的出现，比如 CRI-O、containerd、podman 等，为了推进容器生态的健康发展，在 Linux 基金会的主导下，Docker 和 Google、Amazon、CloudFoundary、Microsoft 等于 2016 年成立了 OCI，旨在主导容器的生态发展方向，促进容器生态的健康发展。K8S 定义了一组与容器运行时进行交互的容器运行时接口（containcr runtime interface，CRI），用于将 K8S 平台与特定的容器实现解耦。K8S 只能通过 CRI 与容器运行时进行通信，而 Docker 又没有实现 CRI，这就需要一个桥接服务 docker-shim 来进行转换，将 CRI 转换为 Docker API，然后与 Docker 进行通信。Kubernetes 宣布自 K8S v1.20 版弃用 Dockershim，并从 K8S v1.24 版起正式将 docker-shim 从 Kubernetes 项目中移除。

Kubernetes 目前支持的容器运行时有 containerd、CRI-O、Docker engine、Mirantis container runtime（MCR，一种商用容器运行时，以前称为 Docker 企业版，包含开源的 cri-dockerd）。如果要在 K8S 中继续将广为熟知的 Docker engine 作为容器运行时，则需要安装 cri-dockerd 以和 CRI 进行对接。

6.4.2　Kubernetes 架构

  Kubernetes 的节点包括两种：Master 节点和 Worker 节点。Master 节点部署了 apiserver、scheduler、controller manager 和 etcd。Worker 节点上部署了 kubelet 和 kube-proxy。

  Master 节点又称管理节点，是 Kubernetes 集群的大脑。集群中所有对象的 CRUO 操作只能通过 Master 节点来操作，用户不能直接访问各 Worker 节点。Master 节点可以是一个，也可以是多个，并通过负载均衡统一对外提供服务。Master 节点和 Worker 节点基本服务形成了整个集群的控制层。控制层组件主要包括 API Server、控制器管理器、调度器和 etcd。

  Kubernetes 架构工作模型如图 6-9 所示。

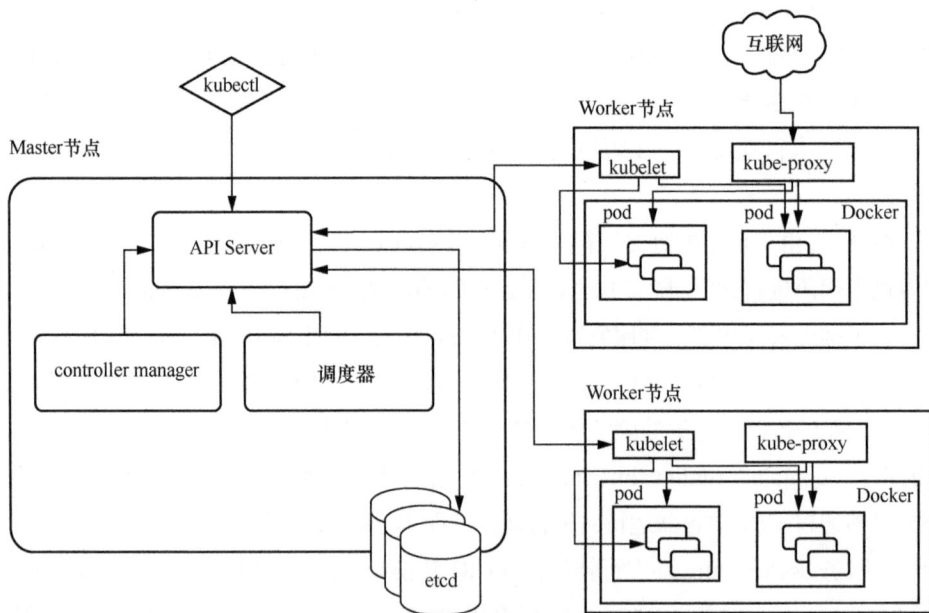

图 6-9　Kubernetes 架构工作模型

  API Server：提供 Kubernetes 资源对象的唯一操作入口，其他组件必须通过它提供的 API 来操作资源数据。通过对相关资源数据进行"全量查询＋变化监听"，这些组件可以"实时"完成相关的业务功能。比如新建一个 pod 的请求，一旦它被提交到 API Server 中，controller manager 就立即发现并开始调度。API Server 内部有一套完整的安全机制，包括认证、授权和准入控制等相关模块。API Server 在收到一个 REST 请求后，会先执行认证、授权和准入控制的相关逻辑，过滤非法请求，然后将请求发送给 API Server 中的 REST 服务模块，以执行资源的具体操作逻辑。API Server 负责集群各功能模块之间的信息交互，集群内的功能模块都是通过 API Server 的接口函数调用这种方式将信息存入 etcd 数据库，其他模块也可通过 API Server 读取这些信息，从而实现模块之间的信息交互。

controller manager：集群内部的管理控制中心，其主要作用是实现 Kubernetes 集群故障检测和恢复的自动化，例如，对 Worker 节点的发现、管理和状态监控，根据副本控制器的定义完成 pod 的复制或删除、服务与 pod 的管理关系、服务发布点对象的创建和更新等。controller manager 是一个控制器集合，包括 replication controller、node controller、resource controller、namespace controller、service account controller、token controller、service controller，以及 endpoint controller 等多个控制器。controller manager 是这些控制器的核心管理者。在 Kubernetes 集群中，控制器的核心工作原理就是通过 API Server 来查看系统的运行状态，并尝试将系统状态从"现有状态"修正到"期望状态"。

调度器：负责集群的资源调度，以及 pod 在集群节点中的调度分配，将待调度的 pod 按照给定的调度算法和调度策略绑定到集群中某个合适的节点上，并将绑定信息写入 etcd 中进行存储。在整个调度过程中涉及 3 个对象：待调度 pod 列表、可用节点列表，以及调度算法和调度策略，即从可用节点列表中筛选出最合适的一个节点给待调度 pod。

etcd：高可用的分布式键值存储，各种 Kubernetes 状态都保存在 etcd 中。在生产环境中，etcd 集群成员在多个节点上运行，节点一般不少于 3 个且节点数为奇数，并定期对其进行备份。多个 etcd 中只有领导者才能处理写请求，领导者是通过选举产生的。当客户端 API Server 的写请求被提交给 etcd 集群成员处理时，如果该成员不是领导者，那么它会将此请求转移给领导者。领导者会将请求复制到集群中的其他成员上进行仲裁。当超过半数的集群成员同意修改时，领导者才会将更改后的新值交到日志 wal 中，通知集群成员进行相应的写操作，并将日志中的新值写入磁盘中。任何时候 etcd 集群中只能有一个领导者，如果领导者不再响应，其余集群成员会在预定的选举计时器超时后使用 raft 共识算法开始新的选举，选择其中一个成员为新的领导者。

集群中真正运行应用的节点是 Worker 节点，每个 Worker 节点上都有以下几个关键组件。

kubelet：负责与 API Server 交互，以更新状态，并启动调度程序调用新的工作负载，负载管理 pod 和它里面的容器、镜像、卷等。kubelet 是运行在每个节点上的负责启动容器的守护进程，其核心任务是完成 Master 节点下发到本节点的任务。

kube-proxy：提供基本的负载均衡，并将指定的服务流量指向后端正确的 pod。kube-proxy 维护的网络规则允许从集群内部或外部的网络会话与 pod 进行网络通信。kube-proxy 也是在每个节点上运行的。kube-proxy 有两种模式可以实现流量转发，分别是 iptables 模式和 IP 虚拟服务器（IP virtual server，IPVS）模式。iptables 模式是默认模式，该模式是通过每个节点上的 iptables 规则来实现的。iptables 模式具有线性查找匹配、全量更新等特点，其性能会随着 service 数量的增大而显著下降。从 Kubernetes 的 1.8 版本开始，kube-proxy 引入了 IPVS 模式。IPVS 模式与 iptables 模式同样基于 netfilter，但是 IPVS 模式采用的是哈希表且运行在内核态。当 service 数量达到一定规模时，哈希表的查询速度优势就会显现出来，从而提高 service 的服务性能。

container runtime：是真正管理容器的组件。容器运行时可以分为高层运行时和底层运行时。高层运行时主要包括 Docker、Containerd 和 CRI-O，底层运行时包括 runc、kata 及 gVisor。因为目前 kata 和 gVisor 都还处于实验或小规模落地阶段，其生态成熟度和使用案例都比较欠缺，所以目前人们主要选择使用 runc，对容器运行时的选择聚焦于高层运行时。Docker 是 Kubernetes 支持的第一个容器运行时组件，早期 Kubernetes 直接内嵌 docker-shim，默认将 Docker 作为容器运行时，通过操作 Docker API 来操作容器。为了支持更多的容器运行时，在 1.5 版本以后，Kubernetes 推出了 CRI，把容器运行时的操作抽象出一组接口，通过 CRI 接口对容器、沙盒及容器镜像进行操作。K8S 只能通过 CRI 与容器运行时进行通信，而 Docker 又没有实现 CRI，这就需要通过桥接服务 docker-shim 进行转换，将 CRI 转换为 Docker API，然后与 Docker 进行通信。Kubernetes 宣布自 K8S v1.20 版弃用 Dockershim，并从 K8S v1.24 版起正式将 docker-shim 从 Kubernetes 项目中移除。Docker 内部关于容器运行时功能的核心组件是 Containerd，Containerd 可直接与 kubelet 通过 CRI 对接，独立在 Kubernetes 中使用。直接使用 Containerd 减少了 Docker 所需的处理模块 dockerd 和 docker-shim，并且对 Docker 支持的存储驱动进行了优化，因此在容器的创建、启动、停止、删除以及对镜像的拉取上都更具有优势。架构的简化也带来了维护的便利，目前将 Containerd 直接作为容器运行时的 Kubernetes 也越来越多。

6.4.3 Kubernetes 集群

Kubernetes 可以在多种平台运行，从笔记本计算机到云服务虚拟机，再到机架上的裸机服务器，都可运行。要创建一个 Kubernetes 集群，不同场景需要做的也不尽相同，有的可能运行一条命令，有的可能配置自己的定制集群。Kubernetes 的部署方式已越来越简单，一些自动化部署工具屏蔽了很多细节，使得用户对各个模块的感知少了很多。

目前，Kubernetes 的部署方式主要有 3 种：①使用二进制部署，这种部署方式需要下载二进制文件部署服务，并手动生成集群所需大量证书，有较高的难度；②使用 kubeadm 容器化部署，这是官方推荐的方式；③使用部署工具，如 rancher 提供的 rke 工具，这些自动化部署工具能快速帮助读者搭建一个 Kubernetes 集群。我们选择使用官方推荐的 kubeadm 进行 Kubernetes 部署。

1．准备工作

准备 3 台最小化安装的 Linux 虚拟机（推荐 CPU 参数为 8 核 16 GB 内存、硬盘大小在 100 GB 以上），其中 1 台作为 Master 节点，2 台作为 Worker 节点。操作系统推荐选择 openEuler 22.03 LTS 或 Ubuntu 22.04，并完成以下配置：

① 网络地址配置；

② 主机名命名和解析；

③ 时区设置和时间同步；

④ 关闭防火墙和 SELinux（红帽系列 Linux）；

⑤ 对默认 file-max、nr_open、ulimit 等进行优化；

⑥ 关闭不必要的服务，将系统升级到最新版本；

⑦ 设置各节点间 SSH 免密认证，以方便节点间复制文件。注意：在有些集群应用中，SSH 密码认证是必须的。

以上内容是创建一个集群系统所需要的基本操作。

2．安装 Docker-CE 和 cri-docker

按 Docker 官方指导设置软件仓库源，安装 Docker-CE。Docker engine 的安装可参考官方提供的文档。

Kubernetes 如果要使用 Docker 作为容器运行时，那么还需要安装 cri-docker。生产环境中通常直接使用 containerd 作为容器运行时。如果选择 containerd 作为容器运行时，则需要对 containerd 配置文件/etc/containerd/config.toml 根据需求进行配置。

cri-docker 需要从 GitHub 下载安装红帽系列 Linux 下载 rpm 安装包，参考命令如下。

```
# get https://g***b.com/Mirantis/cri-dockerd/releases/download/v0.3.14/
cri-dockerd-0.3.14-3.el8.x86_64.rpm
#  yum install cri-dockerd-0.3.14-3.el8.x86_64.rpm -y
```

启动 cri-docker 服务。

```
# systemctl start cri-docker
# systemctl enable cri-docker
```

当前节点下载的文件跨节点复制（使用 scp 命令）到其他节点进行安装，并启动服务。

3. 设置 Kubernetes 软件仓库

Kubernetes 默认使用 yum/apt 源仓库。由于网络原因，我们无法直接使用默认源仓库，因此这里选择使用阿里云镜像源仓库。

```
# vi /etc/yum.repos.d/Kubernetes.repo
[Kubernetes]
name=Kubernetes
baseurl=https://m***s.aliyun.com/Kubernetes-new/core/stable/v1.28/rpm/
enabled=1
gpgcheck=1
gpgkey=https://m***s.aliyun.com/Kubernetes-new/core/stable/v1.28/rpm/repodata
/repomd.xml.key
```

当前 Kubernetes.repo 中设置的版本为 v1.28，如果要安装其他版本，修改该版本代码即可。当前该软件仓库支持 v1.24~v1.31 版本。

查看可用版本的命令如下。

```
# yum list kubectl --showduplicates | sort -r
```

各节点安装 kubeadm、kubectl 和 kubelet，命令如下。

```
# yum install kubeadm kubectl kubelet -y
```

安装完毕后锁定软件版本，以防止自动升级时被更新，命令如下。

```
# yum install -y python3-dnf-plugin-versionlock.noarch
# yum versionlock kubeadm kubectl kubelet
```

将 Kubernetes.repo 文件跨节点复制（使用 scp 命令）到其他节点去。

4. Kubernetes 的其他设置

关闭 SWAP。这里使用 swapoff -a 命令直接关闭，并编辑/etc/fstab 文件，注释掉 swap 引导项。

```
# swapoff -a
```

查看 br_netfilter 模块和 overlay 是否被内核加载，命令如下。

```
# lsmod | grep br_netfilter
# lsmod | grep overlay
```

如果没有需要手动加载，命令如下。

```
# modprobe br_netfilter
# modprobe overlay
```

设置开机自动加载，命令如下。

```
# cat << EOF | tee /etc/modules-load.d/k8s.conf
 overlay
 br_netfilter
 EOF
```

生成的配置文件可跨节点复制到其他节点，命令如下。

```
# cat /etc/modules-load.d/k8s.conf
# scp /etc/modules-load.d/k8s.conf k8s2:/etc/modules-load.d/
# scp /etc/modules-load.d/k8s.conf k8s3:/etc/modules-load.d/
```

设置网络参数，命令如下。

```
# cat << EOF | tee /etc/sysctl.d/k8s.conf
 net.bridge.bridge-nf-call-iptables=1
 net.bridge.bridge-nf-call-ip6tables=1
 net.ipv4.ip_forward=1
 EOF
```

使设置即时生效，命令如下。

```
# sysctl --system
```
生成的配置文件可 scp 到其他节点
```
# cat /etc/sysctl.d/k8s.conf
# scp /etc/sysctl.d/k8s.conf k8s2:/etc/sysctl.d/
# scp /etc/sysctl.d/k8s.conf k8s3:/etc/sysctl.d/
```

在 Linux 中，CGroup 用于限制分配给进程的资源。kubelet 和底层容器运行时都需要对接控制组，以强制为 pod 和容器管理进程设置如 CPU 和内存等资源的请求和限制。若要对接控制组，kubelet 和容器运行时需要使用 CGroup 驱动。

设置 Docker 默认 CGroup 驱动为 systemd，命令如下。此处需注意 daemon.json 文件的书写格式，如果不是最后一行则需要在行尾添加逗号。

```
# cat /etc/docker/daemon.json
{
"exec-opts": ["native.cgroupdriver=systemd"]
}
```

重启服务，命令如下。

```
# systemctl daemon-reload
# systemctl restart docker
```

修改过的配置文件可跨节点复制到其他节点，命令如下。

```
# scp /etc/docker/daemon.json  k8s2:/etc/docker/
# scp /etc/docker/daemon.json  k8s3:/etc/docker/
```

修改 kubelet 的 CGroup，在 Environment 中添加--cgroup-driver = systemd，具体如下。

```
# systemctl status kubelet
# vi /usr/lib/systemd/system/kubelet.service.d/10-kubeadm.conf
[Service]
……
Environment="………--cgroup-driver=systemd"
```

当前 kubelet 还无法自动启动，下面设置开机自动启动，命令如下。

```
# systemctl enable kubelet
```

修改过的配置文件可跨节点复制到其他节点上，命令如下。

```
# scp /usr/lib/systemd/system/kubelet.service.d/10-kubeadm.conf k8s2:/usr/lib/
systemd/system/kubelet.service.d/
# scp /usr/lib/systemd/system/kubelet.service.d/10-kubeadm.conf k8s3:/usr/lib/
systemd/system/kubelet.service.d/
```

修改 pause 镜像下载地址，默认为境外地址，因此，这里在/usr/bin/cri-dockerd 后添加--pod-infra-container-image = registry.aliyuncs.com/google_containers/pause:3.8，具体如下。

```
# systemctl status cri-docker
# vi /usr/lib/systemd/system/cri-docker.service
[Service]
ExecStart=/usr/bin/cri-dockerd --pod-infra-container-image=registry.aliyuncs.com/
google_containers/pause:3.8 --container-runtime-endpoint fd://
```

重启 cri-docker 服务，命令如下。

```
# systemctl daemon-reload
# systemctl restart cri-docker
```

将修改过的配置文件可 scp 到其他节点，命令如下。

```
# scp /usr/lib/systemd/system/cri-docker.service k8s2:/usr/lib/systemd/system/
# scp /usr/lib/systemd/system/cri-docker.service k8s3:/usr/lib/systemd/system/
```

此时有 Docker 和 containerd 两个容器运行时，如果选择 containerd，则需要对 containerd 配置文件/etc/containerd/config.toml 进行一些类似内容的修改。在学习环境下，使用 Docker 即可。containerd 通常使用在生产环境中。

5. 初始化 Master 节点

执行 kubeadm init 命令进行集群的初始化，具体命令如下。

```
查看当前 kubeadm 版本，当前版本为 v1.28.15
# kubeadm version
```

```
# kubeadm init --apiserver-advertise-address=172.16.249.201 \
  --control-plane-endpoint=172.16.249.201  \
 --pod-network-cidr=10.244.0.0/16  \
 --service-cidr=10.245.0.0/16 \
 --image-repository registry.aliyuncs.com/google_containers \
 --ignore-preflight-errors=Swap \
 --Kubernetes-version=v1.28.15  \
 --cri-socket unix:///var/run/cri-dockerd.sock
```

初始化命令中参数说明如下。

- --apiserver-advertise-address：当前 Master 节点地址。

- --control-plane-endpoint：控制层面地址。当有一个 Master 节点时，即为当前 Master 节点地址。当有多个 Master 节点时，此地址为多个 Master 节点使用的负载均衡的地址。

- --pod-network-cidr：要分配给 pod 的地址。

- --service-cidr：要分配给 service 的地址。

- --image-repository：使用国内阿里云镜像仓库。

- --Kubernetes-version：版本信息。

- --cri-socket：指定容器运行时，由于存在 containerd 和 Docker 两种容器运行时，需要明确指定使用哪一个。在此使用 cri-docker 调用 Docker。选择使用 containerd 时设置为 unix:///var/run/containerd/containerd.sock。当只有 containerd 一种容器运行时的时候，此参数可以不使用。

完成初始化后，我们会看到一些输出信息，并得到需要执行的一些操作，以及集群其他 Master 节点和 Worker 节点加入集群的命令。

```
……
Your Kubernetes control-plane has initialized successfully!
To start using your cluster, you need to run the following as a regular user:
  mkdir -p $HOME/.kube
  sudo cp -i /etc/Kubernetes/admin.conf $HOME/.kube/config
  sudo chown $(id -u):$(id -g) $HOME/.kube/config
Alternatively, if you are the root user, you can run:
  export KUBECONFIG=/etc/Kubernetes/admin.conf
You should now deploy a pod network to the cluster.
Run "kubectl apply -f [podnetwork].yaml" with one of the options listed at:
  https://k***s.io/docs/concepts/cluster-administration/addons/
Then you can join any number of worker nodes by running the following on each
as root:
kubeadm join 172.16.249.201:6443 --token g6i6sk.n494vy2gecojribu \
        --discovery-token-ca-cert-hash
```

根据提示信息，创建访问集群的用户认证信息，具体命令如下。

```
# mkdir -p $HOME/.kube
# sudo cp -i /etc/Kubernetes/admin.conf $HOME/.kube/config
# sudo chown $(id -u):$(id -g) $HOME/.kube/config
```

配置 kubectl 命令自动补全，这对使用 kubectl 工具非常有帮助，具体如下。

```
# yum install -y bash-completion
# source <(kubectl completion bash)
# echo 'source <(kubectl completion bash)' >>~/.bashrc
```

使用以下命令查看节点信息。可以看出，当前只有一个节点。

```
# kubectl get node
NAME    STATUS     ROLES          AGE   VERSION
k8s1    NotReady   control-plane  12m   v1.28.15
```

6. 工作节点加入集群

将 Master 节点初始化完成后给出的提示信息复制到 Worker 节点执行即可。由于 Worker 节点也存在 containerd 和 docker 两种容器运行时，因此和 Master 节点一样，它也需要使用参数--cri-socket unix:///var/run/cri-dockerd.sock 指定所用容器运行时。

```
# kubeadm join 172.16.249.201:6443 --token g6i6sk.n494vy2gecojribu \
      --discovery-token-ca-cert-hash sha256:8a22ba07a1d38e427c96f70770ca5a4b
5c514416501471cc84c0b74593254968 --cri-socket unix:///var/run/cri-dockerd.sock
```

Worker 节点加入集群时需要 token 和 Master 节点 CA 证书采用 SHA256 编码的哈希值。系统默认 token 的有效期为 24 小时，过期之后，该 token 就不可用了，这时可以执行如下命令重新进行生成：

```
# kubeadm token list
# kubeadm token create
```

也可以使用以下命令生成一个永不过期的 token。

```
# kubeadm token create --ttl 0
```

获取 CA 证书哈希值的命令如下。

```
# openssl x509 -pubkey -in /etc/Kubernetes/pki/ca.crt | openssl rsa -pubin
-outform der 2>/dev/null | openssl dgst -sha256 -hex | sed 's/^.* //'
```

7. 查看集群，安装网络插件 Calico 和 Metric Server

（1）查看集群节点

首先使用以下命令查看集群节点，从结果中可以看到所有节点的状态为 NotRead。只有安装容器网络接口 CNI 插件，所有节点的状态才会正常。

```
# kubectl get node
NAME    STATUS    ROLES           AGE    VERSION
k8s1    NotReady  control-plane   28m    v1.28.15
k8s2    NotReady  <none>          14s    v1.28.15
k8s3    NotReady  <none>          4s     v1.28.15
```

使用以下命令查看命名空间。默认的命令空间有 default、kube-node-lease、kube-public 和 kube-system，如下所示。

```
# kubectl get namespaces
NAME              STATUS    AGE
default           Active    29m
kube-node-lease   Active    29m
kube-public       Active    29m
kube-system       Active    29m
```

使用以下命令查看所有 pod。从结果中可以看到 coredns 状态为 Pending（此处未展示），这是因为还没有安装 CNI 插件。

```
# kubectl get pod -A
```

（2）安装网络插件 Calico

Kubernetes 使用 CNI 作为网络提供商和 Kubernetes pod 网络之间的接口。CNI 是一个云原生计算基金会项目，它包含一些规范和库，用于编写在 Linux 容器中配置网络接口的一系列插件。CNI 只关注容器的网络连接，并在容器被删除时移除所分配的资源。

以下是一些常用的 K8S 网络插件。

- Flannel 是 K8S 网络常用的插件之一。它使用虚拟网络技术实现容器之间的通信，支持多种网络后端，如 VXLAN、UDP 和 Host-GW。
- Calico 是一种基于 BGP 的网络插件，它使用路由表来路由容器之间的流量，支持多种网络拓扑结构，并提供了安全性和网络策略功能。
- Canal 是一个组合了 Flannel 和 Calico 的网络插件，它使用 Flannel 来提供容器之间的通信，同时使用 Calico 来提供网络策略和安全性功能。
- Weave Net 是一种轻量级的网络插件，它使用虚拟网络技术来为容器提供 IP 地址，并支持多种网络后端，如 VXLAN、UDP 和 TCP/IP，同时还提供了网络策略和安全性功能。
- Cilium 是一种基于 eBPF（extended Berkeley packet filter）技术的网络插件，它使用 Linux 内核的动态插件来提供网络功能，如路由、负载均衡、安全性和网络策略等。

- Contiv 是一种基于 SDN 技术的网络插件，它提供了多种网络功能，如虚拟网络、网络隔离、负载均衡和安全策略等。
- Antrea 是一种基于 OVS（Open vSwitch）技术的网络插件，它提供了容器之间的通信、网络策略和安全性等功能，还支持多种网络拓扑结构。

我们选择安装 Calico 来帮助读者掌握安装步骤，具体如下。

```
# wget https://raw.github***t.com/projectcalico/calico/v3.29.0/manifests/tigera-operator.yaml
# kubectl create -f tigera-operator.yaml
查看部署情况
# kubectl get pod -n tigera-operator
NAME                                READY    STATUS     RESTARTS    AGE
tigera-operator-56b74f76df-dq5xp    1/1      Running    0           23s
# wget https://raw.github***t.com/projectcalico/calico/v3.29.0/manifests/custom-resources.yaml
修改 custom-resources.yaml 文件中的 cidr 地址，保持和初始化时分配给 pod 的地址一致。
blockSize 是每个节点的地址块，24 位即 24 位掩码地址块，可根据节点 pod 数进行设置
# vi custom-resources.yaml
spec:
  calicoNetwork:
    ipPools:
    - name: default-ipv4-ippool
      blockSize: 24
      cidr: 10.244.0.0/16
# kubectl create -f custom-resources.yaml
使用以下命令确认所有 pod 都在运行。等待每个 pod 都处于运行状态
# watch kubectl get pods -n calico-system
```

待 calico-system 命名空间中的 pod 就绪，Calico 插件就安装完了。这时查看节点状态。从运行结果中可以发现它已经为 Ready 了。

```
# kubectl get node
```

使用以下命令查看其他 pod，之后便可以看到所有 pod 的状态均为 Running 了。

```
# kubectl get pods -A
```

（3）安装 Metrics Server

Metrics Server 是 Kubernetes 监控体系中的核心组件之一。它负责从 kubelet 中收集资源指标，对这些指标监控数据进行聚合，并在 kube-apiserver 中通过 Metrics API 公开暴露它们。但是，Metrics Server 只存储最新的指标数据（CPU/内存），用户可以通过它获取集群当前指标，并根据设置好的值来横向扩容（hpa）或者纵向扩容（vpa）。

```
# wget https://g***b.com/Kubernetes-sigs/metrics-server/releases/download/v0.7.2/
```

```
components.yaml
# cat components.yaml | grep image
```

安装 Metric Server 所需的镜像无法从 GitHub 直接下载，建议从其他镜像站点（如华为云、阿里云）下载后使用 docker image tag 命令重命名使用或修改 yaml 文件中的 image 值。或下载镜像文件后在各个节点导入。

下面修改 deployment.yaml 新增 command 部分配置，具体如下。

```
# vi components.yaml
    image: gcr.io/k8s-staging-metrics-server/metrics-server:v0.7.1
    imagePullPolicy: IfNotPresent
    command:
    - /metrics-server
    - --kubelet-insecure-tls
    - --kubelet-preferred-address-types=InternalIP
    args:
      - --cert-dir=/tmp
      - --secure-port=10250
      - --kubelet-preferred-address-types=InternalIP,ExternalIP,Hostname
      - --kubelet-use-node-status-port
      - --metric-resolution=15s
```

应用 yaml 文件安装 Metrics Server，具体如下。

```
# kubectl apply -f components.yaml
# kubectl get pod -n kube-system | grep metrics-server
# kubectl get service -A
```

Metrics Server 运行正常后就可以查看节点和 pod 负载了，所用命令如下。

```
# kubectl top node
```

查看 pod 负载，命令如下。

```
# kubectl top pod -A
```

常用的一些其他命令，例如查看集群信息的命令如下。

```
# kubectl cluster-info
```

查看 Kubernetes 版本的命令如下。

```
# kubectl version
```

查看 Kubernetes 中支持的 api-version 的命令如下。

```
# kubectl api-versions
```

8. namespace

namespace（命名空间）是将一个物理的 Kubernetes 集群分割成多个逻辑空间，每个逻辑空间分配给一个用户或一个项目使用，从而实现多租户场景。

Kubernetes 中的资源基本是按命名空间划分的，例如 pod、deployment、service、pvc 等，只有极少数资源，像 pv（实际代表存储资源）这种对象并不属于任意一个 namespace。

namespace 本质上是 Linux 内核提供的一种内核级别的系统资源隔离方式。系统可以为不同进程分配不同的 namespace，并保证不同的 namespace 资源独立分配、进程彼此隔离，即不同 namespace 下的进程互不干扰。

Kubernetes 中有两个特别的 namespace。一个 namespace 是 kube-system，它是管理 namespace 的，主要作用是部署 Kubernetes 自身组件的命名空间。另一个 namespace 是 default，它是默认创建且不允许删除的空间，当操作资源不指定命名空间时，默认都在 default 中。Kubernetes 还可以针对不同的命名空间配置相应的网络策略，从而实现不同命名空间内容器网络的隔离。

查看 namespace 命令如下。

```
# kubectl get ns
```

创建一个新的 namespace，命令如下。

```
# kubectl create ns ns1
```

将默认命名空间切换到新的命名空间 ns1，命令如下。

```
# kubectl config set-context --current --namespace ns1
```

删除命名空间，命令如下。

```
# kubectl delete ns ns1
```

设置默认命名空间设置为 default，命令如下。

```
# kubectl config set-context --current --namespace default
```

6.5 Kubernetes 编排基础

6.5.1 pod 基础

在 Kubernetes 的容器编排中，pod 是 Kubernetes 里最小的调度单元，也是应用运行的载体。它是一个或多个容器的组合。整个 Kubernetes 系统都是围绕 pod 展开的，比如如何运行 pod、如何保证 pod 的数量、如何访问 pod 等。在图 6-10 中，高层各种应用最终都建立在底层 pod 的基础上。

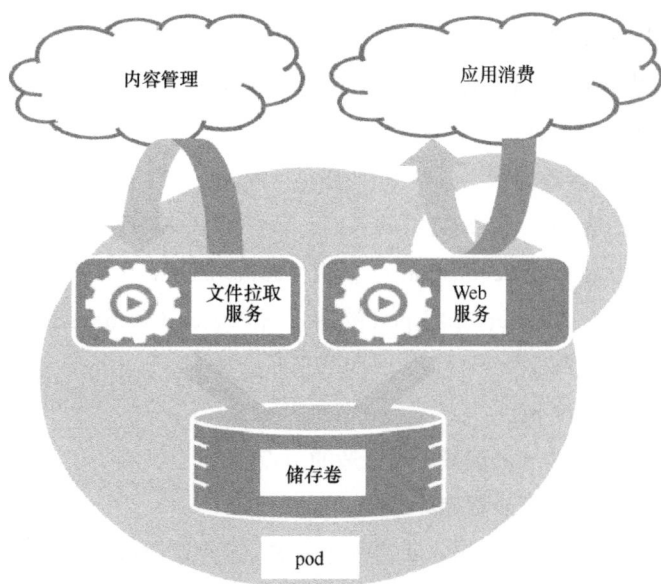

图 6-10   pod 是底层基本调度单元示意

在 Kubernetes 中，pod 是最小的调度单元，通常一个 pod 包含一个或多个相关的容器，是容器的一种延伸扩展，一个 pod 就是一个隔离体，而 pod 内部包含的多个容器又是共享的（包括 PID、Network、volume、IPC、UTS 等）。

pod 被分配到一个节点之后，直到被删除前都不会离开这个 Worker 节点。一旦某个 pod 失败，Kubernetes 会将其清理，然后 Replication Controller 会在其他机器或本机重建 pod。重建后，pod 的 ID 会发生变化，这是一个新 pod。

pod 的生命周期被定义为以下几个相位。

- pending：pod 已经被创建，但一个或多个容器还未被创建，其中包括 pod 调度阶段以及镜像的下载过程。
- running：pod 已被调度到 Worker 节点了，所有容器已经创建，并且至少有一个容器在运行或正在重启。
- succeeded：pod 中所有容器正常退出。
- failed：pod 中所有容器退出，至少有一个容器是一次退出的。
- unkown：pod 状体没有获得。这种情况发生在和 Worker 节点通信失败的情况下。

在 Kubernetes 中，Pod 创建涉及多个组件的协作，以下是核心组件的处理流程。

（1）用户提交 pod 定义

- 用户通过 kubectl 或其他客户端工具提交 pod 的 YAML 或 JSON 定义文件到 Kubernetes API Server。

（2）API Server 接收请求

- API Server 是 Kubernetes 集群的入口，负责接收并验证用户提交的请求。
- 请求通过认证（authentication）、授权（authorization）和准入控制（admission control）后，API Server 将 pod 的定义写入 etcd（Kubernetes 的分布式键值存储）。

（3）Scheduler 调度 pod

- Scheduler 负责为 pod 选择一个合适的节点。
- Scheduler 通过以下步骤完成调度。
  - 过滤（filtering）：根据 pod 的资源需求、节点资源可用性、污点与容忍度等条件，筛选出符合条件的节点。
  - 打分（scoring）：对过滤后的节点进行打分，选择最优节点。
  - 绑定（binding）：将 pod 与选定的节点绑定，并将绑定信息写回 etcd。

（4）kubelet 创建 pod

- 目标节点上的 kubelet（节点代理）通过监听 API Server，发现需要在本节点上创建的 pod。
- kubelet 执行以下操作。
  - 拉取镜像：从镜像仓库拉取 pod 所需的容器镜像。
  - 创建容器：调用容器运行时（如 Docker 或 containerd）创建容器。
  - 启动容器：启动容器并监控其状态。

（5）容器运行时运行 pod

- 容器运行时（如 Docker、containerd）根据 kubelet 的指令创建并运行容器。
- 容器运行时负责管理容器的生命周期，包括启动、停止和删除容器。

（6）kubelet 更新 pod 状态

- kubelet 持续监控 pod 的状态，并将状态信息上报给 API Server。
- API Server 将状态信息写入 etcd，用户可以通过 kubectl get pods 查看 pod 的状态。

这些核心组件的交互流程如图 6-11 所示。

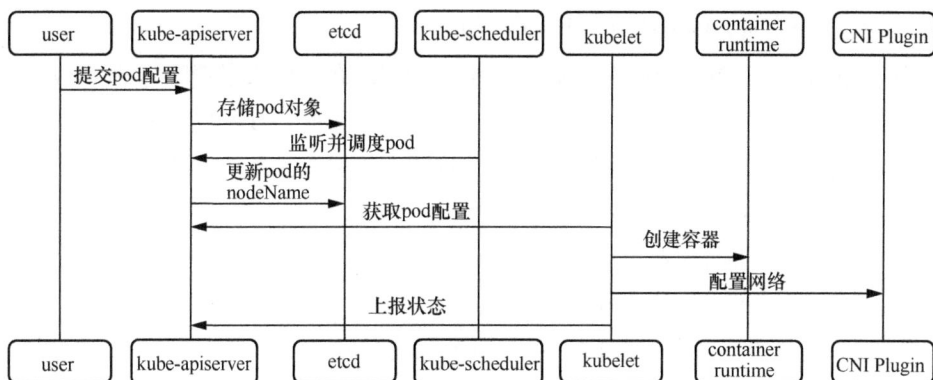

图 6-11 核心组件的交互流程

6.5.2 pod 基本操作

kubectl 命令行工具可以用来查询、创建、删除和更新 pod。kubectl 的实现原理是将用户的输入转换成对 API Server 的 RESTful API 调用，然后发起远程调用并输出调用结果，因此，我们可以认为 kubectl 是 API Server 的客户端管理工具。

kubectl 命令格式如下。

```
# kubectl [command] [options]
```

查看 pod 的命令如下。

```
# kubectl get pods
```

该命令是查看当前命名空间里的 pod，默认命名空间为 default。用户可以使用 -n 参数指定命名空间，还可以使用-A 或--all-namespaces 参数查看所有命名空间中的 pod。

```
# kubectl get pod -n kube-system
# kubectl get pod -A
```

创建 pod 命令行语法如下。

```
# kubectl run  podNmae  --image=ImageName:tag
```

该命令常用参数有以下 5 个。

- --image：用来指定 pod 使用的镜像，见上述命令。
- --labels：可以为 pod 指定标签，必须为键值对，语法为--label = key = value。若有多个标签，则可使用多个--label 选项。
- --env：用来指定容器里的变量，具体语法为--env = "变量名" = "值"。若指定多个变量，则可使用多个--env 选项。

- --port：指定容器中使用的端口，例如为 nginx 的 pod 设置端口--port = 80。
- --image-pull-policy：指定镜像下载策略。不设置时，该参数默认为 Always，即在创建 pod 时，即使镜像已经在本地存在仍重新下载。该参数还可以设置为 IfNotPresent，即优先使用本地镜像，如果本地没有才会去下载；另一个选项为 None，即本地存在镜像则创建 pod，否则不创建。

```
# kubectl run pod1 --image=nginx
```

这个命令里没有指定镜像下载策略，则默认使用 always，需要从网络去下载镜像，所以创建 pod 的时间会比较慢。通常可以在创建 pod 时加上镜像下载策略，选择并使用 IfNotPreset，让创建 pod 时优先使用本地镜像。

```
# kubectl run pod2 --image=nginx --image-pull-policy=IfNotPresent
```

创建完可以查看 pod 状态，命令如下。

```
# kubectl get pod
# kubectl describe pod pod1
# kubectl describe pod pod2
```

要查看此 pod 运行在哪个节点上，需要加-o wide 参数，命令如下。

```
# kubectl get pod -o wide
```

删除 pod 的命令如下。

```
kubectl delete pod podName --force
```

其中，--force 是可选项，它的作用是加快 pod 的删除速度。

```
# kubectl delete pod pod1
# kubectl delete pod pod2 --force
```

更多时候，用户在 Kubernetes 中使用 yaml 文件创建 pod，下面我们通过一个示例来了解一下在 Kubernetes 中广泛使用的 yaml 文件。yaml 文件中的内容是分级的，子级比父级缩进 2 个空格，或者子级的第一个字符位置可以用 "-" 开头，和父级对齐。

可以使用命令行生成一个 pod 的 yaml 文件，具体如下。

```
# kubectl run pod1 --image=nginx --dry-run=client -o yaml > pod1.yaml
```

这里--dry-run=client 的作用是模拟创建 pod，但并不是真的创建；-o yaml 的作用是以 yaml 文件格式输出，将结果重定向输出到 pod1.yaml 文件中。

查看 pod1.yaml 文件的命令如下。

```
# cat pod1.yaml
apiVersion: v1
kind: pod
metadata:
```

```
creationTimestamp: null
labels:
  run: pod1
name: pod1
spec:
containers:
- image: nginx
  name: pod1
  resources: {}
dnsPolicy: ClusterFirst
restartPolicy: Always
status: {}
```

在 pod 的 yaml 文件中，第一级常见的参数主要包括 apiVersion、kind、metadata、spec，它们的含义如下。

① apiVersion：指定 pod 的 API 版本，目前的值为 v1。

② kind：指定当前 yaml 文件要创建的类型，本示例中是 pod。

③ metadata：用于指定 pod 的元数据信息，其中包括 pod 的名字、标签、所在命名空间、创建时间等信息。

④ spec：定义容器及各种策略。

metadata 参数下常见的第二级参数包括 name、namespace、labels，其含义如下。

• name：用于定义 pod 的名字，该名字在同一个命名空间内须唯一。

• namespace：用于定义 pod 所在的命名空间。

• labels：用于定义 pod 的标签，定义标签的格式为 key:value。

spec 下常见的第二级参数包括 containers、restartPolicy、dnsPolicy。

• containers：定义容器。

• restartPolicy：定义 pod 的重启策略。

• dnsPolicy：定义 DNS 策略。

第二级参数下还会包括其他级参数。读者想要查看各级参数详细情况，可以使用 kubectl explain 命令。例如，想要查看 spec 下有多少选项，读者可以使用 kubectl explain pods.spec 命令；想查看 spec.containers 有多少选项，可以使用 kubectl explain pods.spec.containers。

使用 yaml 文件创建 pod 的命令语法如下。

```
kubectl create -f xxx.yaml
kubectl apply -f xxx.yaml
```

如果 pod 做了更新，即更新了 yaml 文件，直接执行如下命令。

```
# kubectl apply -f xxx.yaml
```

还可以对正在运行的 pod 的 yaml 文件进行编辑，命令如下。

```
# kubectl edit pod podName
```

在 pod1.yaml 文件的 spec 参数下添加二级参数 imagePullPolicy:IfNotPresent，之后执行以下命令更新 pod 状态。

```
# kubectl apply -f pod1.yaml
```

这里可以将 pod 容器想象为一个简易版操作系统，通过以下语法让 pod 执行一个命令。

```
# kubectl exec podName  -- command
```

例如，查看 pod1 里/etc/nginx 下的内容，命令如下。

```
# kubectl exec pod1 -- ls /etc/nginx
# kubectl exec pod1 -- cat /etc/nginx/nginx.conf
```

主机和容器之间相互复制文件使用 kubectl cp 命令，示例如下。

```
# kubectl cp /path1/file1  pod:/path2
# kubectl cp pod:/path2/    /path1/
# kubectl cp pod:/path2/file2  /path1/file2
```

下面两条命令演示了如何在主机操作系统和 pod 的容器操作系统之间复制文件。

```
# kubectl cp /etc/hosts pod1:/usr/share/nginx/html/
# kubectl cp pod1:/etc/nginx/conf.d/ /root/
```

进入 pod，并获取 bash。

```
# kubectl exec -ti pod1 -- bash
```

如果 pod 中有多个容器，则默认进入第一个容器。如果要进入指定容器，则需要加参数-c 指定容器名称。

查看 pod 属性，命令如下。

```
# kubectl describe pod pod1
```

查看 pod 输出，命令如下。

```
# kubectl logs pod1
```

如果一个 pod 中有多个容器，则需要使用-c 参数指定查看哪个容器的输出。

除了使用 kubectl delete pod 命令，我们还可以通过 yaml 文件来删除 pod，命令如下。

```
# kubectl delete -f pod1.yaml
```

有关 pod 的 yaml 文件更多的内容，读者可参考配套资源中 pod-yaml.png 文件的内容。

6.5.3 静态 pod

正常情况下，pod 由控制节点统一管理调度。静态 pod 是指不是由控制节点创建和控制而是在 Worker 节点上由 kubelet 自动创建的 pod。例如，使用 kubeadm 安装的 Kubernetes 中的 kube-apiserver、kube-scheduler 等组件都是以 pod 的方式运行的，它们都是静态 pod。

查看 Master 节点上的静态 pod 路径，命令如下。

```
# cat /var/lib/kubelet/config.yaml | grep static
staticpodPath: /etc/Kubernetes/manifests
# ls /etc/Kubernetes/manifests/
etcd.yaml  kube-apiserver.yaml  kube-controller-manager.yaml
kube-scheduler.yaml
```

如果在 Master 节点的/etc/Kubernetes/manifests/路径下创建一个 pod 的 yaml 文件，该节点就会生成一个静态 pod。

6.5.4 标签

当创建一个 pod 时，Master 节点会根据自己的算法调度 pod，让它运行在某个节点上。只有在 pod 创建之后，用户才能查看到 pod 运行的具体位置。

如果要指定 pod 运行在某一特定的节点，用户可以使用 nodeSelector，让 pod 运行在含有特定标签的节点之上。

实际上，标签(label)的键值对可以附加到系统中的任何 API 对象上，即 Kubernetes 集群中的任意 API 对象都可以通过标签进行标识。每个对象可以有多个标签，但每个标签的键（ key ）只能有唯一一个值（ value ）。我们可以通过 label selector（标签选择器），或者标签选择来筛选满足要求的对象。

给节点设置标签的命令语法为：

```
# kubectl label node 节点名  key=value
```

删除节点标签的命令语法为：

```
# kubectl label node 节点名  key-
```

查看所有节点标签的语法为：

```
# kubectl get nodes --show-labels
```

查看特定节点标签的语法为：

```
# kubectl get nodes k8s2 --show-labels
```

　　特殊标签 node-role.Kubernetes.io/用于设置 kubectl get nodes 命令中 ROLES 列的显示，如下所示。在本书实验中，k8s1 节点因为系统自动设置了 node-role.Kubernetes.io/control-plane，所以在 ROLES 下显示 control-plane。

```
# kubectl label nodes k8s1 node-role.Kubernetes.io/master=k8s1
# kubectl label nodes k8s2 node-role.Kubernetes.io/worker=k8s2
# kubectl label nodes k8s3 node-role.Kubernetes.io/worker=k8s3
# kubectl get nodes
NAME     STATUS   ROLES                    AGE    VERSION
k8s1     Ready    control-plane,master     134m   v1.28.15
k8s2     Ready    worker                   106m   v1.28.15
k8s3     Ready    worker                   106m   v1.28.15
```

　　如果希望 pod 运行在特定节点上，则可通过 yaml 文件中的 spec 参数下的二级参数 nodeselector 进行设置，如下所示。

```
# vi pod-label.yaml
apiVersion: v1
kind: pod
metadata:
  namespace: default
  labels:
    run: pod-label
  name: pod-label
spec:
  nodeSelector:
    node-role.Kubernetes.io/worker: k8s3
  containers:
  -image: nginx
    imagePullPolicy: IfNotPresent
    name: pod-label
    resources: {}
  dnsPolicy: ClusterFirst
  restartPolicy: Always
status: {}
```

　　创建一个新 pod，让其运行在 K8S 节点上，命令如下。

```
# kubectl apply -f pod-label.yaml
```

　　查看 pod 运行的节点，命令如下。从运行结果可以看出，K8S3 节点上已有一个新的 pod 正在运行。

```
# kubectl get pod -o wide
```

　　如果 nodeselector 中指定了标签，但是不存在含有这个标签的节点，那么这个 pod 是无法创建的，它的状态为 pending。

6.5.5 工作负载

在 Kubernetes 里，pod 遵循预定义的生命周期。一个 pod 被创建后，若节点故障或其他原因导致死机，则它不会自动重启，所以单个 pod 是不稳定、不健壮的，因此我们通常不会直接使用单个 pod 提供业务，也不会直接管理每个 pod，而是使用工作负载（WorkLoad）来管理一组 pod。

Kubernetes 提供了 4 个内置的工作负载资源，包括 Deployment 和 ReplicaSet、DaemonSet、StatefulSet、job 和 CronJob。下面依次介绍这 4 个工作负载资源。

1．Deployment 和 ReplicaSet

Kubernetes 使用副本的概念，将一组功能相同的 pod 作为一个集合进行管理，给具有相同功能的这一组 pod 打上相同的标签。副本集（replication set，RS）通过标签选择器关联这些 pod。RS 最重要的属性是副本数，用来定义 RS 中 pod 的数量。RS 早期的版本叫作副本控制器（replication controller，RC），RS 是新一代的 RC。但是，RS 通常并不直接使用，而是通过 Deployment 进行管理，在创建 Deployment 的时候，Kubernetes 会自动创建 RS，在删除 Deployment 时候也会相应地回收 RS。Deployment 支持滚动升级、回滚及扩容等操作。

RS 和 Deployment 适用于无状态应用。无状态应用的特性是应用的每个副本都是等价的且是可替换的，替换的过程不需要数据迁移。当计算节点因故障而失效时，该节点上运行的 pod 会被驱逐，从而使实际运行的 pod 数与用户期望的数产生偏差，这时 RS 和 Deployment 会创建新的 pod，以确保上述二者一致。这个机制确保了 Kubernetes 天然具有故障转移的特性，用户可以通过修改副本数对应用进行扩缩容，并且支持用户基于 CPU、内存等指标设置自动扩容策略。

（1）创建 Deployment

Deployment 既可以通过命令行创建，也可以使用 yaml 文件创建。创建 Deployment 的语法如下。

```
# kubectl create deployment 名称 --image=镜像 --replicas=副本数
```

例如：

```
# kubectl create deployment dp1 --image=nginx --replicas=3
# kubectl get deployments.apps
# kubectl get pod -o wide
```

运行命令后，我们会看到生成 3 个 pod，并分布在所有工作节点之上，并且这些 pod 具有一样的标签。查看 pod 标签的命令如下。

```
# kubectl get pod --show-labels
```

删除 Deployment 的命令如下。

```
# kubectl delete deployments.apps dp1
```

我们也可以用命令行生成 Deployment 的 yaml 文件，具体如下。

```
# kubectl create deployment dp1 --image=nginx --dry-run=client -o yaml >
dp1.yaml
# cat dp1.yaml
apiVersion: apps/v1
kind: Deployment
metadata:
  creationTimestamp: null
  labels:                     # deployment 自身的标签
    app: dp1
  name: dp1
spec:
  replicas: 1                 # 副本数
  selector:
    matchLabels:             # 选择匹配特定标签的 pod
      app: dp1
  strategy: {}
  template:
    metadata:
      creationTimestamp: null
      labels:                 # pod 自身标签
        app: dp1
    spec:
      containers:
      - image: nginx
        name: nginx
        resources: {}
status: {}
```

在 Deployment 的 yaml 文件中，kind 的值为 Deployment，表示该 yaml 文件为 deployment 类型文件。在 metadata 下，labels 表示 Deployment 自身标签，它可以和后面的标签不一致。

在 spec 下，replicas 定义了该 Deployment 的副本数；selector 匹配的标签要和后面 pod 标签保持一致；teplate 下的 metadata 的 labels 定义了 pod 的标签。

修改该 yaml 文件，副本数 replicas 修改为 3，并在 image 后增加镜像下载策略 imagePullPolicy 为 IfNotPresent。然后创建此 Deployment，命令如下。

```
# kubectl apply -f dp1.yaml
```

查看结果。

```
# kubectl get pod -o wide --no-headers
dp1-7f76d7b46b-4lqmq  1/1  Running  0  27s  10.244.24.11  k8s3  <none>  <none>
dp1-7f76d7b46b-bsdcw  1/1  Running  0  27s  10.244.16.8   k8s2  <none>  <none>
dp1-7f76d7b46b-f2r72  1/1  Running  0  27s  10.244.24.10  k8s3  <none>  <none>
```

删除任意一个 pod，Deployment 控制器会重新生成一个新的 pod。

如果节点死机，Master 节点仍然会等待 pod 恢复一定时间。但是，超时后 Master 节点会对故障节点的 pod 执行删除操作，并在其他可用节点上重新生成新的 pod，以满足副本数要求。此时，故障节点的 pod 状态为 terminating。待故障节点恢复，这些出于 terminating 的 pod 才会被删除，并不会影响已经重新生成正在运行状态的 pod。节点死机的等待时间是由 node-monitor-period、node-monitor-grace-period 和 pod-eviction-timeout 三部分决定的，默认时长分别为 5 s、40 s 和 300 s。node-monitor-period 是 Master 节点定期检查 node 的时间间隔；node-monitor-grace-period 是判断节点故障的时间窗口；pod-eviction-timeout 是节点故障时允许 pod 在故障节点的保留时间，超过该时间，开始在其他节点重建 pod。

删除 Deployment 也可以使用 kubectl delete -f xx.yaml 命令。

（2）修改 Deployment 副本数

我们可以使用以下 3 种方式修改 Deployment 副本数，第一种为命令行方式，使用 kubectl scale 命令，语法为：

```
# kubectl scale deployment  名称  --replicas=副本数
```

查看当前命名空间的 deployment，命令如下。

```
# kubectl get deployments.apps
```

采用命令行方式修改 dp1 副本数为 5，命令如下。

```
# kubectl scale deployment dp1 --replicas=5
```

使用以下命令查看结果，可以看到 pod 运行的副本已经变成 5 个了。

```
# kubectl get deployments.apps
# kubectl get pods
```

第二种修改 deployment 的方式为编辑 deployment，具体如下。

```
# kubectl edit deployments.apps dp1
```

在文件中找到 replicas 字段，将其值修改为 2，保存退出后修改生效。

查看结果。

```
# kubectl get deployments.apps
# kubectl get pod
```

第三种修改 deployment 的方式为修改 yaml 文件，然后让其生效，具体如下。

```
# vi dp1.yaml
……
spec:
  replicas: 4
……
# kubectl apply -f dp1.yaml
```

查看结果。

```
# kubectl get deployments.apps
# kubectl get pods
```

（3）deployment 镜像的升级和回滚

我们在实际应用中经常会遇到镜像升级。镜像的升级和修改副本数一样，也有 3 种方式。使用命令行方式升级可以记录镜像变更的信息，如果升级后的镜像运行有问题，可以很快的回滚恢复到之前的版本。

命令行升级 deployment 里镜像的语法如下。

```
# kubectl set image deployment/名字    容器名=镜像   <--record>
```

其中，--record 是可选的，用于把更新记录下来。

查看当前 deployment，语法如下。

```
# kubectl get deployments.apps
# kubectl set image deployment/dp1 nginx=nginx:1.22
# kubectl get deployments.apps -o wide
```

如果升级时加了--record 参数，则系统会自动记录升级变更。

```
# kubectl set image deployment/dp1 nginx=nginx:1.22 --recordd
# kubectl set image deployment/dp1 nginx=nginx:1.23 --record
```

查看镜像升级记录。

```
# kubectl rollout history deployment dp1
deployment.apps/dp1
REVISION   CHANGE-CAUSE
1          <none>
2          kubectl set image deployment/dp1 nginx=nginx:1.22 --record=true
3          kubectl set image deployment/dp1 nginx=nginx:1.23 --record=true
```

如果需要回滚到前一次，可以使用如下命令。

```
kubectl rollout undo deployment 名字
# 或 kubectl rollout undo deployment 名字 --to-revision=版本
```

例如，要回滚到 1.22 版本那次，则使用如下命令。

```
# kubectl rollout undo deployment --to-revision=2
# kubectl get deployments.apps -o wide
```

回滚到之前版本，使用如下命令。

```
# kubectl rollout undo deployment dp1
# kubectl get deployments.apps -o wide
```

Deployment 可能会有多个 pod，使用滚动更新不是一次性全部更新，而是先更新几个 pod 镜像，再更新几个，直至将所有 pod 全部更新完毕。

rollingUpgrade 主要涉及两个参数：maxSurge 和 maxUnavailable。

maxSurge：指定一次创建几个 pod，其值可以是百分数，也可以是具体数字。

maxUnavailable：用来指定最多删除几个 pod，其值可以是百分数，也可以是具体数字。示例如下。

```
# kubectl edit deployments.apps dp1
spec:
  strategy:
    rollingUpdate:
      maxSurge: 25%
      maxUnavailable: 25%
type: RollingUpdate
```

默认值为 25%，读者将其值可修改为 1 进行查看，即变更镜像时删除一个 pod 创建一个 pod。

（4）水平自动更新 HPA

通常 Deploymeng 的 pod 是在创建时就定义的，而在现实中应用的负载是由客户端访问量决定的。如果设置的 pod 太多会浪费一定的系统资源，设置少了又不能满足高并发时的需求，因此，我们可以使用水平自动更新，通过检查 pod 的 CPU 或内存负载情况通知 Deployment 变更 pod 的数量，从而实现弹性扩展。

将当前 Deployment 副本数修改为 1，并设置每个容器的资源限制。

```
# kubectl get deployments.apps
# kubectl edit deployments.apps dp1
......
  replicas: 1
......
    containers:
    - image: nginx:1.23
      imagePullPolicy: IfNotPresent
      name: nginx
      resources:
        requests:
          cpu: 500m
......
```

Kubernetes 中使用 resources 限制资源的使用，这里的限制可以针对 CPU 和内存。1 个 CPU 核（core）按 1000 个微核对待，即 1 core = 1000 m，500 m 即 0.5 个 CPU 核。通常使用 requests 来设置 pod 所在节点的最低配置，使用 limits 来设置 pod 能使用的最多资源。针对命名空间还可以限制 pod 数、service 数等诸多资源。

创建 HPA 命令语法为：

```
# kubectl autoscale deployment 名字 --min=M --max=N --cpu-percent=X
```

设置 Deployment 运行的最小 pod 数位 M 个，确保每个 pod 的 CPU 最大利用率不超过 $X\%$，否则就扩展 pod 副本数。

查看当前是否有 HPA 配置，命令如下。

```
# kubectl get hpa
```

创建 HPA，设置 dp1 最少运行 1 个 pod，最多运行 10 个 pod；CPU 利用率不超过 60%，命令如下。

```
# kubectl autoscale deployment dp1 --min=1 --max=10 --cpu-percent=60
```

查看 HPA，命令如下。

```
# kubectl get hpa
NAME    REFERENCE       TARGETS         MINPODS   MAXPODS    REPLICAS    AGE
dp1     Deployment/dp1  <unknown>/60%   1         10         0           14s
```

查看 pod，命令如下。

```
# kubectl get pod
```

测试 HPA，使用 NodePort 这种方式为 Deployment 向集群外暴露服务，命令如下。

```
# kubectl expose deployment dp1 --port=80 --target-port=80 --type=NodePort
# kubectl get svc
NAME            TYPE        CLUSTER-IP      EXTERNAL-IP     PORT(S)         AGE
dp1             NodePort    10.245.33.128   <none>          80:30119/TCP    14s
```

集群外部直接访问集群中任一节点的 30119 端口就能访问该服务了，集群内部可以通过 CLUSTER-IP 直接访问。

安装 ab 工具模拟压力测试，命令如下。

```
# yum install -y httpd-tools
# ab -t 600 -n 100000 -c 10000 http://172.16.249.203:30119/index.html
```

查看 HPA 运行情况，命令如下。

```
# kubectl get hpa
# kubectl get pod
# kubectl top pod
```

随着压测的进行，pod 数会自动扩展增加。待压测结束，经过一段时间 pod 数会逐渐减少，直至最小设置数。这个时间默认为 5 min，目的是防止 pod 数的抖动。

2. DaemonSet

DaemonSet 和 Deployment 类似，也是 pod 的控制器，区别在于 DaemonSet 会在所有节点上创建一个 pod，即有几个节点就创建几个 pod，每个节点只有一个 pod。例如 kube-proxy 就是由 DaemonSet 控制的 pod。

DaemonSet 一般用于监控、日志等，每个节点运行一个 pod，这样可以收集所在主机的监控和日志信息。

首先，我们创建一个 Deployment 的 yaml 文件，命令如下。

```
# kubectl create deployment ds1 --image=busybox --dry-run=client -o yaml
--sh -c "sleep 10000"> ds1.yaml
```

其次，使用 vi 命令修改该 yaml 文件内容，具体如下。

```
# vi ds1.yaml
apiVersion: apps/v1
kind: DaemonSet
metadata:
  labels:
    app: ds1
  name: ds1
spec:
  selector:
    matchLabels:
      app: ds1
  template:
    metadata:
      labels:
        app: ds1
    spec:
      containers:
      - command:
        - sh
        - -c
        - sleep 10000
        image: busybox
        imagePullPolicy: IfNotPresent
        name: busybox
        resources: {}
```

再次，应用此 yaml 文件。

```
#  kubectl apply -f ds1.yaml
```

最后，查看结果。

```
# kubectl get daemonsets.apps
# kubectl get pod -o wide
```

可以看到，DaemonSet 生成的 pod 在每一个 Worker 节点上运行（Master 节点有污点，所以没有运行的 pod）。

3. StatefulSet

StatefulSet 运行一个或多个以某种方式跟踪状态的相关 pod。如果工作负载持续记录数据，则可以运行一个 StatefulSet，并将每个 pod 与同一个 PersistentVolume 相匹配。在该 StatefulSet 中，pod 运行的代码可以将数据复制到同一 StatefulSet 中的其他 pod，以提高整体弹性。

StatefulSet 管理有状态应用，它管理的每个 pod 都是独特的，每个 pod 有不同的配置、数据、网络标识等。有状态的应用管理要比无状态副本集的管理复杂一些，当 StatefulSet 中的 pod 被替换后，需要进行重新配置，将数据和身份标识等一并恢复。

与 Deployment 类似，StatefulSet 管理基于相同容器规约的一组 pod。但和 Deployment 不同的是，StatefulSet 为每个 pod 维护了一个有黏性的 ID。这些 pod 是基于相同的规约来创建的，但是不能相互替换，无论怎么调度，每个 pod 都有一个永久不变的 ID。

StatefulSet 对于需要满足以下一个或多个需求的应用程序来说，很有价值。

① 稳定的、唯一的网络标识符；

② 稳定的、持久的存储；

③ 有序的、优雅的部署和扩缩；

④ 有序的、自动的滚动更新。

StatefulSet 有以下使用限制。

① 给定 pod 的存储必须由 persistentVolume provisioner 基于所请求的 storage class 来制备，或者由管理员预先制备。

② 删除或者扩缩 StatefulSet 并不会删除与它关联的存储卷。这样做是为了保证数据安全，它通常比自动清除 StatefulSet 所有相关的资源更有价值。

③ StatefulSet 当前需要 Headless 服务来负责 pod 的网络标识，用户负责创建此服务。

④ 当删除一个 StatefulSet 时，该 StatefulSet 不提供任何终止 pod 的保证。为了实现 StatefulSet 中的 pod 可以有序且体面地终止，可以在删除之前将 StatefulSet 缩容到 0。

⑤ 在默认 pod 管理策略（orderedready）时使用滚动更新，可能进入需要人工干预才能修复的损坏状态。

⑥ 部署和扩缩保证。

⑦ 对于包含 N 个副本的 StatefulSet，当部署 pod 时，它们是依次创建的，顺序为 0，…，N−1。

⑧ 当删除 pod 时，它们是逆序终止的，顺序为 N−1，…，0。

⑨ 在将扩缩操作应用到 pod 之前，它前面的所有 pod 必须是运行状态和准备状态。

⑩ 在一个 pod 终止之前，所有的继任者必须完全关闭。

下面展示几个 StatefulSet 的使用示例。

① 创建一个 headless 服务

```
# vi headless-nginx.yaml
apiVersion: v1
kind: Service
metadata:
  name: nginx
  labels:
    app: nginx
spec:
  ports:
  - port: 80
    name: web
  clusterIP: None
  selector:
    app: nginx
# kubectl apply -f headless-nginx.yaml
# kubectl get service
```

② 创建 StatefulSet

```
# vi stateful-nginx.yaml
apiVersion: apps/v1
kind: StatefulSet
metadata:
  name: nginx
spec:
  selector:
    matchLabels:
      app: nginx
  serviceName: "nginx"
  replicas: 3
```

```
minReadySeconds: 10
template:
  metadata:
    labels:
      app: nginx
  spec:
    terminationGracePeriodSeconds: 10
    containers:
    - name: nginx
      image: nginx:latest
      imagePullPolicy: IfNotPresent
      ports:
      - containerPort: 80
        name: web
```

③ 应用上述 yaml 文件，查看 pod 运行结果

```
# kubectl apply -f stateful-nginx.yaml
# kubectl get statefulsets.apps
# kubectl get pod
NAME                    READY      STATUS       RESTARTS      AGE
nginx-0                 1/1        Running      0             2m43s
nginx-1                 1/1        Running      0             2m23s
nginx-2                 1/1        Running      0             2m3s
```

4. Job 和 CronJob

为了执行批处理任务，Kubernertes 引入了 Job 的概念。批处理 Job 的核心参数是执行完成数和并行数，其中，完成数是指这组 Job 需要完成的任务数，并行数指允许几个任务同时执行。例如，一组爬虫任务，每个任务都是放到一个容器里面执行，完成数指需要多少个容器完成爬取任务，而并行数指同时有多少个容器在执行这个任务。CronJob 可以定时触发任务的执行，通过 Cron 表达式定义任务的执行周期。读者如果有在 Linux 平台使用 Crotab 的经验，则对定时任务应该并不陌生。

下面展示一个计算圆周率小数点后 2000 位的 Job 例子。

```
# kubectl create job job2 --image=perl -- perl -Mbignum=bpi -wle 'print bpi(2000)'
# kubectl get job
NAME    COMPLETIONS    DURATION    AGE
job2    1/1            14s         2m18s
# kubectl get pod
NAME                    READY      STATUS       RESTARTS      AGE
job2-8bq6n              0/1        Completed    0             60s
```

查看计算结果。

```
# kubectl logs job2-8bq6n
```

6.5.6　Kubernetes Service 详解

1．Service 基础

Service 是 Kubernetes 的核心概念，通过创建 Service 可以为同一组具有相同功能的容器应用提供一个统一的入口地址，并将请求进行负载均衡分发到后端的各个容器应用之上。

Service 是一个虚拟概念，逻辑上代理后端 pod。pod 的生命周期短，状态不稳定，pod 异常后生成的 pod IP 地址会发生变化，之前的 pod 访问方式均不可用。通过 Service 对 pod 做代理，因为 Service 有固定的 IP 地址和 Port，IP:Port 组合根据 pod 的标签自动关联到后端 pod。即使 pod 发生改变，Kubernetes 内部会自动更新这组关联关系，使得 Service 能够匹配到新的 pod。这样，通过 Service 提供的固定 IP 地址，用户再也不用关心需要访问哪些 pod，以及 pod 是否发生改变，从而大大提高了应用的服务质量。如果 RC 创建了多个副本，Service 代理多个 pod，通过 Kube-proxy 实现负载均衡。负载均衡原理如图 6-12 所示。

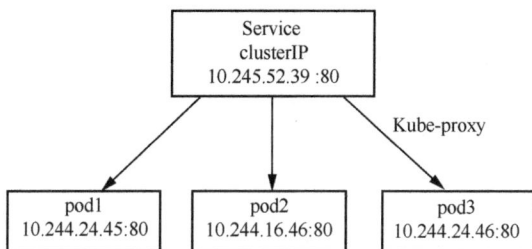

图 6-12　基于 Service 的负载均衡原理

Service 是通过标签来定位 pod 的。Deployment 创建出来的 pod 都具有相同的标签。

服务的定义有两个重要属性：Service Selector 和 Ports。为降低 Kubernetes 对象之间的耦合度，Kubernetes 允许将 pod 对象通过标签进行标记，并通过 Service Selector 定义基于 pod 标签的过滤规则，以便服务的上游应用实例。对于 Deployment 对象，Service 选择所有标签中含有 app = dp1 的 pod 作为上游服务器。Ports 属性中定义了服务的端口、协议、目标端口等信息。

创建 service 语法如下。

```
# kubectl expose deployment 名称 --name=服务 --port=端口 --target-port=端口
```

如果不使用--name 指定服务名，则服务名保持和 deployment 相同。--port 指 service 的端口，这个端口会把请求直接转发给后端的 pod。--target-port 是后端 pod 里应用的服务端口。

如果是为 pod 创建服务，语法为：

```
# kubectl expose pod podname --name=svcname --port=端口 --target-port=端口
```

使用命令行创建服务，示例如下。

```
# kubectl expose deployment dp1 --name=svc1 --port=80 --target-port=80
```

查看服务命令如下。

```
# kubectl get svc  -o wide
NAME      TYPE        CLUSTER-IP      EXTERNAL-IP      PORT(S)    AGE      SELECTOR
svc1      ClusterIP   10.245.52.39    <none>           80/TCP     8m4s     app=dp1
```

查看服务的详情，命令及运行结果如下。

```
# kubectl describe svc svc1
Name:               svc1
Namespace:          default
Labels:             app=dp1
Annotations:        <none>
Selector:           app=dp1
Type:               ClusterIP
IP Family Policy:   SingleStack
IP Families:        IPv4
IP:                 10.245.52.39
IPs:                10.245.52.39
Port:               <unset>  80/TCP
TargetPort:         80/TCP
Endpoints:          10.244.16.46:80,10.244.24.45:80,10.244.24.46:80
Session Affinity:   None
Events:             <none>
```

svc1 使用了默认服务类型（Type）ClusterIP。IP 地址为 10.245.52.39，可供集群内部直接访问。服务的端口是 80，使用标签（Labels）app＝dp1 匹配了 Depolyment 的 3 个端点，即后端 3 个 pod 的 IP 地址和服务端口。如果 Depolyment 扩展了副本，则新生成的 pod 也具有标签 app＝dp1，svc1 会动态地更新端点，而不用考虑 pod 的 IP。

更多时候使用 yaml 文件来创建 Service，当前 svc 的 yaml 文件为：

```
apiVersion: v1
kind: Service
metadata:
  name: svc1
```

```
spec:
  clusterIP:
  ports:
  - port: 80
    protocol: TCP
    targetPort: 80
  selector:
app: dp1
```

其中的 clusterIP 一般不指定，由系统自动分配。

删除 service 的命令语法为：

```
# kubectl delete svc 服务名
```

2. 集群内访问服务 Service

集群内访问服务可直接访问 CluseterIP 或服务名，使用服务名时同一命名空间内直接访问服务名，不同命名空间在服务名后需要加".命名空间名"。

ClusterIP 在集群内是网络可达的，但不会响应 ARP，这意味着 clusterIP 类型的服务地址的 ping 请求都会失败。发送给 Service 的请求都会被转发给后端的发布点，即实际响应请求的都是后端真正运行应用的 pod。

集群内使用服务名访问是通过集群内的 coreDNS 解析实现的。整个 Kubernetes 集群里，任意命名空间的服务都会自动到 coreDNS 去注册，coreDNS 会为集群内所有的 service 创建完全限定域名（fully qualified domain neme，FQDN）格式为 $svcname.$namespace.svc.$clusterdomain。例如 svc1 的完整域名为 svc1.default.svc.cluster.local，它对应的 IP 地址为 10.245.52.39。访问该服务，它会将请求以负载均衡的方式转发给后端的 3 个 pod。

Kubernetes 中还有一类 Headless 服务，这类服务在创建时 spec 显式指定 clusterIP 为 None，API Server 不会为其分配 clusterIP。corcDNS 会为此类服务创建多条 A 记录，并且目标为每个就绪的 podIP。每个 pod 会拥有一个 FQDN 格式为 $podname.$svcname.$namespace.svc.$clusterdomain 的 A 记录指向 podIP。

3. 向集群外暴露服务

Kubernetes 集群上的应用服务被集群外部访问主要通过 3 种方式：NodePort、LoadBalancer 和 Ingress。

（1）NodePort

NodePort 是外部访问 Kubernetes 集群上运行的应用服务的基本方式。NodePort

在集群所有节点上开放特定端点，该端口的流量将被转发到对应的服务上。NodePort
服务方式如图 6-13 所示。

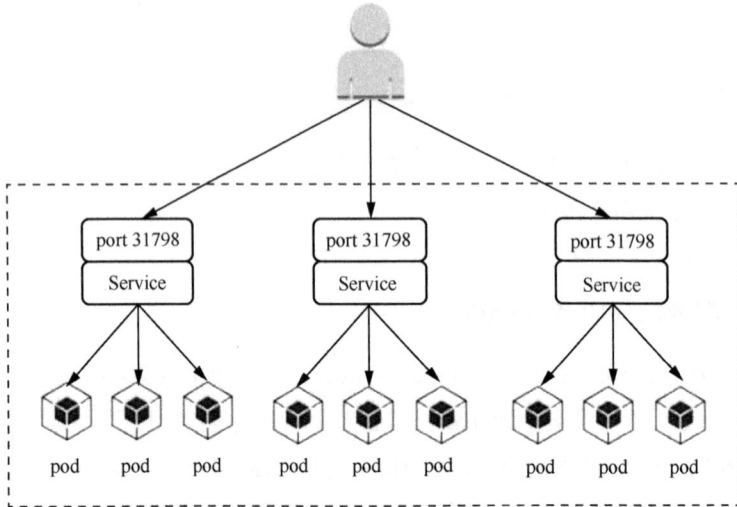

图 6-13　NodePort 服务方式

NodePort 服务的 yaml 文件内容如下。

```
apiVersion: v1
kind: Service
metadata:
  labels:
    app: dp1
  name: svc1
spec:
  clusterIP:
  type: NodePort
  ports:
  - port: 80
    protocol: TCP
    targetPort: 80
    nodePort:
  selector:
    app: dp1
  type: NodePort
```

其中的 clusterIP 和 NodePort 通常不指定，由系统自动分配。

节点上对外暴露服务的是 NodePort，映射 pod 的端口还可以选择协议为 TCP 或
UDP。如果不具体指定端口，集群会从默认端口（30000～32767）中选择一个随机端

口。当服务被定义为 NodePort 类型后，每个节点的 kube-proxy 会尝试在服务分配的 NodePort 上建立侦听器接收请求，并转发给服务对应的后端 pod 实例。

NodePort 方式有以下不足。

① 每个服务占用一个端口。

② 可以使用的默认端口范围为 30000～32767（可以通过 api-server 启动参数 service-node-port-range 进行参数修改）。

③ 如果节点地址发生变化，则需要进行相应处理。

④ 有些场景出于安全考虑，节点 IP 地址不一定处于外部网络可达。由于使用的都是非标准大端口，系统可能需要额外的防火墙配置。

在生产环境中，一般不会使用直接暴露端口的这种方式，多是临时使用和演示时使用。

使用命令行创建服务，比默认 clusterIP 方式多了 "--type NodePort" 项。

```
# kubectl expose deployment dp1 --name svc2 --port=80 --target-port=80
--type NodePort
```

查看服务的命令和运行结果如下。

```
# kubectl get svc
NAME            TYPE         CLUSTER-IP      EXTERNAL-IP      PORT(S)        AGE
Svc2            NodePort     10.245.19.109   <none>           80:31798/TCP   4m27s
```

通过任一节点的 31798 端口都可以访问到 pod 的服务。

（2）LoadBalancer

LoadBalancer 方式需要安装第三方软件，如 metallb，如果通过 LoadBalancer 方式发布服务，每个 service 会获取到一个外部路由可达的 IP，所以需要部署一个地址池，用于给 service 分配 IP。这些地址可以是通过二层或三层网络和外部网络互联。

修改 kube-proxy 开启二层网络支持，命令如下。

```
# kubectl edit configmaps -n kube-system kube-proxy
修改 strictARP: true
```

下载部署 metallb 所需的 yaml 文件，下载命令如下。

```
# mkdir ~/metallb
# cd ~/metallb
# wget https://raw.g***t.com/metallb/metallb/v0.14.8/config/manifests/metallb-
native.yaml
```

部署 metallb，命令如下。

```
# kubectl apply -f metallb-native.yaml
```

可以修改配置文件，在镜像后添加 imagePullPolicy: IfNotPresent 然后进行部署。

查看信息的命令如下。

```
# kubectl get deployments.apps  -n metallb-system
# kubectl get pod -n metallb-system
```

创建一个外部地址池，命令如下。

```
# vi ipaddresspool.yaml
apiVersion: metallb.io/v1beta1
kind: IPAddressPool
metadata:
  namespace: metallb-system
  name: doc-l2-label
  labels:
    zone: east
spec:
  addresses:
    - 172.16.249.240-172.16.249.249
```

此处定义了一个名为 doc-l2-label 的地址池，标签使用了 east，地址分配了和当前主机网络地址相同的二层直连网络中未使用的地址 172.16.249.240 ~ 172.16.249.249。

```
# kubectl apply -f ipaddresspool.yaml
```

查看地址池的命令如下。

```
# kubectl get ipaddresspools.metallb.io -n metallb-system
NAME            AUTO ASSIGN     AVOID BUGGY IPS     ADDRESSES
doc-l2-label    true            false               ["172.16.249.240-172.16.249.249"]
```

发布时地址池供集群使用，发布的地址池使用标签来匹配已有地址池，命令如下。

```
# vi l2advertisement.yaml
apiVersion: metallb.io/v1beta1
kind: L2Advertisement
metadata:
  name: l2advertisement-label
  namespace: metallb-system
spec:
  ipAddressPoolSelectors:
    - matchExpressions:
      - key: zone
        operator: In
        values:
          - east
# kubectl apply -f l2advertisement.yaml
```

查看信息的命令如下。

```
# kubectl get l2advertisements.metallb.io -n metallb-system
# kubectl get ipaddresspools.metallb.io -n metallb-system --show-labels
```

验证检查，先查看已有 service，命令如下。

```
# kubectl get svc
```

删除前面的 svc1，使用服务类型 LoadBalancer 重新创建服务，命令如下。

```
# kubectl delete svc svc1
# kubectl expose deployment dp1 --name=svc1 --port=80 --target-port=80
--type=LoadBalancer
```

查看服务的命令如下。

```
# # kubectl get svc
NAME        TYPE            CLUSTER-IP       EXTERNAL-IP      PORT(S)        AGE
svc1        LoadBalancer    10.245.33.137    172.16.249.240   80:32327/TCP   25s
```

可以看到，服务 svc1 除了 CLUSTER-IP 还有了 EXTERNAL-IP，该地址当前为二层网络直连方式，可以直接访问。在实际应用中还可以使用三层网络连接并指定使用单独的网卡，大型网络中多使用 BGP 路由方式。

LoadBalancer 服务是暴露服务至集群外部的标准方式，是公开服务的默认方法。

（3）Ingress

Ingress 公开了从集群外部到集群内服务的 HTTP 和 HTTPS 路由，流量路由 Ingress 资源上定义的规则控制，这是目前使用非常广泛的一种方式。使用 Ingress 服务路由时，ingress Controller 基于 Ingress 规则将客户端请求直接转发到 service 对应的后端端点（pod）上，这样会跳过 kube-proxy 设置的路由转发规则，提高网络转发效率。这个控制器本质上是通过 nginx 反向代理来实现的。通过 ingress 可以动态配置服务，减少不必要的端口暴露。ingress 的转发原理如图 6-14 所示。

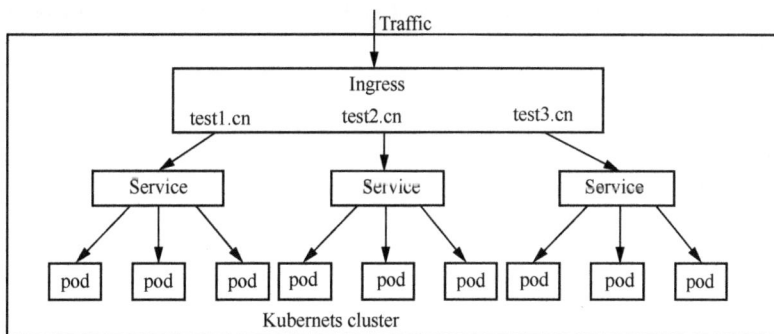

图 6-14　Ingress 的转发原理

Ingress 由两部分组成，ingress controller 和 ingress service。ingress controller 将新加入的 Ingress 转化成 NGINX 的配置文件并使之生效；ingress server 将 NGINX 的配置抽象成一个 Ingress 对象，每添加一个新的服务只需写一个新的 Ingress yaml 文件即可。

Ingress 可以通过部署 ingres-nginx 来实现。

```
# mkdir ~/ingress-nginx
# cd ~/ingress-nginx
# wget https://raw.githubusercontent.com/Kubernetes/ingress-nginx/controller-
v1.11.2/deploy/static/provider/cloud/deploy.yaml
# cat deploy.yaml | grep image
```

所需镜像可以使用其他方法下载，并导入本地。在所有节点加载镜像，并修改 yaml 文件中镜像名称和实际镜像名称一致。

```
# kubectl apply -f deploy.yaml
# kubectl get ns
# kubectl get deployments.apps -n ingress-nginx
# kubectl get service -n ingress-nginx
NAME                      TYPE         CLUSTER-IP      EXTERNAL-IP    PORT(S)
ingress-nginx-controller               LoadBalancer   10.245.234.250   172.16.24
9.241    80:31246/TCP,443:32158/TCP
```

修改 pod 副本数为工作节点数以提高其健壮性，命令如下。

```
# kubectl scale deployment ingress-nginx-controller -n ingress-nginx  --replicas=2
```

ingress-nginx-controller 默认为 LoadBalancer 类型，并获得了一个外部地址 172.16.249.241，也提供 NodePort 访问方式。

我们可以在外部将域名解析到 LoadBalancer 地址，还可以使用负载均衡软件安装负载均衡节点，将 80/443 端口负载均衡到 Kubernetes 集群的每个 worker 节点对外暴露的 NodePort，在此例中 80 端口对应的是 31246，443 端口对应的是 32158（NodePort 接口可以手工更改，以方便记忆，可将其改为 30080 和 30443），此时外部域名解析将域名解析到负载均衡节点即可。

示例：创建一个名为 pod1 的 pod。

```
# kubectl run pod1 --image=nginx --image-pull-policy=IfNotPresent
```

为这个 pod1 创建名为 pod1 的 svc：

```
# kubectl expose pod pod1 --name=pod1 --port=80
```

为名为 pod1 的 Service 创建 Ingress 策略：

```
# kubectl create ingress pod1.lzu.edu.cn --class=nginx --rule=pod1.lzu.edu.cn/*=
pod1:80
# kubectl get ingress
NAME              CLASS    HOSTS             ADDRESS     PORTS    AGE
pod1.lzu.edu.cn   nginx    pod1.lzu.edu.cn               80       23s
```

在客户端添加解析（Linux 为/etc/hosts 文件）。

```
172.16.249.241   pod1.lzu.edu.cn
```

添加解析后访问（内部网址）。

```
# curl http://pod1.***.edu.cn
```

使用命令行生成 yaml 文件查看。

```
# kubectl create ingress pod1.lzu.edu.cn --class=nginx --rule=pod1.lzu.edu.cn/*=
pod1:80 --dry-run=client -oyaml > pod1.lzu.edu.cn.yaml
# cat pod1.lzu.edu.cn.yaml
apiVersion: networking.k8s.io/v1
kind: Ingress
metadata:
  creationTimestamp: null
  name: pod1.lzu.edu.cn
spec:
  ingressClassName: nginx
  rules:
  - host: pod1.lzu.edu.cn
    http:
      paths:
      - backend:
          service:
            name: pod1
            port:
              number: 80
        path: /
        pathType: Prefix
status:
  loadBalancer: {}
```

Windwos 下可在 c:\windows\system32\drivers\etc\hosts 中添加解析，然后通过浏览器访问。

删除 ingress 命令语法为：

```
# kubectl delete ingress pod1.lzu.edu.cn
```

6.5.7 Kubernetes 数据持久化管理

在使用 Docker 时，容器中的数据是临时的，当容器被删除时，存储在容器内部的数据就会全部丢失，所以在使用 docker 时需使用-v 参数挂载本地存储，以实现数据持久化保存。在 Kubernetes 中，pod 的重建和 docker 销毁一样，数据也会丢失，Kubernetes 也要通过挂载数据卷的方式为 pod 数据提供持久化存储，这些数据卷以 pod 为最小单位进行存储，通过共享存储或分布式存储在各个 pod 之间实现共享。

在传统基于虚拟化的云计算平台中，由于虚拟机以镜像为单位进行存储，所以主要使用块存储。而在基于容器的新一代云计算平台上，无状态服务应用的各个 pod 之间需要经常共享数据，主要以使用文件存储为主；有状态服务应用可使用每个 pod 挂载块存储或使用文件存储。

（1）emptyDir（临时文件形式）

以所在节点为 pod 创建一个临时目录，然后把该目录挂载到 pod 的指定目录，类似于在创建 docker 容器时的命令 docker run -v /xx。如果/xx 目录不存在，会在 pod 里自动创建。当删除 pod 时，emptyDir 对应的目录也会被删除。这种存储是临时性的，以内存为作为存储介质，主要用于同一个 pod 内不同容器间通过共享内存方式访问。

（2）hostPath 方式

同一个 Node 上不同 pod 间进行信息共享可以使用 hostPaht 方式。类似于在创建 docker 容器时的命令 docker run -v /data:/xx，在节点上的/data 目录映射到容器的/xx 目录，如果删除了 pod 之后，数据仍然是保留的。

（3）网络方式

不同节点之间的数据通过网络共享，例如 NFS 网络文件共享。这种方式需要用户自己配置存储，且会暴露后端存储细节，存在一定的安全隐患。

（4）Kubernetes 使用存储的标准方式

Kubernetes 引入了持久卷（persistent volume，PV）、持久卷声明 PVC（persistent volume claim）、存储类（storageclass）、卷（volume）等概念，将存储独立于 pod 的生命周期进行管理。PV 是卷插件，关联到真正的后端存储系统；PVC 从 PV 中申请资源，不需要关心存储的提供方。PVC 和 PV 通过匹配完成绑定关系，PVC 可以被 pod 里的容器挂载。PVC 由用户创建，代表用户对存储需求的声明，主要包括需要的存储大小、存储卷的访问模式、storageclass 等类型。存储卷的访问模式必须与存储类型一致，包括 3 种类型：RWO（read write once）、ROX（read only many）、RWX（read write many）。Kubernetes 存储架构如图 6-15 所示。

StorageClass 用于指示存储的类型，不同的存储类型可以通过不同的 StorageClass 来为用户提供服务。StorageClass 主要包括存储插件分配器（provisioner）、卷的创建和 mount 参数等字段。定义 StorageClass 必须使用分配器，不同的分配器可以使用不同的后端存储。有些分配器是 Kubernetes 内置的，有些由第三方提供，通过自定义 CSIDriver（容器存储接口驱动）来实现分配器。

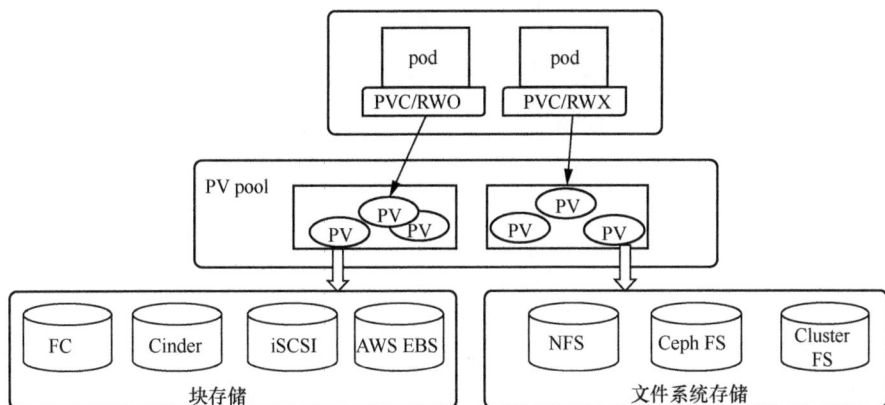

图 6-15　Kubernetes 存储架构

PV 由集群管理员提前创建，或根据 PVC 的申请需求动态地创建，它代表系统后端的真实存储空间，也称为卷空间。

用户通过创建 PVC 来申请存储。控制器通过 PVC 的 StorageClass 和请求大小声明来存储后端创建卷，进而创建 PV，pod 通过指定 PVC 来引用存储。

Kubernetes 目前支持的持久化存储包括各种主流的块存储和文件存储，例如 NFS、ISCSI、CephFS、Ceph RBD、Cinder 等。

管理员只需创建好 StorageClass，用户在创建 PVC 时会自动创建 PV 与这个 PVC 绑定，这种方式也称为动态卷。在 Kubernetes 中使用 StorageClass 是实现持久化存储的最主要方式。

当一个 PVC 没有指定 storageClassName 时，会使用默认的 StorageClass。一个集群中只能有一个默认的 StorageClass。

下面我们演示使用 NFS 文件存储系统来创建一个 StorageClass，具体如下。

```
# git clone https://g***b.com/Kubernetes-sigs/nfs-subdir-external-provisioner.git
# cd ~/nfs-subdir-external-provisioner/deploy/
# ls *.yaml class.yaml deployment.yaml rbac.yaml
```

后面将要使用这 3 个 yaml 文件，这里首先修改部署文件 deployment.yaml，增加 imagePullPolicy: IfNotPresent 并修改默认镜像和 NFS 服务地址路径。

```
# vi deployment.yaml
    containers:
      - name: nfs-client-provisioner
        image: docker.io/dyrnq/nfs-subdir-external-provisioner:v4.0.2
        imagePullPolicy: IfNotPresent
        volumeMounts:
```

```
      - name: nfs-client-root
        mountPath: /data
    env:
      - name: PROVISIONER_NAME
        value: k8s-sigs.io/nfs-subdir-external-provisioner
      - name: NFS_SERVER
        value: 172.16.249.201
      - name: NFS_PATH
        value: /data
  volumes:
    - name: nfs-client-root
      nfs:
        server: 172.16.249.201
        path: /data
```

镜像修改为 docker.io/dyrnq/nfs-subdir-external-provisioner:v4.0.2。

NFS-Server 地址为 172.16.249.201，共享目录为/data。

```
# kubectl apply -f rbac.yaml
# kubectl apply -f deployment.yaml
```

查看的命令和运行结果如下。

```
# kubectl get deployments.apps
NAME                     READY    UP-TO-DATE    AVAILABLE    AGE
nfs-client-provisioner   1/1      1             1            3s
# kubectl apply -f class.yaml
# kubectl get sc
NAME           PROVISIONER          RECLAIMPOLICY    VOLUMEBINDINGMODE    ALLOWVOLUM
EEXPANSION    AGE
nfs-client    k8s-sigs.io/nfs-subdir-external-provisioner    Delete
Immediate           false          11s
```

下面测试动态存储分配效果，具体步骤如下。

步骤 1：创建 PVC 对应的 yaml 文件命令如下。

```
# vi nfs-test-pvc.yaml
apiVersion: v1
kind: PersistentVolumeClaim
metadata:
  name: nfs-test-pvc
spec:
  storageClassName: nfs-csi
  accessModes:
    - ReadWriteMany
  resources:
    requests:
      storage: 1Gi
```

通过 kubectl 命令应用 pvc.yaml 文件，这时可看到存储卷就绪。

```
# kubectl apply -f nfs-test-pvc.yaml
# kubectl get pvc
NAME            STATUS      VOLUME                                          CAPACITY
ACCESS MODES    STORAGECLASS    AGE
nfs-test-pvc    Bound       pvc-12345678-90ab-1234-5678-abcdef123456        1Gi
RWX             nfs-csi         5s
```

步骤 2：创建 pod 挂载 PVC，命令如下。

```
# vi nfs-test-pod.yaml
apiVersion: v1
kind: pod
metadata:
  name: nfs-test-pod
spec:
  containers:
  - name: busybox
    image: busybox
    command: ["/bin/sh", "-c", "while true; do echo $(date) >> /mnt/data/
log.txt; sleep 5; done"]
    volumeMounts:
    - name: nfs-volume
      mountPath: /mnt/data
  volumes:
  - name: nfs-volume
    persistentVolumeClaim:
      claimName: nfs-test-pvc
```

通过 kubectl 命令应用 pod.yaml 文件，这时可看到存储 pod 进入运行态。

```
# kubectl apply -f nfs-test-pod.yaml
# kubectl get pods
NAME            READY       STATUS      RESTARTS    AGE
nfs-test-pod    1/1         Running     0           10s
```

步骤 3：验证文件存储，查看 Pod 写入的日志，命令如下。

```
# kubectl exec -it nfs-test-pod -- cat /mnt/data/log.txt
```

直接在 NFS 服务器上检查文件，这时可看到 log.txt 已经存在。

```
# ssh root@172.16.249.201 "ls -l /data/nfs/default-nfs-test-pvc*/"
-rw-r--r-- 1 root root 100 Jun 10 10:00 log.txt
```

步骤 4：删除测试 pod，命令如下。

```
# kubectl delete pod nfs-test-pod
# kubectl delete pvc nfs-test-pvc
```

当删除 PVC 时，PV 和后端存储数据根据默认回收策略被删除。

（5）Kubernetes 自身存储

对一些数据量比较小且需要持久化使用的数据，也可以直接存储在 Kubernetes 集群的 etcd 中。其中 Secret 和 ConfigMap 就是典型的使用 Kubernetes 自身存储的应用。

ConfigMap 是一种 API 对象，用来将非机密性的数据保存到键值对中。使用时，pod 可以将其用作环境变量、命令行参数或者存储卷中的配置文件。ConfigMap 将环境配置信息和容器镜像解耦，便于应用配置的修改。

Secret 是一种包含少量敏感信息的对象，例如密码、令牌或密钥。这样的信息可能会被放在 pod 规约中或者镜像中。使用 Secret 意味着不需要在应用程序代码中包含机密数据。由于创建 Secret 可以独立使用它们的 pod，因此在创建、查看和编辑 pod 的工作流程中暴露 Secret（及其数据）的风险较小。

Kubernetes 和在集群中运行的应用程序也可以对 Secret 采取额外的预防措施，例如避免将机密数据写入非易失性存储。Secret 类似于 ConfigMap，但专门用于保存机密数据。

secret 经常被用来保存访问镜像站点的认证信息、SSH 密钥对、https 所使用的证书、其他认证所需的用户名和密码，以及各种有保密需求的键值对。

通常创建的 secret 有 3 种：generic、docker-registry 和 tls。

① generic：通用的机密数据创建，通常以键值对的形式存储信息。例如使用 mysql 镜像需要配置的 MYSQL_ROOT_PASSWORD。这里的值通常不是以明文方式存储的，而是通过 base64 编码后存储的。

② docker-registry：登录 docker 镜像仓库使用的信息。使用该信息创建 pod 可以用该 docker 镜像仓库提供的镜像。

③ tls：Service 对外提供 https 所使用的证书，需要.crt 和.key 文件创建。

6.5.8 探针（probe）

Kubernetes 里使用探针来检查 pod 的稳健性。对于 Depolyment 只保证 pod 的状态为运行，但没法保证 pod 中的应用是否正常，这时候就需要探针来探测容器是不是正常工作。探针相当于给容器安装的一个检查健壮性的装置。

探针有两种类型：readiness 和 liveness，两种的主要区别是在探测到 pod 出问题后的处理方式不同。

readiness：探测到 pod 有问题后，svc 接收到的请求不再转发到此 pod。为了应用服务的稳定性，通常推荐使用 Readiness 监控检查方式。

liveness：探测到 pod 有问题后，通过重启 pod 来解决问题。

探测方式主要有以下 3 种。

TCP Connect 探测方式：通过 TCP 连接服务端口来判断应用服务是否正常。

对于使用 http/https 服务的应用，采用 http/https Get 返回的状态判断应用是否正常。

command 命令行方式。

此外，还有一些探测参数，常用探针参数的含义如下。

initDelaySeconds：初始时延，在 pod 启动多少秒内不进行探测，因为有的 pod 启动时间较长，pod 还没完全启动成功就进行探测是没有意义的。

periodSeconds：探测间隔，多久去探测一次。

successThreshold：探测失败后，最少连续探测成功多少次才被认定为成功，默认为 1。

failureThreshold：探测失败后的重传次数，默认值是 3。

6.5.9 包管理工具 Helm

Helm 可以理解为 Kubernetes 的包管理工具，可以方便地发现、共享和构建 Kubernetes，它包含以下几个基本概念。

- Chart：一个 Helm 包，包含镜像、依赖和资源定义等，还可能包含 Kubernetes 集群中的服务定义，类似 homebrew 中的 formula、APT 的 dpkg 或者 Yum 的 rpm 文件。
- Release：在 Kubernetes 集群上运行的 Chart 实例。在同一个集群上，一个 Chart 可以安装很多次。每次安装都会创建一个新的 release。例如 MySQL Chart 想在服务器上运行两个数据库，就可以把 Chart 安装两次。每次安装都会生成自己的 Release，并有自己的 Release 名称。
- Repository：用于发布和存储 Chart 的存储库。

Helm 可以从 github 下载，下载地址参考随书资源。下载后解压，并在解压目中找到 helm 程序，移动到需要的目录中（mv ～ /linux-amd64/helm /usr/local/bin/helm），然后执行客户端程序并添加稳定仓库。

Helm 的帮助语法为：

```
# helm repo -h
```

添加仓库语法为：

```
helm repo add 名字   地址
```

添加仓库示例如下。

```
# helm repo add github https://burdenbear.g***b.io/kube-charts-mirror/
```

查看当前的仓库的命令如下。

```
# helm repo list
```

更新仓库的命令如下。

```
# helm repo update
```

删除仓库的命令如下。

```
# helm repo remove github
```

本章小结

本章详细介绍了容器技术和 K8S 编排技术。容器技术是一种基于操作系统的轻量级虚拟化技术，相比于虚拟机技术，容器技术大大提高了硬件资源的利用率并降低了成本。随着容器技术的发展和普及，提出了容器自动管理和运维的需求，Kubernetes 应运而生。本章中对容器的基本概念、镜像的操作、运行容器的操作给出了简明的介绍和示例演示，本章的后半部分对 Kubernetes 的发展和容器编排的基本概念进行了介绍，同时通过大量的操作示例演示了 Kubernetes 的设计架构和工作原理。Docker 容器技术和 Kubernetes 自动编排技术是当下和未来一段时间内的主流发展技术，建议读者持续关注和学习。

习　题

一、单选题

1. Docker 虚拟化技术是（　　　）。

A. Docker 就是虚拟机，虚拟机器

B. Docker 是重量级虚拟化技术

C. Docker 是半虚拟化技术

D. Docker 是一个开源的应用容器引擎

2. Docker 跟 KVM、Xen 虚拟化的区别是（　　　）。

A. 启动快，资源占用小，基于 Linux 容器技术

B. KVM 属于半虚拟化

C. Docker 属于半虚拟化

D. KVM 属于轻量级虚拟化

3. 使用 Docker 可以帮助企业解决（　　　）问题。

A. 服务器资源利用率不充分，部署难

B. 可以当成单独的虚拟机来使用

C. Docker 可以解决自动化运维问题

D. Docker 可以帮助企业实现数据自动化

4. Kubernetes 最小的控制单位是（　　　）。

A. Service　　　　　B. pod　　　　　C. container　　　　　D. node

5. 删除 docker 镜像的命令是（　　　）。

A. docker rm　　　　B. docker drop　　　　C. docker rmi　　　　D. docker rmdir

6. K8S 的主节点是（　　　）。

A. Replication Controller　　　　　　B. Service

C. Node　　　　　　　　　　　　　　D. Kubernetes Master

7. 在所有 K8S 节点上都需要运行的、基础性的、并与容器引擎等互动的组件是哪个？（　　　）

A. Apiserver　　　　　　　　　　　　B. Controller-manager

C. Kubelet　　　　　　　　　　　　　D. Scheduler

8. OpenStack 提供 IaaS 层服务，K8S 提供（　　　）层服务。

A. IaaS　　　　　B. PaaS　　　　　C. SaaS　　　　　D. DaaS

9. kubernets 不可以使用（　　　）暴露服务。

A. LoadBlancerService　　　　　　　B. NodePortService

C. Ingress　　　　　　　　　　　　　D. Firewall

10. Kubernetes 使用（　　　）文件格式进行脚本编程。

A. Java 语言程序　　　　　　　　　　B. C 语言程序

C. GO 语言程序　　　　　　　　　　　D. yaml 格式

11. （　　）命令可以连接到正在运行中的 container。

    A. docker tag　　　　　　　　　　　B. docker attach

    C. docker exec　　　　　　　　　　D. docker build

12. （　　）命令可以查看容器的 CONTAINERID、NAME、IMAGENAME，以及绑定、容器启动后执行的 COMMNAD。

    A. docker run　　　　　　　　　　B. docker ps

    C. docker exec　　　　　　　　　D. docker build

13. 以下说法正确的是（　　）。

    A. Docker 中的镜像是可写的

    B. Docker 比虚拟机占用空间更大

    C. 虚拟机比 Docker 启动速度快

    D. 一台物理机可以创建多个 Docker 容器

14. 以下说法正确的是（　　）。

    A. Docker 采用操作系统级别隔离　　B. Docker 使用沙箱机制

    C. Docker 由 Java 语言编写　　　　D. Docker 是闭源项目

15. 在 k8s 中 pod 的状态不包括（　　）。

    A. Pending　　　B. starting　　　C. Unknown　　　D. Failed

16. 以下不属于 K8S 资源的是（　　）。

    A. Container　　B. Service　　　C. volume　　　D. Deployment

17. 在 Kubernetes 中使用（　　）来管理集群。

    A. Docker　　　B. kubectl　　　C. node　　　　D. Service

18. 以下是 Kubernetes 核心概念的有（　　）。

    A. volumes　　　B. pods　　　　C. Services　　　D. 以上都是

19. 以下是核心 Kubernetes 对象的有（　　）。

    A. pods　　　　B. Services　　　C. Deployment　　D. 以上都是

20. 以下虚拟化技术中，属于新型轻量级虚拟化技术的是（　　）。

    A. KVM　　　　B. Virtualbox　　C. Qemu　　　　D. Docker

二、多选题

1. 使用 Kubernetes 可以完成（　　）。

   A. 自动化容器的部署和复制

B. 随时扩展或收缩容器规模

C. 将容器组织成组，并且提供容器间的负载均衡

D. 很难升级应用程序容器的新版本

2. pod 可以包含（   ）。

A. 容器　　　　　　B. 卷　　　　　　C. 服务　　　　　　D. 镜像

3. K8S 的 Master 节点主要包括（   ）。

A. apiserver　　　　　　　　　B. controller manager

C. scheduler　　　　　　　　　D. etcd

4. K8S 集群中有（   ）等类型。

A. 管理节点　　　B. 控制节点　　　C. 工作节点　　　D. 存储节点

5. Kubernetes 中不同类型服务的有（   ）。

A. cluster ip　　　B. node port　　　C. LoadBalancer　　D. external name

6. 下面属于 Kubernetes 的核心组件有（   ）。

A. RESTful API　　B. scheduler　　　C. kubelet　　　D. Cgroup

7. Kubernetes 支持的容器通信方式有（   ）。

A. host　　　　　B. bridge　　　　C. macvlan　　　D. calico

8. Kubernetes 的 API 对象通常包含（   ）。

A. apiVersion　　　B. kind　　　　C. metadata　　　D. spec

9. Kubernetes 的 pod 中可以运行（   ）。

A. 一个容器化的应用　　　　　B. 多个不同的容器化应用

C. 多个相同的容器化应用　　　D. 以上都不是

10. 容器的两种主要实现技术是（   ）。

A. Namespace　　B. Netlink　　　C. Selinux　　　D. Cgroup

三、判断题

1. 通常情况下 Docker 容器镜像比虚拟机镜像小。

2. K8S 针对 pod 资源对象的健康检测机制有 4 种探针。

3. Kubernetes 是针对服务架构的一个容器管理平台。

4. Kubernetes 环境中 Master 节点上运行用户的容器。

5. 当下很多种容器编排工具，最流行的目前是 Kubernetes，即 K8S。

四、简答题

1. 请简要说明虚拟化和容器化的异同。

2. 说明 Docker 中镜像和容器以及镜像仓库之间的关系。

3. 说明 Kubernetes 和容器之间的关系，以及 Kubernetes 的主要功能。

第7章

云原生技术

随着云计算的普及，许多的传统应用面临着如何上云和如何迁移到云的问题，并且付出的代价不小。而对于准备新开发应用的企业，他们则要考虑如何避免这种迁移操作，或者在开发之初就要基于云来实现相关业务，这就是云原生的起源。目前，云原生技术还在快速发展中，本章简要介绍云原生技术的相关知识。

7.1 云原生概述

云原生作为一个技术和设计理念，在软件工程领域中占据了重要地位。在探索云原生的定义之前，我们需要回溯一下云计算技术发展的背景。在云计算的初期，许多组织只是将它视为一个新的数据中心的延伸。但是，随着时间的推移，这种思维方式发生了变化。

1. 云原生的基础思想

云原生的核心思想是构建和运行可以充分利用云计算模型优势的应用程序，这意味着不仅在云中运行应用程序，还可以将应用程序的架构、设计和部署完全适应云的特性和功能。这通常涉及微服务架构、容器化、动态编排和 CI/CD。

初期，很多组织进入了"云就绪"的阶段，即将现有的应用程序迁移到云中。这些应用程序本质上仍然是为传统数据中心环境设计的，这种只将应用程序"搬"到云中并不能充分利用云的所有优势，于是促使了云原生概念的出现。

云原生是一种构建和运行应用程序的方法，它充分利用了云计算的伸缩性、弹性、可用性和其他关键特性。这并不意味着应用程序必须在公有云、私有云或混合云中运行，而是意味着应用程序是以云为中心的方式构建的。云原生原理如图 7-1 所示。

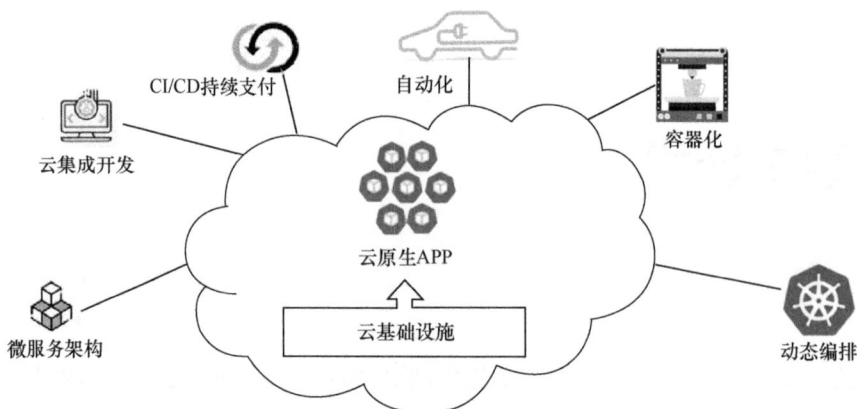

图 7-1 云原生原理

① 微服务架构：应用程序被分解成小的、独立的、可独立部署的服务。

② 容器化：应用程序及其依赖的包都封装在容器中，确保一致性和可移植性。

③ 动态编排：容器可以动态启动、扩展和关闭，通常使用像 Kubernetes 这样的工具。

④ 自动化和 CI/CD：应用程序的更改可以自动测试并部署到生产环境。

⑤ 基于云集成开发：利用云底座对开发部门、运维部门进行协调，实现开发运维一体化。

理解云原生的定义不仅仅是为了学术上的讨论更是为组织提供一个框架，使其能够充分利用云计算的优势。云原生这种技术使应用程序更加韧性，可以更快地迭代，并能够适应不断变化的业务需求。

总之，云原生不仅仅是一种技术或策略，更是一种思维方式。它塑造了如何在现代世界中构建、部署和运行应用程序，正因为如此，我们对云原生的理解不应仅停留在表面，而应深入探索其定义、含义和影响，从而更好地开发其潜力。

2．适用于云与云原生的区别

下面使用搬家和传统程序上云这两个例子，对比说明"适用于云"和"原生云"之间的区别，解释为什么后者被认为更优越。

（1）现实世界的类比

假如一个人把家从乡村搬到城市的公寓。他在乡村的旧家很宽敞，有一个大草坪，并放置了很多的园艺工具，其中包括一台大型的割草机，那么：

适用于云：这意味着这个人把所有东西——包括割草机——都搬到了城市的公寓。很快，他意识到在城市里割草机没什么用，因为现在的家只有一个小阳台。这里的人"在城市里"（类似于"在云中"）。

云原生：将割草机换成一些盆栽植物和阳台家具，优化城市公寓里的居住条件。这样做可以确保资源（阳台空间）得到有效利用，提高城市里的生活质量。

（2）技术示例

想象一个传统的网络应用程序，它的数据库、服务器逻辑和用户界面都紧密地捆绑在一起，在单个服务器上运行。

适用于云：将这个应用程序作为虚拟机迁移到云中。虽然这种方式会得到一些云的好处，比如更容易扩展虚拟机或更好的运行性能，但应用程序本身并不能充分利用云环境的全部优势。当流量激增时，用户还必须扩展整个虚拟机的资源，而这可能会浪费资源且成本高昂。此外，如果某个组件出现故障，则整个系统可能会崩溃。

云原生：使用微服务架构重新设计了上述应用程序。每个组件（数据库、服务器逻辑、用户界面）都成为一个单独的、较小的服务，在自己的容器中运行。这些容器可以根据需求单独进行扩展。如果用户界面服务的流量很大，那么用户只需扩展该容器，从而节省资源。此外，即使某个服务出现故障，其他服务也可以正常运行，提供更好的弹性。

在这两个示例中，原生云的方法确保使用者不仅仅是"在环境中"，而且进行了有针对性的优化。这种优化可以实现更好的资源利用、成本效率、弹性和灵活性。

3．云原生的重要性和相关性

随着全球数字化趋势的加速，技术的适应性和效率已经成为许多组织的核心竞争力。在这个语境下，云原生的重要性和相关性变得尤为明显。

（1）数字化与市场需求

今天的消费者和组织越来越期待即时、无缝和高可用的数字化解决方案。从智能家居到金融服务，现代应用程序需要具有快速响应、全球可用性和高度定制化的特点。为了满足这些需求，企业需要构建和运行能够充分利用云计算优势的应用程序，即云原生应用程序。

（2）快速的市场反应

在一个快节奏、高竞争的市场中，快速创新和迭代已经成为组织生存的关键。云原生应用程序通过其微服务架构和 CI/CD 能力，使组织能够更快地推出具有新特性的应用程序，并改进已有应用程序的不足，从而更好地满足客户的期望和需求。

（3）成本效益

尽管初期投资可能相对较高，但从长期来看，云原生这种方法可能会更加经济。容器化和动态编排允许组织仅在需要时使用资源，而不是持续购买和维护过多的硬件，这种按需使用的模式可以大幅降低成本。

（4）灵活性与可伸缩性

传统的应用程序架构可能会受到限制。当需求突然增加时，应用程序可能难以进行处理。云原生应用程序被设计为在需要时自动扩展，确保在高流量期间维持性能，并在需求减少时缩减资源，以实现高效的资源利用。

（5）韧性与容错性

利用云原生，应用程序的各个组件（或微服务）可以独立运行，其故障也是独立的，这意味着一个单独的故障不太可能导致整个系统的崩溃。这种分布式和去中心化的方法增加了整体的稳健性和可靠性。

（6）全球化与本地化

随着全球化趋势的进一步扩大，组织需要确保他们的应用程序在全球范围内都能可靠地运行。云原生的设计使组织在多个地理区域部署应用变得更加简单，同时还确保了本地数据的合规性和性能优化。

（7）持续的技术演进

技术永远不会停止变化。云原生的方法为组织提供了一个框架，使其能够更容易采纳新的技术和方法,从而保持竞争优势。

当今的技术领域是一个快速变化的环境,其中的挑战和机会并存。云原生作为一种应对这些需求的方法,已经证明了它在当今技术领域中的重要性和相关性。

7.2　云原生出现的历史背景

1．主流云平台

目前,云计算已经成为和公路铁路交通、水运管道、电力网络一样成为国家的基础设施,这种震撼性转变的催化剂是云平台,如亚马逊云计算服务、微软 Azure、谷歌云平台、阿里云、华为云和腾讯云。

（1）亚马逊云计算服务

亚马逊云计算服务由亚马逊公司发起,其云服务打破了技术行业的格局。

- 起源:亚马逊云计算服务于 2006 年推出,开始时仅提供简单存储服务（S3）,不久后提供虚拟机服务和弹性计算云（EC2）。这些服务为初创公司甚至大型企业提供了基础设施的访问。

- 传播和影响:亚马逊云计算服务的成功不仅仅因为入场早,还因为它是一个综合的服务套件,从机器学习到物联网领域均适用。该平台的灵活性结合按需付费模型,为企业提供了前所未有的敏捷性。

- 市场主导地位:亚马逊云计算服务持续的创新能力,使其成为市场佼佼者。它在全球具有广泛的基础设施,服务范围之广,吸引了奈飞公司（Netflix）、爱彼迎公司（Airbnb）等企业。

（2）Azure

Azure 是微软公司进入云领域的尝试,利用其企业客户基础,提供与其软件产品的无缝集成。

- 起源:Azure 于 2010 年推出,最初专注于 Windows 服务。但是,微软公司很快扩大了其投资组合,其中包括开源技术。

- 战略定位:Azure 因其面向企业的服务脱颖而出。Azure Active Directory 和混合云能力等功能让 Azure 成为深入微软生态系统的企业的首选。

（3）谷歌云平台

虽然是后来者，但谷歌云平台展示了谷歌公司在数据分析、开源技术和机器学习方面的实力。

- 开始：从 2008 年推出的 Google APP Engine 开始，谷歌云平台已经发展成为一个云服务套件，充分利用谷歌公司在数据处理和人工智能方面的专长。
- 服务和功能：谷歌云平台在大数据解决方案和人工智能方面表现出色。此外，Kubernetes 和谷歌公司的容器编排工具强调了它们对开源的承诺，并在全球范围内塑造了容器化部署策略。
- 市场策略：谷歌云平台虽然优先满足企业的需要，但同时也专注于满足开发者需求。

（4）阿里云

阿里云，作为阿里巴巴集团的旗舰产品，已成为国内外云计算市场的主流产品。

- 起源：阿里云于 2009 年推出，从提供基本的云存储和虚拟服务器服务开始，逐步发展为提供全面云服务的平台。
- 传播和影响：阿里云源自阿里集团在电商、金融和物流等领域的深厚积累，提供从数据存储、人工智能、机器学习到物联网的全方位服务，支持企业数字化转型。
- 市场主导地位：作为国内主流的云服务提供商，阿里云凭借其技术创新和丰富的产品组合，服务于包括中国石油和中国移动在内的众多大型企业和数以百万计的中小企业。

（5）华为云

华为云，由华为技术有限公司（简称华为公司）推出，提供安全可靠的云服务。

- 起源：华为云于 2017 年正式发布，尽管华为公司在此之前已经提供了云服务。华为云结合了华为公司在 ICT 领域的技术积累，提供包括计算、存储、网络、大数据和人工智能在内的云服务。
- 战略定位：华为云专注于提供安全、可靠、可持续发展的云服务，尤其注重在政府、金融、医疗和制造业等关键行业的数字化转型。
- 增长轨迹：华为云凭借其在全球通信网络中的强大基础和技术创新，快速成长为全球领先的云服务提供商之一，服务全球 180 多个国家和地区。

（6）腾讯云

腾讯云作为腾讯公司的核心业务之一，专注于为游戏、社交、金融等多个领域提供全面的云服务和解决方案。

- 起源：腾讯云于 2010 年推出，依托腾讯公司的社交网络和在线游戏业务，逐渐发展成为集云计算、大数据、人工智能在内的综合性云服务平台。
- 传播和影响：腾讯云凭借其在处理大规模数据和高并发场景的能力，成为国内外多家知名企业的选择。特别是在游戏、视频和在线教育领域，腾讯云表现出色。
- 市场策略：腾讯云不仅满足大企业的需求，还致力于为初创公司和开发者提供灵活的服务模型和丰富的开发工具，推动创新应用的发展。

2．云原生范式演变

云计算可以划分为 3 层，即 IaaS、PaaS、SaaS，它们为云原生提供了技术基础和方向指引。真正的云化不仅仅是基础设施和平台的变化，应用开发也需要做出改变。在架构设计、开发方式、部署维护等各个阶段和方面都应该基于云的特点重新设计，从而建设全新的云化的应用，即云原生应用。云原生应用应满足的原则如图 7-2 所示。

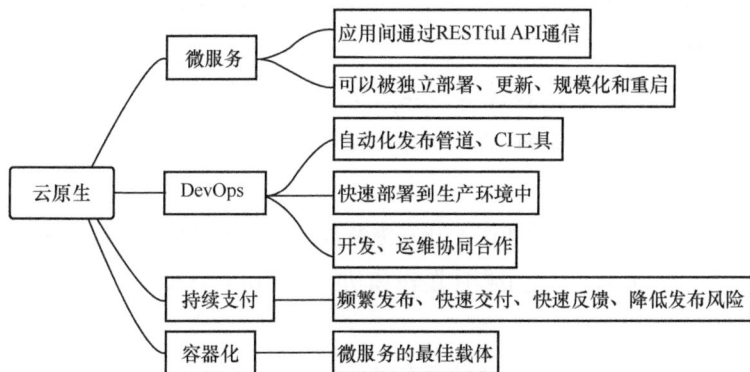

图 7-2　云原生应用应满足的原则

7.3　云原生基础

7.3.1　核心原则

云原生的核心原则就是应用应为云而设计，利用云的特定功能和服务来获取好处，提高效率。云原生开发与云优先范例密切相关，强调应用程序不仅在云上部署，而且要在设计时考虑云服务提供商提供的独特功能和服务。这种方法增强了可伸缩性、弹性和可维护性。

（1）为云设计

传统应用一般根据物理基础设施来开发，开发者通常有固定的资源集，以供使用，这限制影响了软件架构和部署策略。随着云计算的出现，这个范式发生了转变。云可以提供几乎无限和灵活的资源，以及大量的专用服务。为云设计意味着构建软件不仅在云环境中运行，而且还可以最好地利用云的独特能力和服务。

（2）云优先设计

基本前提：一开始就针对云环境的部署设计可以最大化利用这些平台的优势，这不仅仅是将传统应用迁移到云，而且以更本质的、更适合云的方式来构建它们。

服务集成：现代云平台提供了大量服务，这些服务远远超出了简单的计算和存储范畴。这些服务从人工智能/机器学习工具到无服务器计算平台再到物联网集成，都可以用来增强应用程序的功能、性能和可伸缩性。使用这些集成可以节省开发时间、减少复杂性，并且通常具有比定制解决方案更好的性能和安全性。

（3）利用托管服务

运行效率：托管服务可以显著减少与传统操作任务相关的开销。例如，开发者可以使用托管数据库服务来代替设置和管理数据库服务器，其中配置、备份、打补丁和扩展都由云服务提供商处理。

速度和敏捷性：托管服务加速了开发生命周期。通过将某些任务外包给云服务提供商，开发团队可以专注于应用程序逻辑和功能，更快地发布更新版本和新功能。

（4）成本益处

按用量付费：传统的 IT 基础设施需要高昂的前期成本。使用云平台后，用户可以采用按用量付费模型，这意味着他们只为实际使用的资源付费。这种模型增强了成本可预测性，可以节省大量费用。

优化资源分配：借助自动缩放等功能，组织不再需要根据最高需求配置资源。相反，组织可以根据实际需求动态分配资源，以确保最佳的成本效益。

7.3.2 弹性伸缩服务

云计算中的弹性伸缩服务已经彻底改变了企业处理操作需求的方式。与传统数据中心不同，传统数据中心需要物理添加或删除服务器进行扩展，云环境中可以通过云操作系统（如 OpenStack）做简单的操作来完成计算资源的扩展或者伸缩。而在云原生中，我们会直接使用自动编排技术自动进行计算资源伸缩调整。

（1）为什么选择弹性？

在数字时代，应用在其生命周期中遇到的需求不会是一样的。例如在线购物应用在大多数时间的流量是平稳的，但节日促销期间的流量可能激增，因此，使用固定数量的资源要么会导致低需求时的浪费，要么在高需求时无法满足处理要求。

弹性服务允许系统基于实时需求扩展或在合同中约定好伸缩条款，目的是确保实现如下效果。

① 资源最优利用：在低需求时避免出现空闲资源，在需求高峰期确保资源足够用。

② 成本效益：用户只为消耗的资源支付费用。

③ 增强用户体验：足够的资源确保终端用户不会面临时延或停机的情况。

（2）云中的弹性伸缩如何工作？

云中弹性伸缩的工作步骤如下。

步骤 1：监控。云平台持续监控应用资源的指标，如 CPU 使用率、内存消耗、请求计数等。

步骤 2：设置阈值。管理员为应用资源指标设置阈值，如果 CPU 使用率在 80% 以上且持续时间超过 5 min，就可以以此作为标准，设置一个触发器。

步骤 3：触发器动作。一旦达到定义的阈值，云平台会采取预定义的操作，例如启动新的实例。

步骤 4：伸缩。根据需求，系统可以扩展（添加资源）或收缩（删除资源）。

（3）在线游戏平台示例

假如游戏平台发布了一个游戏更新版，那么在发布当天，可能会有数百万人登录体验新内容，这比通常的每日活跃用户要多得多。有了弹性资源，这种情况的处理就变得简单了。首先进行前期预测，平台可以预先热身实例以应对冲击。在发布当天，随着玩家登录量和需求量的激增，平台根据预先设置的规则自动扩展，添加更多的服务器实例来容纳玩家。在发布日之后，一旦玩家的数量下降，平台可以收缩，减少活动实例的数量，确保成本效益。如果没有弹性伸缩，在面对负载增加时，平台可能已经崩溃，导致用户体验感不好和收入损失。

7.3.3 自适应性

在云原生领域，适应性是系统从失败中恢复并对它们做出优雅反应的能力，将对用户和操作的影响降到最低。一个有适应性的系统不会避免失败，而是能预料到失败，并为此提前准备。

（1）失败的必然性

在分布式系统中，失败是必然的：服务器可能会死机、网速可能变慢、数据库可能超载。云的分布式特性适应性变得更为关键，因为跨区域、区域和服务都可能存在多个故障点。

（2）适应性的构建块

适应性的构建块包括以下几种。

冗余：不只依赖一个服务或资源的单一实例，而是在不同的区域或地域部署多个实例，这可以确保即使一个实例死机，其他实例也可以接管负载。

故障切换机制：这些机制会自动检测故障，并将流量或操作重定向至健康的实例或服务。本质上，这是恢复过程的自动化。

速率限制和反压：通过控制服务或资源的请求速率，确保它不会被压垮，否则可能导致连锁故障。当一个服务接近其容量时，它可以向上游服务发送反压信号，暂时减慢请求速度或停止请求。

超时和重试：对外部服务或资源的所有请求应有超时设置，以确保它们不会无限期挂起。如果请求失败，系统可以采用智能重试机制，每次尝试之间的等待时间逐渐增加，以防止可能存在问题的服务被黑客攻击。

隔离：隔离服务可使一个服务出现故障时不会立即导致另一个服务出现故障。容器和编排工具有助于在服务之间实现这种隔离。

自愈：高级系统可以检测故障，不仅仅意味着系统可以重新路由流量，还可以尝试重新启动或修复失败的实例或服务。

可观察性：它不会阻止故障，但可以为开发人员和运营商提供关于系统内部发生的事情的见解。通过适当的日志记录、监控和追踪，开发人员可以检测导致故障的模式，并预先解决它们。

（3）针对适应性的积极方法——混沌工程

混沌工程，一种针对适应性的积极方法，是故意在系统中引入故障，以研究确保系统能够承受这些故障的实践方法。通过在受控环境中这样操作，开发人员可以在实时设置中找到系统的弱点，并在它们成为问题之前解决它们。奈飞公司（Netflix）的Chaos Monkey便是一个著名例子，它随机终止生产环境中的实例，以确保工程师设计出有适应性的服务。

在云原生系统中的适应性已经超出了简单解决故障的范围，它要设计出能够接受这些故障，从中学习并变得更强大的系统。通过预测问题并为之计划，有适应性的系统可以承诺无论底层基础设施面临什么挑战，它都能提供一致的用户体验。

7.3.4　无状态

（1）什么是无状态

当一个系统被描述为"无状态"时，这意味着来自客户端到服务器的每一个请求都必须包含理解和处理请求所需的所有信息。简单地说，服务器不在请求之间存储上下文。这种设计模式在 RESTful Web 服务中很普遍，云原生对这种 RESTful 无状态服务的需求更进一步，所有的云原生应用程序都被要求采用无状态设计模式，主要是因为它为可扩展性和容错性提供了好处。

（2）如何理解状态

在计算的背景下，"状态"指的是关于会话、用户或交互操作的数据或上下文。在 Web 应用中，它是指用户配置文件、会话令牌、缓存内容等。许多传统应用在服务器端的存储状态使应用自己成为"有状态的"。相反，无状态应用程序不记忆过去的请求。

（3）无状态的重要性

在云原生应用程序中，无状态的重要性体现在以下方面。

可扩展性：无状态应用程序可以轻松进行水平扩展。由于每个请求都是独立的，并包含所有必要的上下文，因此可以使用任何可用的实例来处理它，这意味着新实例可以无缝地添加或删除，允许应用程序处理不同的负载。

恢复：在发生故障的情况下，无状态组件可以更快地被恢复。如果一个实例失败，那么传入的请求可以定向到另一个健康的实例，而不会丢失任何会话数据。

资源效率：无状态设计通常可让资源得到更好的利用。由于不需要在实例之间管理或同步状态，操作可以更精简。

可预测性：每个请求被视为一个孤立的事务，这让系统在不同条件下的行为预测变得更容易，简化故障排除和维护的过程。

部署和更新：无状态应用程序使部署和更新更加顺畅。在升级到新版本时，因为是无状态的访问没有会话的连续性要求，所以我们可以将流量逐渐转移到新版本的系统，因而不会产生中断服务的现象。

在云环境中，用户可能希望在高流量期间立即扩展（增加更多服务器），无状态应用程序可以轻松处理新请求，不需要任何先验知识或同步。

如果无状态设计中的服务器崩溃，另一个服务器可以立即接管，而不会丢失用户数据或上下文，从而提供高可用性。此外，无状态应用更容易推出更新，可以在不必担心维护或传输会话状态的情况下部署新的服务器实例。

从本质上讲，无状态性是为了确保每一个工作单元都是独立的，从而为云原生应用程序提供更大的灵活性、可扩展性和稳定性。

（4）无状态系统的管理状态

值得注意的是，虽然应用程序组件可能是无状态的，但整个应用系统还是要有会话状态的连续性要求的，不然张三的购物车中商品和李四的购物车中的商品就无法区分了。在云原生系统中，这种连续性的会话状态通常使用其他技术辅助来完成。下面列出了几种常用的辅助方式。

① 数据库：通过状态持久化到数据库，如用户配置文件或交易历史记录，存储在数据库中，这些数据库可以分布和复制，以实现容错。

② 客户端：一些状态可以被推送到客户端上。对于 Web 应用程序来说，这可能意味着需要使用 cookies、本地存储或会话存储。

③ 缓存：可以使用如 Redis 或 Memcached 之类的工具暂时持有经常访问的状态，而不会负担主数据存储。

④ 有状态的服务：在某些情况下，使用有状态的服务可能是有益的，比如特定的数据库系统、队列系统或流处理器。它们可以处理状态，同时提供可扩展性和可靠性。

（5）无状态设计的挑战

虽然无状态性提供了显著的优势，但它也存在问题。

① 增加了复杂性。携带状态可能导致数据架构变得复杂，还可能引入数据同步和一致性的挑战。

② 增大了开销。每个携带其状态的请求可能导致网络成本和处理开销的增加，特别是当状态信息很大时。

③ 降低了安全性。如果敏感的状态数据随每个请求传递，这可能会引发安全问题。

总之，无状态是云原生设计的基础原则，其目标确保系统灵活、有弹性和可扩展。开发人员可以使用云原生设计构建强大的云原生应用程序，这些应用程序在动态云环境中都装备得很好。

采用这种外部管理状态的方法需要转变传统应用程序开发的范式，并需要重新思考数据如何流动，以及在应用程序中的管理。从可扩展性、韧性和灵活性方面的回报来看，云原生是一个值得投资的项目。

（6）无状态示例

① 餐厅订单

想象这样一家餐厅，客人正在点菜。在一个"有状态"的餐厅中，服务员接受客人的订单，记下它，然后把它交给厨师。客人每次想要增加些什么或知道订单情况时，都必须与同一个服务员交谈，因为他记得你的订单内容。如果那个服务员不在（也许他们正在休息或服务其他客人），那么客人必须等待。

现在，想象一家"无状态"的餐厅。在这里，当客人下单时，会将订单内容记录在一张卡上。客人每当想要更多的东西或想询问订单情况时，任何服务员都可以帮忙。客人只需向服务员出示那张卡片，上面有订单的所有细节。如果一个服务员忙，另一个服务员则可以轻松接替接下来的工作。

在云原生的世界中，每个服务器或服务实例就像一个服务员。如果一个服务器必须记住状态（就像"有状态"的服务员），那么扩展（添加更多服务器）、从故障中恢复或更新数据会变得复杂。然而，有了无状态的方法，任何服务器都可以接受任何请求并处理它，而不依赖过去的交互，从而使系统更加灵活和稳定。

② 在线购物

考虑一个在线购物平台，如果采用有状态的方法，则用户的购物步骤如下。

步骤 1：用户登录系统，将一双鞋添加到购物车中。

步骤 2：应用程序的服务器在其内存中"记住"这个状态。

步骤 3：用户切换到移动设备，准备完成购买操作，移动端的请求被转到另一个服务器。该服务器不知道购物车中的鞋子，因为它不是上一个服务器，没有相关的状态。

此时，用户在其移动设备上得到了一个断裂的体验，看到了一个空的购物车。要使应用程序能够在不同的设备之间无缝工作，就需要复杂的机制来同步多个服务器之间的状态。

如果采用无状态的方法，则用户的购物步骤如下。

步骤 1：用户登录系统，将一双鞋添加到购物车中。

步骤 2：应用程序将购物车的状态保存到数据库或缓存中，但不在服务器的内存中保存。

步骤 3：用户切换到移动设备，准备完成购买操作，移动端的请求可以被转到任何服务器。服务器从数据库或缓存中获取购物车的细节并显示它。

在无状态的方法中，服务器不必同步或记住任何用户特定的数据。它们只根据当前的请求和外部系统（如数据库）进行操作。这种设计简化了扩展复杂度，增加了可靠性，并为各种设备和会话提供了一致的用户体验。

7.3.5　云原生开发工具和框架

云原生开发工具和框架的作用是现代化的应用程序开发，简化云原生应用程序的构建、部署、管理和维护。下面是一些常见的云原生开发工具和框架。

Kubernetes：这是一个开源的容器编排系统。它提供了自动化容器部署、扩展和管理等功能，是一种广泛使用的云原生开发框架。

Docker：这是一种广泛使用的容器化技术。它将应用程序及其依赖项打包到一个容器中，并提供了一种轻量级的部署方式。

Helm：这是 Kubernetes 应用程序的包管理工具。它可以帮助用户快速创建、安装、升级和删除应用程序。

Istio：这是一种开源服务网格平台。它提供了流量管理、负载均衡、故障恢复等功能，可以简化云原生应用程序的网络管理。

Prometheus：这是一种开源监控系统。它能够收集、存储和查询各种指标数据，可以用于监控云原生应用程序的运行状况。

Jenkins X：这是一种基于 Jenkins 和 Kubernetes 的 CI/CD 工具。它能够自动化构建、测试和发布应用程序，支持云原生应用程序的开发和部署。

Spring Boot：这是一种开源的 Java 应用程序框架。它使用"约定优于配置"的原则，通过提供默认的配置来简化应用程序的开发。Spring Boot 可以帮助开发人员更快速、更简单地构建和部署微服务应用程序，并提高了应用程序的可移植性和可扩展性。

Kubernetes Engine：这是谷歌开发的开源容器编排平台。它允许开发人员在公有云或私有云中自动化管理容器应用程序的部署和扩展。Kubernetes Engine 可以帮助开发人员实现容器化应用程序的高可用性和可伸缩性，并提高了应用程序的可移植性和可扩展性。

这些工具和框架提供了丰富的功能和组件，可以帮助开发者快速创建、部署和管理云原生应用程序。同时，它们也有着广泛的社区支持和文档资料，让开发者能够更加轻松地使用。

7.4 微服务架构

7.4.1 微服务定义及与单块架构的比较

从核心上讲，微服务架构是软件开发中的一种设计方法，其中，单一应用由多个松散耦合且可独立部署的小型服务组成。每个服务在自己的进程中运行，并通过轻量级机制进行通信，通常使用的协议是 HTTP 或 HTTPS。

微服务架构有以下特征。

① 模块性：每个微服务代表一个特定的业务能力。这种模块性确保服务可以独立发展，并允许团队自主工作。

② 独立性：每个微服务都可以独立部署、扩展和维护，这确保对一个服务进行的更改不会影响其他服务。

③ 分散：在微服务架构中，没有单一的控制或失败点。每个服务都是自包含的，每个服务的团队可以独立做决策。

④ 多语言：微服务允许开发人员为每个服务的特定任务使用最佳技术栈，这意味着一个微服务可以是用 Java 编写的，另一个微服务可以是用 Python 编写的，其他微服务可以是用 Node.js 编写的。

⑤ 黑盒：对于其他服务来说，每个微服务都被视为一个黑盒。它不需要知道其他服务的内部工作原理，只需要知道如何与这些服务通信。

在单体架构中，应用程序的所有组件是相互连接和相互依赖的。这种传统的设计软件的方法可以视为一个紧密耦合的单元。进行的任何更改都需要重建和部署整个应用程序。

相比之下，微服务设计将应用程序分解为多个独立的单元。每个单元都有一个明确的业务目的，并且可以在不必重构整个应用程序的情况下进行修改。微服务的独立性使它们成为大型和复杂应用程序的理想选择，其中敏捷性、可伸缩性和可维护性至关重要。

将应用程序转型到微服务架构很多时候是解决单体架构问题的良方，尤其是针对需要扩展的大型应用程序。在数字化转型的时代，企业需要敏捷性，这需要将开发本身转化为快速发展的系统。由于相互关联的组件，单体系统为连续交付和快速迭代带来了许多挑战。此外，微服务因其较小的大小和独立的性质而促进了快速开发、测试和部署。当转向微服务的优势被更多关注时，它将会获得更好的发展。

7.4.2　微服务的优势

具体来讲，转向微服务可获得如下优势。

（1）可伸缩性

转向微服务的一个显著优点是可伸缩性。与需要整体缩放的单体应用程序不同，对于转向微服务来说，只有高需求的服务需要缩放，这会带来以下好处。

- 成本效益：组织可以通过仅缩放所需的组件来节省资源。
- 资源优化：通过在需要的地方分配负载，实现更有效的资源分配。
- 适应性强：可以轻松响应变化的用户需求，而不会过度负担应用程序的其他部分。

（2）可维护性

转向微服务固有地促进了可维护性。通过将应用程序分解为较小的组件，开发人员可以在系统出现问题时，更容易找到问题来源。此外，转向微服务可以独立更新每个微服务，而不会影响整个系统，这意味着可以引入新的技术或新的组件，而不会造成系统运行的中断。因为微服务有明确的应用边界，所以调试特定的服务变得更加简单。

（3）转向微服务中的独立部署

独立部署服务的能力是微服务的基本特性。

在转向微服务的背景下，独立部署意味着每个服务（或转向微服务）可以被部署、更新、扩展和重新启动，而无须部署应用程序的其他部分[1]。

独立部署的重要性体现在团队可以为特定服务部署更新或新功能，而无须等待应用程序的其他部分。这种方式加速了开发周期，允许更频繁的发布，同时降低了风险，这是因为如果某个服务的新部署引入了一个错误，该错误只会影响特定的服务，而不

1　在传统应用程序中，如果某一个特定服务需要升级更新，那么它必须和该应用程序的其他功能一起升级。因为耦合性太多，所以在微服务架构中，大家（如特定服务）相互独立，基本没有耦合。

会影响整个应用程序，防止系统广泛的停机。对一个服务的微小更改，用户不必部署整个应用程序，只使用资源来部署受影响的服务，从而节省了时间和计算资源，提高了资源效率。

在发生故障的情况下，系统只需要回滚被更改的服务，而不是整个应用程序。这种回滚的粒度方法将使用户的中断降至最低。

每项服务都可以使用最适合的技术进行开发。例如，需要实时处理的服务可能用go 开发，而需要健壮的数据操作的另一个服务可能更适合用 python。独立部署意味着团队可以选择最适合他们的服务的工具，而不受其他团队选择的约束。

部署时，团队可以并行工作，他们不必等待其他团队完成任务。各自关注自己服务。这种并行性允许专业化提高了生产力，团队成为应用程序特定领域的专家。

有了独立的部署就可以维护服务的多个版本。当更改引入了一个新的 API 版本但仍然需要支持旧版本时，这个特性就非常有用。

由于每项服务都是独立部署的，所以也可以独立缩放。如果某个服务看到需求突然激增，那么可以扩展该特定服务，而无须扩展整个应用程序，从而实现高效的资源利用。

总之，转向微服务中的独立部署使软件交付更为动态、有弹性和敏捷，它们支撑了与微服务相关的许多优势，并代表了从传统的单体部署策略的转变。

7.4.3 微服务架构的挑战

尽管微服务有众多优势，但它也必须应对一系列挑战。

（1）数据一致性

因为每个微服务都有其自己的数据库，所以确保跨服务的数据一致性将变得复杂。这时，用户需要设计一致性解决方案，并实施如事件源这样的技术或使用像 Saga 这样的模式，这样才可以应对跨微服务的数据一致性挑战。

（2）服务间通信

因为微服务经常需要彼此通信，这意味着需要更多的网络调用。网络调用比进程内调用慢，且不可预测失败，所以可能需要使用如断路器这样的弹性通信策略，才可以防止故障扩散到其他服务。像 Istio 或 Linkerd 这样的服务网格解决方案可以有效管理此类通信。

（3）服务发现

随着服务的动态部署或扩展，越来越多的服务被发布。要找到需要服务实例的地址变得极其困难，因此需要专门的服务注册和工具来完成这项工作，像 Eureka 或 Consul 这样的服务发现工具允许服务自行注册并动态地发现其他服务。

（4）监控和日志

监控几十甚至几百个微服务比监控单一的单体应用更复杂，需要专门的日志工具，可以使用像 Prometheus 这样的集中式日志和监控工具进行监控，以及使用 ELK（Elasticsearch、Logstash、Kibana）堆栈进行日志记录，以汇总日志和指标。

（5）服务协调

某些业务逻辑需要多个微服务之间协调工作，这时可以使用消息驱动编排方式或分布式编排方式，至于如何选择则取决于特定的使用案例。

（6）部署复杂性

部署多个服务比部署单个应用更复杂，其应对方法是采用 CI/CD 流水线，以及像 Kubernetes 这样的容器编排平台，以简化微服务的部署。

（7）安全问题

每个微服务都可以成为恶意活动的入口，而且微服务之间的保护也可能存在安全问题，其应对方法是使用相互传输安全层（mutual transport layer securrty，mTLS）来保护服务间的通信。此外，定期的漏洞评估并遵循每项服务的最佳安全实践也是必要的。

（8）文化和组织转变

采用微服务后可能需要组织进行转变，即团队围绕服务而不是技术层进行对齐。此挑战的应对方法是使用开发运维一体化（DevOps），并确保团队对其服务有端到端的责任。

7.5 CI/CD

CI/CD（持续集成和持续部署）代表了一种文化转变、一套操作原则和一系列的实践，这些使得应用开发团队能够更可靠、更经常地向用户交付更改。这种方法最大限度地减少了传统整合和手工质量保证过程中的摩擦。

1. CI

CI 指的是自动将代码变更从多个贡献者整合到一个共享主线的过程。从核心上讲，CI 进行的是经常性的整合（往往一天整合多次），每次整合都通过自动构建（包括测试）来验证，以尽快检测出错误。

（1）定义

CI 是一种软件开发实践，当频繁、独立的更改在添加到更大的代码库时，它会立即进行测试和报告。

（2）主要组件

版本控制系统（version control system，VCS）：如 Git 这样的工具允许开发人员拥有代码库的多个版本，每个开发人员在其单独的分支上工作。开发人员可以通过称为"拉取请求"或"合并请求"的机制将更改集成到主分支中。

构建系统：集成后，代码通过构建系统（如 Jenkins、Travis CI 或 CircleCI）进行编译，生成可执行文件，并运行初始单元测试。

自动化测试：构建后，对代码进行自动测试过程，以查找错误或不一致之处。

（3）优势

由于经常集成，系统缺陷能被尽早检测到并修复，从而减少错误的积累。任何人都可以随时查看软件的当前状态。开发者也可以获得代码的即时反馈，得到质量更好的代码。

CI 可以避免大量不同的代码检查中的陷阱，避免了"集成地狱"的出现。

（4）最佳实践

开发人员应经常将他们的代码提交到主存储库，以避免自己开发了过多代码，这些代码却和别人开发的代码出现冲突，进而导致集成问题。最佳实践就是以小步快走的方式开发少量代码，并将代码经常提交至主存储库。为了尽早捕捉问题，自动化单元测试并确保它们在每次集成时都能运行。当集成的代码未通过自动化测试时，会出现"损坏的构建"，这应该是首要解决的问题，以确保主分支始终处于可部署状态。所有构建工件都应从一个存储库生成。构建矩阵允许在多个硬件/软件配置上测试软件；快速构建允许更快的反馈和更频繁的集成。

（5）挑战

CI 尽管具有很多优点，但也面临挑战。首先，设置稳健的 CI 流程需要时间。其次，CI 的实现需要选择合适的工具，编写有效的测试并培训团队。最后，CI 需要一种"有纪律"的方法限制提交并立即解决构建失败的问题，尤其是在大型项目中，提交的绝对数量有时会导致开销，从而减慢系统。

2. CD

CD 是一种软件工程方法，要求团队在短周期内交付软件，并确保软件可以在任何时候可靠地发布。它旨在快速构建、测试和发布软件，交付软件的速度更快。此方法通过允许对生产中的应用程序进行增量更新，以降低交付更改的成本、时间和风险。

（1）关键方面

CD 的关键方面体现在以下方面。

自动化测试：在部署新功能、更新版本或修复问题之前，软件要经过严格的自动化测试，以确保质量和可靠性。自动化测试包括单元测试、集成测试，有时还包括性能和安全测试。

发布自动化：这涉及自动化代码之后的发布准备和准备阶段，以及在一定程度上的发布部署。

基础设施即代码（infrastructure as code，IaC）：这是通过机器可读的定义文件管理和配置基础设施的方式，而不是物理硬件配置或交互式配置工具。

演示环境：这是生产环境的复制品。在开发环境中测试后，软件在演示环境中进一步测试，其目标是确保软件在类似的环境中能正常运行。

反馈循环：CD 工具提供关于发布性能的实时反馈。如果发布后发现问题[1]，开发人员可以快速将其回滚，修复它，并发布修复版本。

解耦部署与发布：CD 背后的一个理念是有能力在不向最终用户通知的情况下将其部署到生产中。这可以通过功能标志来实现，其中新功能被隐藏或关闭，直到它们准备好被发布。

（2）优势

CD 的优势体现在以下方面。

更快的上线时间：更小、更频繁的发布意味着功能和修复能更快地提供给用户。

较低的风险：发布较小的更改时，应用程序出错的可能性较小，出现问题时更容易解决。

可靠的发布：由于严格的自动化测试和分期，软件始终处于可发布的状态。

效率和生产力：自动化减少了人工干预，提高开发人员的开发效率，使他们可以

1　云原生中的 CI/CD，即开发人员将修改的代码提交到主存储库后，主存储库会自动进行单元测试和集成测试。如果测试没有问题，就直接集成并自动发布到商业系统，这和以前的软件版本升级完全不一样了。新的理念和技术，还在不断摸索和完善中。

专注于创建新的功能或者修复 bug。

改进的产品质量：持续反馈、严格的自动化测试和持续集成过程意味着更好的产品质量。

3．CI/CD 的重要性

CI/CD 的重要性体现在以下方面。

速度：自动化部署过程意味着一旦代码准备好，应用代码不需要人工干预就可以部署到生产环境中，这大大加快了发布过程。

可靠性：自动化确保了部署步骤是一致的，这降低了生产中的错误风险概率。

频率：团队可以随时发布新版本，这导致更快的反馈循环和更快的版本迭代。

即时反馈：开发人员可以立即收到有关更改的反馈，无论提交的更改成功还是失败，这允许更快地进行故障排除和解决。

降低开销：自动化管道消除了许多手动任务的需要，这减少了开发团队的开销，使他们能够专注于编写代码。

质量保证：CI/CD 中的自动测试确保在部署之前测试了所有更改，这意味着最终用户可以得到一个更可靠的产品。

总的来说，CI/CD 促进了一个更敏捷的环境，使团队能够更好地响应业务要求。这是一种实践，它在确保高质量和降低部署风险的同时加速了交付。

7.6　IaC

IaC 是 IT 基础设施管理方式的范式转变。它将基础设施配置和管理视为软件开发过程，这意味着 IaC 使用代码和自动化工具来定义、部署和更新基础设施，而不是手动方式。

IaC 的崛起与云计算的增长及对可伸缩性和敏捷性的需求紧密相连。传统的基础设施管理无法跟上现代应用程序的快速部署和扩展需求的变化速度，尤其在云计算时代。手动设置服务器或数据库既耗时又容易出错，并且不可扩展，而 IaC 是行业对这些挑战的回应。

IaC 的核心是自动化脚本或配置文件。配置文件详细描述了基础设施的期望状态。自动化脚本被输入到配置工具中，这些工具解释代码并自动设置资源，如服务器、容器、网络等。例如，工程师可以编写一个脚本，详细说明虚拟机的规格，而不是登录到云平台的 deshboard 上，手动配置虚拟机，让 IaC 工具处理配置。

配置管理工具，如 Puppet 和 Chef，一般先将自动化带入基础设施管理，它们的重点是确保服务器和其他资源处于所需状态。然而，现有的配置管理工具更多在服务器被配置后管理配置。IaC 将资源的配置管理这一步骤进一步发展，不仅仅是管理现有基础设施的配置，更是将资源的配置管理变成了应用开发的一部分，通过编写脚本自动完成应用的部署和发布工作。

IaC 具有以下特点和优势。

自动化和一致性：通过在代码中定义基础设施，团队可以自动化配置和部署，确保每次部署的基础设施都是一致的，并处于期望的状态。

版本控制：由于基础设施在代码文件中定义，这些文件可以对版本进行控制，并可以跟踪更改。这允许团队为更改提供审计跟踪、回滚能力和协作可能性。

可重用性：基础设施组件可以制成能重用的模板或模块，因此可以在多个项目或环境中使用。

快速配置：通过 IaC，用户可以在几分钟或几小时内快速设置完整的环境，从网络到服务器再到应用程序。

节省成本：减少手工过程可以产生较少的错误和返工，从而节省时间和成本。

文档：代码充当文档。它告诉用户正在部署什么，无需额外的文档，确保基础设施的当前状态与代码的规格一致。

业内主流的 IaC 工具有以下几种。

Terraform：由 HashiCorp 公司创建的开源 IaC 工具，允许用户使用声明式配置语言定义和提供数据中心基础设施。

亚马逊云计算服务云结构：一个可以帮助模型并设置亚马逊云计算服务资源的服务，这样用户就可以花更少的时间管理这些资源，更多地关注在亚马逊云计算服务中运行的应用程序。

Ansible：一个开源的自动化工具，用于软件配置、配置管理和应用程序部署。

Puppet 和 Chef：都是配置管理工具，允许用户定义基础设施的期望状态，然后自动执行该期望状态。

IaC 的管理方式与云原生应用可以很好地配对，为采用云原生方法的组织提供了以编程方式创建、修改和销毁云资源的能力，确保其基础设施的灵活。

IaC 是基础设施配置和管理任务执行方式的根本性变革，从手工配置或一次性脚本转向标准化、自动化和系统化的方法。它在 DevOps 实践中起到了关键作用，对于希望在云计算时代实现可扩展性、可靠性和高速度的公司来说，是一个基础元素。

7.7 本章小结

本章介绍了在云计算时代如何开发直接上云的应用程序。云原生是一种思想，其提倡的理念是在开发应用程序之前，要考虑使用云资源，并且要打破传统的一体化设计思路，分而治之，将系统业务拆分成一个个微服务，然后分别开发和部署。采用云的方式互相调用和通信，就可以获得云的各种优点。本章设置了一个基于 nomad 的轻量化、便捷化的云计算平台及一系列模块化组件，来部署一个简单的 nginx 云原生应用，让读者从中体会到云原生微服务架构的种种优势。读者可从本书配套资源中获取具体内容。

习 题

一、单选题

1. 云原生中，Kubernetes 的作用是（　　　）。

A. 虚拟机管理平台　　　　　　　　B. 开源的容器集群管理系统

C. 开源的虚拟化技术　　　　　　　D. 容器镜像管理系统

2. 云原生基金会（CNCF）给出的云原生的三大特征不包括（　　　）。

A. 容器化封装　　　　　　　　　　B. 动态管理

C. 不可变基础设施　　　　　　　　D. 面向微服务

3. 在 K8S 中，以下关于容器生命周期管理的描述，正确的是（　　　）。

A. 秒级启动就等于秒级可用

B. 容器启动成功就表示容器承载的服务是可用的

C. 启动一个通过容器部署的应用，所耗费的时间包括系统调度时间、镜像下载时间、程序启动和初始化时间

D. liveness 参数用于检测容器是否存活，为避免 pod 不断重启需合理设置时延检测时间，通常建议设置时延检测时间与容器程序本身启动时间相等。

二、多选题

1. CNCF 给出的云原生的五大代表技术有（　　　）。

A. 微服务　　　　　B. 服务网格　　　　C. 容器　　　　　　D. 面向微服务

2. 微服务的优势有（　　　）。

A. 可扩展　　　　　B. 可升级　　　　　C. 易维护　　　　　D. 故障和资源隔离

3. 云原生在技术视角方面的价值有（　　　）。

A. 极致的弹性扩展能力　　　　　　　B. 异构资源标准化

C. 大规模可复制能力　　　　　　　　D. 服务自治故障自愈能力

4. 云原生帮助企业做到（　　　）。

A. 降低重复投资，实现数据融通

B. 重塑企业的软件生产流水线，加大业务组件的复用程度

C. 提高开发效能，降低运维成本

D. 更加专注于业务发展本身

5. 云原生在未来可能的趋势有（　　　）。

A. Kubernetes 编排统一化　　　　　　B. 服务治理网格化

C. 应用服务"无服务器架构"化　　　　D. 从业务云化到资源云化

6. CNCF 组织中包含的项目有（　　　）。

A. Open vSwitch　　　　　　　　　　B. Prometheus

C. Kubernetes　　　　　　　　　　　D. OpenDaylight

7. 云原生的概念适用于（　　　）。

A. 公有云　　　　　　　　　　　　　B. 混合云

C. 私有云　　　　　　　　　　　　　D. 以上都不是

三、判断题

1. 云原生是一种可以利用云计算优势的构建和运行应用的方式。

2. 云原生是指应用软件原生为云化设计，即生在云上、长在云上。

3. 云原生的核心是服务到资源的向下抽象，越来越专注于底层的 IT 基础设施。

4. 微服务间可以用不同的语言开发，可以使用不同的数据存储技术。

5. 服务网格是一个去中心化的服务治理框架，会集中对所有的请求和流量进行管控。

6. 声明式 API 在创建一个容器时是通过执行一个命令去创建的。

四、简答题

1. 云原生中主要使用 Kubernetes 集群微服务，简述 Kubernetes 如何实现集群管理。

2. 简述在云原生中使用 Kubernetes 的优势、适应场景及其特点。

3. 简述 Kubernetes 自动扩容机制。

参考文献

[1] 马俊，曾述宾. Java 语言面向对象程序设计[M]. 2 版. 北京：清华大学出版社，2014.

[2] 马俊. 生命现象的程序解释和关键过程的模拟[D]. 兰州：兰州大学.

[3] 虚拟化与云计算小组. 云计算宝典：技术与实践[M]. 北京：电子工业出版社，2008.

[4] 张朝昆，崔勇，唐翯祎，等. 软件定义网络（SDN）研究进展[J].软件学报，2015, 26(1): 62-81.

[5] 王伟. 云计算原理与实践[M]. 北京：人民邮电出版社，2018.